全新修订

城乡规划原理与设计
（原《城市规划原理与设计》）

主　编　谭婧婧　项　冉
副主编　董　凯　刘永坤　潘珍珍
参　编　杨红芬　张荣辰　邹吉铣
　　　　韩　煜　韩晓明　苏　静
　　　　董世会　王凤民　陶丽霞
　　　　王丽洁　阎奕呈　秦玉娇
　　　　刘志麟　时　静　陈昱光

内 容 简 介

本书根据高职高专院校城乡规划专业和建筑设计技术专业对"城乡规划原理与设计"课程的实际需求，依据"实用、够用"原则悉心编写，共分为城乡规划概述、城乡规划类型、城乡规划设计三个篇章，主要内容包括城市与城市的发展、现代城市规划学科的产生与发展、城乡规划体系及工作内容、我国的城乡规划管理、城镇体系规划、城市总体规划、城市近期建设规划、城市详细规划、城市历史文化遗产保护与再利用和居住区规划设计等。

本书突出职业教育特色，在内容编排上图文并重，以图助文，便于学生理解和掌握。在理论讲解的基础上，居住区规划设计部分更加注重实践练习，以帮助学生达到理论联系实际的目的。

本书既可作为高等职业院校城乡规划、建筑设计技术、房地产经营管理、环境艺术设计等专业的城乡规划原理专用教材，也可作为其他相关专业及工程技术人员的参考用书。

图书在版编目(CIP)数据

城乡规划原理与设计/谭婧婧，项冉主编. —北京：北京大学出版社，2017.1
（高职高专土建专业"互联网+"创新规划教材）
ISBN 978-7-301-27771-3

Ⅰ. ①城… Ⅱ. ①谭…②项… Ⅲ. ①城乡规划—高等职业教育—教材 Ⅳ. ①TU984

中国版本图书馆 CIP 数据核字（2016）第 277661 号

书　　　名	城乡规划原理与设计 CHENGXIANG GUIHUA YUANLI YU SHEJI
著作责任者	谭婧婧　项　冉　主编
策划编辑	杨星璐　刘健军
责任编辑	伍大维
数字编辑	蒙俞材
标准书号	ISBN 978-7-301-27771-3
出版发行	北京大学出版社
地　　　址	北京市海淀区成府路 205 号　100871
网　　　址	http://www.pup.cn　新浪微博：@北京大学出版社
编辑部邮箱	pup6@pup.cn
总编室邮箱	zpup@pup.cn
电　　　话	邮购部 62752015　发行部 62750672　编辑部 62750667
印　刷　者	河北滦县鑫华书刊印刷厂
经　销　者	新华书店
	787 毫米×1092 毫米　16 开本　18.25 印张　445 千字 2017 年 1 月第 1 版　2023 年 8 月全新修订　2025 年 1 月第 10 次印刷
定　　　价	48.00 元

未经许可，不得以任何方式复制或抄袭本书之部分或全部内容。
版权所有，侵权必究
举报电话：010-62752024　电子信箱：fd@pup.cn
图书如有印装质量问题，请与出版部联系，电话：010-62756370

前言

《城市规划原理与设计》自出版以来,受到了广大读者的欢迎。随着我国城市化的深入发展,高职高专院校城乡规划和建筑设计技术专业也得到了长足发展,同时,通过多年的发展积累,人们逐渐认识到不管是城市化发展还是学校的专业发展都必须往深度和精度发展,规划学科、规划课程越来越受到广大仁人志士的青睐。城乡的发展更是离不开规划的引领,从宏观层面的战略规划、总体规划到微观层面的详细规划,对整个城乡社会的全面协调可持续发展起到了高瞻远瞩、引领未来的作用。在这种形势下,我们根据高职高专院校学生的实际情况及实际教学的要求,依据《中华人民共和国城乡规划法》和《城市规划编制办法》和2019年5月中共中央、国务院《关于建立国土空间规划体系并监督实施的若干意见》进行了修订,并组织专业教师和相关一线设计人员积极进行国土空间规划相关内容的整理。本书在修订过程中深入展开校企合作,与日照市规划设计研究院集团有限公司深度合作,进行了新的方案编制充实到教材中。教材编写组成员共来自四所高职院校教师、一所中职院校和四所规划设计及施工组织单位,覆盖面广,充分吸收各方的优秀做法而成。

本书在编写过程中沿袭了《城市规划原理与设计》一书"实用、够用"的原则,以城乡规划体系为内容框架,突出高职教育注重实际应用的特点,在内容组织上涵盖城市规划的各个方面,重点突出,注重学生实际动手能力的培养,面向高职院校学生,以详细规划为主要培养方向,重点培养学生编制详细规划的动手能力。同时切入国土空间规划的相关知识,以及最新的修编方案,更新了第8章的案例(按国土空间规划要求编制的控制性详细规划),增加了新的居住区规划设计案例。同时融入了党的二十大精神。全面贯彻党的教育方针,把立德树人融入本教材,贯穿思想道德教育、文化知识教育和社会实践教育各个环节。

本书有如下特点。

(1) 框架完整清晰。本书分为城乡规划概述、城乡规划类型和城乡规划设计三个篇章,涵盖了城乡规划的总体内容,能够帮助读者树立起对城乡规划的总体认识。

(2) 重点突出。在涵盖面广的基础上,针对高职高专的人才培养目标要求,挑选出总体规划、详细规划中的居住区规划作为本书的重点,着重培养学生的实际动手能力和理论联系实际的能力。

(3) 规划设计指导实践性强。以第三篇居住区规划设计为例,具体的规划设计要点讲解详尽清晰,设计方法讲解全面、新颖,设计指导任务书完整翔实,所选的设计地块具有普适性,能够帮助学生较好地适应将来的工作。

(4) 案例生动、完整。本书所选的规划设计案例均为规划设计一线的规划师的设计方案,为了更好地理论联系实际,我们还特别邀请了中国城市规划设计研究院等多家规划设计及施工单位的一线设计师参加本书的编写，他们为本书提供了大量的实际案例，保障了本书的实用性。

(5) 案例持续更新，对接国土空间规划。

本书配有相应的教学课件供广大读者学习使用。另外，作为高职高专课程，我们建议每周学时安排为6～8学时，总学时安排为106～110学时。具体学时建议如下(仅供参考)。

第1章	城市与城市的发展	4学时
第2章	现代城市规划学科的产生与发展	6学时
第3章	城乡规划体系及工作内容	4学时
第4章	我国的城乡规划管理	2学时
第5章	城镇体系规划	2学时
第6章	城市总体规划	6学时
第7章	城市近期建设规划	2学时
第8章	城市详细规划	4学时
第9章	城市历史文化遗产保护与再利用	4学时
第10章	居住区规划设计	
	理论讲解	12～16学时
	实践指导(以总平面的规划设计为主)	60学时

本书由日照职业技术学院谭婧婧和中国城市规划设计研究院项冉担任主编，由日照职业技术学院董凯、刘永坤和潘珍珍担任副主编。参编有来自日照职业技术学院的杨红芬、刘志麟，山东城建职业学院张荣辰，临沂市规划建筑设计研究院邹吉铣，河南工业职业技术学院韩煜，曲阜师范大学秦玉娇，山东外国语职业学院陈昱光，日照市工业学校阎奕呈，日照市规划设计研究院集团有限公司韩晓明、苏静、董世会、王凤民、陶丽霞、王丽洁，北京市崇华建筑工程有限公司时静。本书具体编写分工如下：第1章　阎奕呈、刘永坤编写；第2章　张荣辰编写；第3章　邹吉铣、刘永坤编写；第4章　董凯、潘珍珍编写；第5章　项冉、杨红芬编写；第6、7章　谭婧婧编写(项冉、韩晓明、苏静、董世会、王凤民、陶丽霞、王丽洁、时静提供案例)；第8章　秦玉娇、刘志麟编写；第9章　谭婧婧、潘珍珍编写；第10章　谭婧婧、韩煜编写(韩晓明、苏静、董世会、王凤民、陶丽霞、王丽洁提供案例)；全书由谭婧婧、项冉负责统稿。

由于编者水平有限，书中难免存在不妥之处，恳请广大读者批评指正，以便进一步修订完善。

编　者

2023年6月

【资源索引】

目 录

第一篇　城乡规划概述

第1章　城市与城市的发展 3
- 1.1 城市的概念 4
  - 1.1.1 城市的形成 4
  - 1.1.2 城市的含义 6
  - 1.1.3 城市的基本特征、性质与职能 8
  - 1.1.4 城市的规模 10
- 1.2 城市的发展 13
  - 1.2.1 古代的城市发展 13
  - 1.2.2 近代的城市发展 17
  - 1.2.3 第二次世界大战后的城市发展 19
- 1.3 城市化概述 20
  - 1.3.1 城市化的含义 20
  - 1.3.2 城市化的过程及表现特征 21
  - 1.3.3 城市化的现状及发展趋势 22
  - 1.3.4 我国城市化历程回顾 22
- 1.4 城市与乡村 23
  - 1.4.1 城市与乡村的差别与联系 23
  - 1.4.2 我国城乡发展现状 25
- 小结 26
- 习题 26

第2章　现代城市规划学科的产生与发展 28
- 2.1 中西方古代城市规划思想 29
  - 2.1.1 中国古代城市规划思想 29
  - 2.1.2 西方古代城市规划思想 33
- 2.2 现代西方城市规划学科的产生与发展 36
  - 2.2.1 现代城市规划理论产生的背景 36
  - 2.2.2 早期的城市规划思想 38
  - 2.2.3 现代城市规划理论探索 45
  - 2.2.4 城市规划宪章 50
- 2.3 中国城市与城市规划发展 54
  - 2.3.1 中国近代城市发展背景与主要规划实践 54
  - 2.3.2 中国现代城市规划思想与发展历程 54
- 2.4 当代城乡规划的主要理论或理念及重要实践 58
  - 2.4.1 当代城乡规划的理论发展背景 58
  - 2.4.2 当代城乡规划的主要理论或理念 59
  - 2.4.3 当代城乡规划的重要实践 60
- 小结 60
- 习题 60

第3章　城乡规划体系及工作内容 61
- 3.1 城乡规划的概念与特点 62
  - 3.1.1 城乡规划的概念 62
  - 3.1.2 城乡规划的特点 62
- 3.2 城乡规划的任务与作用 63
  - 3.2.1 城乡规划的任务 63
  - 3.2.2 城乡规划的作用 64
- 3.3 城乡规划的工作内容 67
  - 3.3.1 城市发展战略层面 67
  - 3.3.2 建设控制引导层面 75
- 3.4 城乡规划的审批程序与调整 75
  - 3.4.1 城乡规划的编制与审批程序 75
  - 3.4.2 城乡规划的修改 78

3.4.3 城乡规划中的公众参与……79
小结……80
习题……81

第4章 我国的城乡规划管理……82

4.1 城乡规划的管理机构……83
  4.1.1 我国各级城乡规划管理机构的设置……83
  4.1.2 我国各级城乡规划管理机构的权限变革……83
4.2 城乡规划的编制与审批管理……85
  4.2.1 城乡规划组织编制和审批管理的含义和目的……85
  4.2.2 城乡规划的编制与审批程序……86
4.3 城乡规划的实施管理……89
  4.3.1 相关法律依据……89
  4.3.2 城乡规划实施管理的内容……89
  4.3.3 城乡规划的监督检查……90
  4.3.4 我国城乡规划的实施管理体制……90
4.4 城乡规划的法规体系……91
  4.4.1 纵向法规体系……91
  4.4.2 横向法律体系……92
  4.4.3 城乡规划的技术标准与技术规范……93
  4.4.4 城乡规划文本……93
小结……93
习题……94

第二篇 城乡规划类型

第5章 城镇体系规划……97

5.1 城镇体系规划的基本概念……108
  5.1.1 城镇体系规划的地位……108
  5.1.2 城镇体系规划的主要作用……108
  5.1.3 各层次城镇体系规划的主要任务……108
5.2 城镇体系规划的编制内容与程序……109

  5.2.1 城镇体系规划编制的原则……109
  5.2.2 各层次城镇体系规划的编制内容……109
  5.2.3 城镇体系规划的编制程序……111
5.3 城镇体系规划实例……111
  5.3.1 区位分析图……112
  5.3.2 城镇体系现状图……113
  5.3.3 城镇体系规划图……116
  5.3.4 市域基础设施和社会服务设施规划图……118
  5.3.5 市域空间管制规划图……121
  5.3.6 资源开发利用与保护规划图……122
小结……124
习题……124

第6章 城市总体规划……126

6.1 城市总体规划的作用与任务……127
  6.1.1 城市总体规划的作用……127
  6.1.2 城市总体规划的任务……127
6.2 城市总体规划纲要……128
6.3 城市总体规划的编制内容与编制程序……128
  6.3.1 城市总体规划的编制内容……128
  6.3.2 城市总体规划的编制程序和方法……130
  6.3.3 城市总体规划的调整和修改……131
6.4 城市总体规划实例……131
  6.4.1 梅河口市城市概况……132
  6.4.2 梅河口市历次城市总体规划……133
  6.4.3 《梅河口市城市总体规划(2009—2030年)》的重点及依据……134
  6.4.4 梅河口市规划期限与范围……134
  6.4.5 梅河口市的城市性质、职能与发展规模……135
  6.4.6 梅河口市中心城区总体规划……137

小结 …………………………………… 154
习题 …………………………………… 154

第7章 城市近期建设规划 …………… 155

7.1 城市近期建设规划的编制内容与编制程序 ………… 156
7.1.1 城市近期建设规划的作用与任务 ……………… 156
7.1.2 城市近期建设规划的内容 …… 156
7.1.3 城市近期建设规划的编制方法 ……………… 157
7.1.4 城市近期建设规划的成果要求 ……………… 160

7.2 城市近期建设规划实例 ……… 161
小结 …………………………………… 166
习题 …………………………………… 166

第8章 城市详细规划 ………………… 167

8.1 控制性详细规划 ……………… 168
8.1.1 控制性详细规划在规划过程中的作用 ………… 168
8.1.2 控制性详细规划编制的主要内容及强制性内容 … 169
8.1.3 控制性详细规划的指标类型及有关术语概念 …… 170
8.1.4 控制性详细规划的编制方法和成果内容 ……… 171
8.1.5 控制性详细规划的编制要求 ……………… 184
8.1.6 控制性详细规划的审批与修改 ……………… 184

8.2 修建性详细规划 ……………… 185
8.2.1 修建性详细规划的主要内容 ……………… 185
8.2.2 修建性详细规划编制的基本原则 …………… 185
8.2.3 修建性详细规划编制的要求 ……………… 185
8.2.4 修建性详细规划的实施步骤 ……………… 186

8.2.5 修建性详细规划的成果 …… 186
小结 …………………………………… 187
习题 …………………………………… 187

第9章 城市历史文化遗产保护与再利用 ……………………………… 188

9.1 城市历史文化遗产保护概述 ………………………… 190
9.1.1 城市历史文化遗产的含义 … 190
9.1.2 世界文化遗产的评价标准 … 191
9.1.3 城市历史文化遗产保护的方法与原则 …………… 192
9.1.4 城市历史文化遗产保护的意义 ………………… 193

9.2 世界城市历史文化遗产保护概况 …………………… 194
9.2.1 历史文化遗产保护立法历程及国际宪章 ……… 194
9.2.2 世界各国的历史文化遗产保护概况 …………… 195

9.3 我国历史文化遗产保护现状 ………………………… 199

9.4 我国历史遗产保护实例分析 ………………………… 201
9.4.1 规划范围 ……………… 202
9.4.2 规划原则 ……………… 202
9.4.3 规划目标 ……………… 203
9.4.4 规划内容及框架 ……… 207
小结 …………………………………… 214
习题 …………………………………… 214

第三篇 城乡规划设计

第10章 居住区规划设计 …………… 217

10.1 居住区概述 …………………… 218
10.1.1 认识居住区 …………… 218
10.1.2 居住区的发展历史 …… 218
10.1.3 居住区的组成 ………… 227
10.1.4 居住区的规模、分级与组织结构 ……………… 228

10.1.5 社区简介 ……………230
10.2 居住区规划设计的成果、任务、
　　 原则、目标与要求…………231
　　10.2.1 居住区规划设计的成果 ……231
　　10.2.2 居住区规划设计的任务 ……232
　　10.2.3 居住区规划设计的原则 ……232
　　10.2.4 居住区规划设计的目标与
　　　　　要求 ………………………233
10.3 居住区的规划设计分类 ………234
　　10.3.1 住宅用地规划设计 ………234
　　10.3.2 公共服务设施用地规划
　　　　　设计 ……………………247

　　10.3.3 道路用地及交通规划
　　　　　设计 ……………………252
　　10.3.4 居住区绿地规划设计 ……259
　　10.3.5 居住区竖向规划设计 ……264
　　10.3.6 居住区管线综合规划
　　　　　设计 ……………………267
　　10.3.7 综合技术经济指标 ………274
　　10.3.8 居住区规划设计实例 ……276
小结 ……………………………………282
习题 ……………………………………282

参考文献 …………………………………283

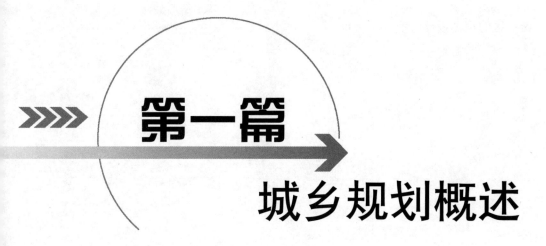

第一篇

城乡规划概述

第 1 章

城市与城市的发展

教学要求

通过本章的学习,学生应掌握城市的概念,了解城市的形成与发展历程;熟知城市化的含义、过程及表现特征,并能够据此理解并分析我国城市化发展的现状,预测我国城市化发展的未来,同时尝试分析并提出我国城市与农村发展差异的解决方案。

教学目标

能力目标	知识要点	权重
了解城市的形成	城市的形成过程	5%
掌握城市的含义	城市的含义、我国的设市标准	5%
了解城市的基本特征	城市的基本特征	5%
掌握城市的性质与职能	城市的性质、分类,城市的职能	10%
掌握城市的规模	人口规模、人口构成,用地规模	10%
了解古代城市的发展	影响古代城市发展的因素及几个古代城市实例	5%
了解近代城市的发展	影响近代城市发展的因素及几个近代城市实例	10%
了解第二次世界大战后城市的发展	第二次世界大战后世界城市发展的总体概况	10%
掌握城市化的含义	城市化的含义	10%
熟悉城市化的过程及表现特征	城市化的过程曲线及表现特征、城市化的发展趋势	10%
了解我国的城市化现状	我国的城市化发展历程回顾及前景展望	5%
了解城市与乡村的差别	城市与乡村的差别	5%
了解城市与乡村的联系	城市与乡村的联系	5%
熟悉我国城乡发展现状及前景	我国城乡发展的现状及未来发展道路	5%

章节导读

城乡规划是建设城市和管理城市的基本依据，是实现城市经济和社会发展目标的重要手段之一。要想有效地进行城乡规划，我们必须首先掌握城市的概念，并了解城市是如何形成和发展的，熟悉城市与乡村的差别，掌握城市化的发展过程并能够预测城市未来的发展趋势。

城市是人类文明与进步的载体，我们应了解城市，发展城市，建设城市，热爱城市，建设人类美丽的家园。

1.1 城市的概念

引语

人类从随遇而栖、三五成群、渔猎而食的穴居到半穴居，再到地上居住，最后到今天的高楼林立，期间有怎样的历史进程？城市是从什么时候产生的？是如何产生的？什么是城市？

1.1.1 城市的形成

在原始社会漫长的岁月中，人类过着依附于自然的采集经济生活，随遇而栖，三五成群，渔猎而食，过着穴居、树居等群居生活，没有形成固定的居民点。在与自然的长期斗争中，人类创造了工具，群体的力量壮大，提高了自身的生存能力，渐渐出现了农业和畜牧业，形成了人类历史上第一次劳动大分工。到新石器时代的后期，农业成为主要的生产方式，逐渐产生了固定的居民点。

人类的生活与农业生产均离不开水，所以原始的居民点大都是靠近河流、湖泊，而且大多位于向阳的河岸台地上。为了防御野兽的侵袭和其他部落的袭击，人类往往在原始居民点的外围挖筑壕沟，或用石、土、木等材料筑成墙及栅栏，从而形成了早期的村落。这些沟、墙是一种防御性的构筑物，也是城（图 1.1）的雏形。世界上居民点形成较早的地区有中国的黄河中下游、埃及的尼罗河下游、西亚的两河流域等地区。

随着人类生产方式的改进，生产力不断提高，生产品有了剩余，就产生了交换的条件。也就是《易经》所说的：“日中为市，致天下之民，聚天下之货，交易而退，各得其所。”随着交换量的增加和交换次数的频繁，就逐渐出现了专门从事交易的商人，交换场所也由临时的场所改为固定的"市"，如图 1.2 所示。由于原始部落中生产水平的提高，生产需求的多样化，劳动分工的加强，逐渐出现了一些专门的手工业者。这样就出现了人类的第二次劳动大分工——商业与手工业从农业中分离出来。原来的居民点也发生了分化，其中以农业为主的就是农村，一些具有商业和手工业职能的就是城市。因此，也可以说城市是生产发展和人类第二次劳动大分工的产物。

图 1.1 城

图 1.2 市

有了剩余产品就产生了私有制，原始社会制度解体，出现了阶级分化，人类步入奴隶社会。所以也可以说，城市是伴随着私有制和阶级分化，在原始社会向奴隶社会过渡时期出现的。城市的出现，是人类走向成熟和文明的标志，也是人类群居生活的高级形式。

知识链接

最早的城市

考古资料证明，世界上出现最早的城市是位于约旦河注入死海北岸的古里乔，距今约有9 000年的历史。考古学家发现，那里堆积有从中石器时代到青铜器时代晚期厚达17层的文化层，遗址范围达4万平方米。从第17层发现围绕居住址有厚1.5米、高9米的围墙，并建有瞭望塔，约有2 000人在城里居住。

我国考古研究证明，我国最早的城市遗址位于山东省日照市五莲县的丹土村。经考古学家多次考察，确认该遗址属新石器时代龙山文化，开始于公元前2500年前后，系父系氏族公社制时期，后逐步延续到奴隶制社会时期。该文化层厚约2.2米，保存着两种不同文化时期的大量遗迹遗物。1977年，该遗址被山东省人民政府定为省级重点文物保护单位。1996年，又被国务院列为国家重点文物保护单位。

特别提示

城市不是随着人类的产生而产生的，而是随着社会的发展、生产力水平的提高，伴随着私有制和阶级分化，在原始社会向奴隶社会过渡时期出现的。城市是人类第二次劳动大分工的产物，是人类走向成熟和文明的标志，也是人类群居生活的高级形式。

1.1.2 城市的含义

城市的初始概念包含"城"与"市"两个含义。其中,"城"指城堡,具有防御功能,为防备野兽侵害及其他部落袭击而筑。"市"指市场,拥有商品交换的功能。随后,"城"与"市"合二为一,形成城市。城市是以非农业产业和非农业人口聚集为主要特征的居民点。在我国,城市是指按国家行政建制设立的市和镇,一些以集镇命名的村落不属于城市范畴。

城市是指以非农业产业和非农业人口集聚为主要居民点,包括按国家行政建制设立的市、镇。城市主要包括三方面的因素,即人口数量、产业构成及行政管辖的意义。

1. 世界城市的设置标准

世界各国的城市设置标准存在很大差距,大体可分为以下几种类型。
(1) 以某级行政中心所在地为标准。
(2) 以居民点的人口数量划分。
(3) 没有明确的标准来规定,由官方的公布明确。
(4) 其他类型,如人口数量和密度指标相结合,以城镇特征为标准等。

2. 我国城镇的设置标准

我国的城市,是指经国务院批准设市建制的城市市区,包括设区市的市区和不设区市的市区。设区市的市区,指市辖区人口密度在 1 500 人/平方千米及以上的,市区为区辖全部行政地域;市辖区人口密度不足 1 500 人/平方千米的,市区为市辖区人民政府和区辖其他街道办事处地域;市辖区人民政府驻地的城区建设已延伸到周边建制镇(乡)的部分地域,其市区还应包括该建制镇(乡)的全部行政地域。不设区市的市区,指市人民政府驻地和市辖其他街道办事处地域;市人民政府驻地的城区建设已延伸到周边建制镇(乡)的部分地域,其市区还应包括该建制镇(乡)的全部行政地域。设立地级市及县级市的标准见表 1-1 和表 1-2。

表 1-1 设立地级市的标准(1993 年国务院批准)

项 目	标 准
市区非农业人口/万人	>25
市政府驻地具有非农业户口人口/万人	>20
工农业总产值/亿元	>30
工业产值占工农业总产值比重	>80%
国内生产总值/亿元	>25
第三产业产值占国内生产总值比重	35%以上并大于第一产业产值
地方本级预算财政收入/亿元	>2

表 1-2 设立县级市的标准(1993 年国务院批准)

项 目		标 准		
人口密度/(人/平方千米)		>400	100~400	<100
县政府驻地	非农业人口/万人	≥12	≥10	≥8
	其中具有非农业户口人口/万人	≥8	≥7	≥6
	自来水普及率	≥65%	≥60%	≥55%
	道路铺装率	≥60%	≥55%	≥50%
	城区基础设施较完善、排水系统好			
全县	非农业人口/万人	≥15	≥12	≥8
	非农业人口占总人口比重	≥30%	≥25%	≥20%
	乡镇以上工业产值/亿元	≥15	≥12	≥8
	乡镇以上工业产值占工农业总产值比重	≥80%	≥70%	≥60%
	国内生产总值/亿元	≥10	≥8	≥6
	第三产业产值占国内生产总值比重	≥20%	≥20%	≥20%
	地方本级预算内财政收入 总值/万元	≥6 000	≥5 000	≥4 000
	地方本级预算内财政收入 人均/元	≥100	≥80	≥60

我国的镇,是指经批准设立的建制镇的镇区。镇区是指:①镇人民政府驻地和镇辖其他居委会地域;②镇人民政府驻地的城区建设已延伸到周边村民委员会的驻地,其镇区还应包括该村民委员会的全部地域。

城镇人口是指在市镇中居住半年及半年以上的常住人口。

我国的乡村,是指国家划定的城镇地区以外的其他地区。乡村包括集镇和农村。集镇是指乡、民族乡人民政府所在地和经县人民政府确认由集市发展而成的作为农村一定区域经济、文化和生活服务中心的非建制镇。农村指集镇以外的地区。此外,凡地处城镇地区以外的工矿区、开发区、旅游区、科研单位、大专院校等特殊地区,常住人口在 3 000 人以上的,按镇划定;常住人口不足 3 000 人的,按乡划定。

建制市及建制镇只是行政管辖意义的不同,不应只把有市建制的才称为城市。城市可按行政管辖划分成地级市、县级市等,在性质上并无本质区别,市下也可以管辖市。

> **特别提示**
>
> 各个国家的设市标准都不相同。例如,按照人口规模来设市,各国有以下标准:瑞典、丹麦为 200 人;澳大利亚、加拿大为 1 000 人;法国、古巴为 2 000 人;美国为 2 500 人;比利时为 5 000 人;日本为 30 000 人;中国为非农业人口达 2 000 人以上设镇,非农业人口达 60 000 人以上设市。

1.1.3 城市的基本特征、性质与职能

1. 城市的基本特征

城市是具有一定规模的非农业人口聚居的场所,是一定地域的社会、经济、文化中心。城市经济以非农产业活动,即第二、第三产业为主体。在城市,人口、建筑、产业活动高度密集。城市更多地占有现代科学技术、先进工艺装备、高科技人才和技术熟练工人,因而较乡村能获得更高的经济社会效益。城市是区域的核心,具有多功能和动态性的特点,不仅辐射带动周围的区域,还与外界产生广泛的交流,具体可总结为以下特点。

(1) 密集性。城市是人、物、社会经济活动的集中地。城市区域的人口密度都相当大,通常相当于乡村的十倍乃至数十倍。

(2) 高效性。城市经济活动以第二产业和第三产业为主,在地域上相对集中,表现为社会经济活动的高效率和高效益。

(3) 多元性。多元性指城市活动和城市职能的多功能和多类型。与乡村相比,城市社会经济活动的面要广阔得多,活动影响也要大得多。

(4) 动态性。城市是复杂的动态系统,几乎涵盖了社会、经济、生态环境的各个方面,其兴起和发展受到自然、经济、社会和人口多方面的影响。

(5) 系统性。城市是一个复杂、宏观和开放的大系统。城市大系统又由若干中小系统组成,一个系统的变化会影响到其他相关的系统。

2. 城市的性质与职能

城市的性质是指各城市在国家经济和社会发展中所处的地位和所起的作用,是各城市在城市网络以至更大范围内分工的主要职能。城市的性质体现城市的个性,反映其所在区域的政治、经济、社会、地理、自然等因素的特点。城市是随着科学技术的进步,社会、政治、经济的改革而不断变化的。因此,城市特征也应该是不断变化的动态过程,不会一成不变。因此对于城市性质的认识,必须建立在一定的时间范围内。但城市性质毕竟取决于它的历史、自然、区域的条件,因此在一段时期内有其稳定性。城市是一个综合实体,其职能往往也是多方面的,城市性质只能是主要职能的反映。

城市的职能是指一个城市在政治、经济、文化生活各方面所担负的任务和作用。其内涵包括两方面:一是城市在区域中的作用;二是城市为城市本身包括其居民提供服务的作用。城市职能中比较突出、对城市发展起决定作用的职能,称为城市的主要职能;城市职能中为主要职能服务的职能,称为城市的辅助职能。

城市性质的确立,可从两个方面去认识。一方面是从城市在国民经济的职能方面去认识,即指一个城市在国家或地区的政治、经济、社会、文化生活中的地位和作用。城市应当按照基本经济规律,有计划地发展。城市的国民经济和社会发展计划,对这个城市的性质起着决定性的作用。市域规划及城镇体系规划规定了区域内城镇的合理分布、城市的职能分工和相应的规模,因此,市域规划及城镇体系规划是确定城市性质的主要依据。另一方面,从城市形成与发展的基本因素中去研究,认识城市形成与发展的主导因素也是确定城市性质的重要方面。

一个城市是由复杂的物质要素组成的。这些要素有工业、对外交通运输、仓库、居住和公共建筑、园林绿地、道路、广场、桥梁、自来水、下水道、能源供应等。其中，有些要素主要是为满足本市范围以外地区的需要而服务的，它的存在和发展对城市的形成和发展起着直接的决定作用。这种要素通常被称为城市形成和发展的基本因素。例如，由于工业生产发展引起人口集中和发展，因此，工业是城市最主要的基本因素之一。此外，如金融机构、企业总部、对外交通运输部门等，一切非地方性的政治、经济、文化教育及科学研究机构，基本建设部门，国防军事单位等都是城市发展的基本因素。

总之，城市性质就是由城市形成与发展的主导基本因素所决定的，由该因素组成的基本部门的主要职能来体现。例如，大庆市的主要职能是全国的石油生产和石油化工基地之一，这就是它的城市性质。又如，三亚市既是热带海滨旅游城市，又具有疗养、海洋科学研究中心等多种职能，其中前者是主要职能，所以三亚市的城市性质是国家旅游城市。但对于多数城市，尤其发展到一定规模的城市，常常兼有经济、政治、文化中心等职能，区别只是在于不同范围内的中心职能。

城市性质是城市主要职能的概括，指一个城市在全国或地区的政治、经济、文化生活中的地位和作用，代表了城市的个性、特点和发展方向。确定城市性质一定要进行城市职能分析。

我国城市按性质分，大体有以下几类。

1) 工业城市

城市数量多，以工业生产为主，工业用地及对外交通运输用地占有较大的比重。不同性质的工业，在规划上会有不同的特殊要求。这类城市又可依工业构成情况分为以下两类。

(1) 多种工业的城市，如株洲、常州。

(2) 单一工业为主的城市：石油化工城市，如东营、玉门、茂名、大庆等；有色冶金工业城市，如攀枝花、金昌；森林工业城市，如伊春、牙克石等；矿业城市(采掘工业城市)，如平顶山、淮南等。

2) 交通港口城市

交通港口城市往往是由对外交通运输发展起来的，交通运输用地在城市中占有很大的比例。随着交通发展又兴建了工业，因而仓库用地、工业用地在城市中都占有很大比例。这类城市根据运输条件，又可分为以下三类。

(1) 铁路枢纽城市，如徐州、石家庄、鹰潭、襄阳、阜阳等。

(2) 海港城市，如青岛、湛江、烟台、大连、秦皇岛、连云港等。

(3) 内河港埠，如重庆、武汉、南京、裕溪口、宜昌、九江、张家港等。

3) 商贸城市

如义乌、台州的独立组团路桥区等。

4) 科研、教育城市

大学城在国外颇多，如牛津、剑桥等，随着我国大力推进科教兴国，近年不少地方纷纷在建设大学城。例如，陕西以西北农林大学为核心的国家杨凌农业高新技术产业示范区。

5) 综合中心城市

综合中心城市既有政治、文教、科研等非经济机构的主要职能，也有经济、信息、交通等方面的中心职能。在用地组成与布局上较为复杂，城市规模较大。全国性的中心城市，如北京、上海、天津、重庆等；地区性的中心城市，如省会、自治区首府等。

6) 县城

县城一般是县域的中心城市，多以地方资源为优势的产业为主干产业，同时是联系广大农村的纽带、工农业物资的集散地。工业多为利用农副产品加工和为农业服务，同时又是县域政治、经济、文化中心。这类城市实际也是综合性中心，在我国城市中数量最多。

7) 特殊职能的城市

特殊职能的城市因其具有较特殊的职能，这种特殊职能在城市建设和布局上占据了主导地位，因而规划异于一般城市。它们又可划分为以下几类。

(1) 革命纪念性城市，如延安、遵义、井冈山等。

(2) 以风景旅游、疗养为主的城市，如桂林、黄山、三亚等。

(3) 边贸城市，如二连浩特、满洲里、景洪、伊宁等。

城市性质既然是由城市形成与发展的主导因素所决定的，那么，一个城市实际上还兼有居于次要地位的其他基本因素。因而，在规划同一类型的城市时，必须注意城市基本因素(或职能)的主要和次要两方面，并具体分析，区别对待，切合实际，反映该城市的特点。

城市有大小之别，根据城乡规划法，我国城市按人口规模分为以下三类。

(1) 大城市，是指人口50万以上的城市。

(2) 中等城市，是指人口20万以上不足50万的城市。

(3) 小城市，是指人口不足20万的城市。

另外，通常习惯将人口100万以上的城市划分为特大城市。

完整的城镇体系还应包括建制镇，它虽不称"市"，但在职能、经济结构的本质特征方面都具有城市的内涵。国外往往将超过几千人的聚居地纳入市镇系列。在城乡经济迅速发展、城乡关系更加密切的情况下，建制镇、集镇都应是城乡规划工作服务的范围。

城市性质对一个城市发展方向的定性合理与否，对一个城市的生产、生活及城市本身的发展与建设有着深远的影响。确定城市的性质具有重要的实际意义：①为城市总体规划提供科学依据，可使城市在区域范围内合理地发展，真正发挥一个城市的优势，扬长避短，协调发展；②为确定城市合理发展规模提供了科学依据；③可以明确城市重点发展项目及各部门之间的比例；④可以合理利用土地资源，提高土地有效利用率。

1.1.4 城市的规模

城市的规模通常以人口规模和用地规模来界定，即城市人口的多少与用地的大小。但城市人口规模的多少与用地规模的大小有着直接的联系，根据人口规模及人均用地的指标就能确定城市的用地规模，因而常以城市人口的多少来表示城市规模。在用地无明显约束条件下，一般是先从预测人口规模着手研究，再根据城市的性质与用地条件加以综合协调，然后确立合理的人均用地指标，就可推算城市的用地规模。

1. 城市人口的含义

城市总人口包括市区人口和郊区人口。城市总人口中有农业人口和非农业人口之分。

一般认为城市总人口中的非农业人口是城市人口,城市人口的总数称为城市人口规模,把到规划期末城市所能达到的人口总数称为城市人口发展规模。

从城乡规划的角度来看,城市人口应该是指那些与城市的活动有密切关系的人口,他们常年居住、生活在城市的范围内,构成了该城市的社会主体,是城市经济发展的动力、建设的参与者,又都是城市服务的对象;他们依靠城市生存,又是城市的主人。

各国依据本国生产力发展水平及当时的社会、政治条件,把通过行政确认的城镇地区常年居住人口称为城镇人口。设置城市的标准一般为人口规模、人口密度、非农业人口比重和政治、经济因素等。

2. 城市人口的调查与分析

城市人口的状态是在不断变化的。可以通过对一定时期城市人口的各种现象,如年龄、寿命、性别、婚姻、劳动、职业、文化程度、健康状况等方面的构成情况加以分析,反映其特征。对城市人口的调查与分析的内容应包括年龄、性别、文化等构成情况。

1) 年龄构成

年龄构成指城市人口各年龄组的人数占城市人口总数的比例。一般将年龄分成 6 组:托儿组(0~3 岁)、幼儿组(4~6 岁)、小学组(7~11 岁)、中学组(12~17 岁)、成年组(男为 18 岁或 19~60 岁,女为 18~55 岁)、老年组(男为 61 岁以上,女为 56 岁以上)。

在不同城市或不同年代,城市人口的年龄构成都不会相同,为了便于研究,常根据城市人口年龄统计资料制作人口年龄构成分析图,如图 1.3 和图 1.4 所示。

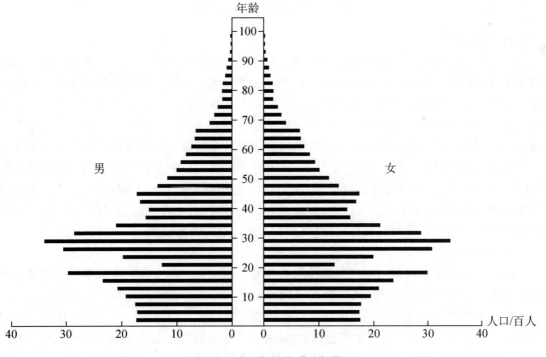

图 1.3 人口年龄构成分析图 1

了解年龄构成，有以下意义。

(1) 比较成年组人口数与就业人数，可以了解就业情况和劳动力潜力。

(2) 掌握劳动后备军的数量，对研究经济有重要作用。

(3) 掌握学龄前儿童和学龄儿童的数量、发展趋向，是制定托、幼及中小学等公共设施规划指标的重要依据。

(4) 掌握老年组的人口数及比重，分析城市老龄化水平及发展趋势，是城市社会福利服务设施规划指标的主要依据。

(5) 分析年龄结构，可以判断城市人口自然增长变化趋势；分析育龄妇女人口数量，是预测人口自然增长的主要依据。

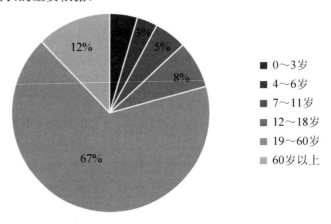

图 1.4　人口年龄构成分析图 2

2) 性别构成

性别构成反映人口的男女数量和性别比例关系。它直接影响城市人口的结婚率、育龄妇女生育率和就业结构。在城乡规划工作中，必须考虑男女性别比例的基本平衡。一般说来，在地方中心城市，如小城镇和县城，男性多于女性，因为男职工家属一部分在附近农村。在矿区城市和重工业城市，男职工占职工总数中的大部分；而在纺织和一些其他轻工业城市，女职工可能占职工总数中的大部分。因此，分析职工性别构成，对于男女职工适当平衡有着重要意义。据 2011 年 4 月 28 日国家统计局《2010 年第六次全国人口普查主要数据公报(第 1 号)》统计显示我国大陆 31 个省、自治区、直辖市和现役军人的人口中，男性人口为 686 852 572 人，占 51.27%；女性人口为 652 872 280 人，占 48.73%。总人口性别比(以女性为 100，男性对女性的比例)为 105.20，结构较为合理。

3) 文化构成

随着知识经济的兴起，现代科学技术的普及，城市人口的文化素质、劳动力的质量直接影响城市社会经济的发展。人口的文化构成将成为城市发展的重要制约因素。

大学学历人口的比重已成为衡量人口素质的重要指标，2011 年 4 月 28 日国家统计局《2010 年第六次全国人口普查主要数据公报(第 1 号)》统计显示我国大陆 31 个省、自治区、直辖市和现役军人总计 1 339 724 852 人，其中具有大学(指大专以上)文化程度的人口为 119 636 790 人，占 8.93%；具有高中(含中专)文化程度的人口为 187 985 979 人，占 14.03%；

具有初中文化程度的人口为 519 656 445 人，占 38.79%；具有小学文化程度的人口为 358 764 003 人，占 26.78%(以上各种受教育程度的人包括各类学校的毕业生、肄业生和在校生)。

分析人口的文化构成不仅是研究城市产业发展战略及对策的重要因素，同时，也是在城乡规划中如何落实社会、经济发展战略的重要方面。

【观察与思考】

全国各地在兴建大学城，其主要目的是什么？是经济因素还是文化因素？

1.2　城市的发展

引语

城市在人类的生产生活中扮演着什么样的角色？城市的发展受到哪些因素的影响？城市经历了什么样的发展历程？城市终归走向何方？

城市的发展包括两方面的内容：一是人口向城市的集中，城市规模的扩大，城市功能的加强，城市在国家和地区中的地位逐渐提高；二是城市内涵的提升过程，城市基础设施逐步完善，城市产业结构不断优化，城市对于地区的辐射带动功能显著加强。

纵观历史，城市的发展大致可以分为两个大的社会发展阶段，即农业社会和工业社会，也可以称为前工业化时期、工业化时代，也可以称为古代的城市和近代的城市。

1.2.1　古代的城市发展

1. 城市与防御要求

人类最初的固定居民点就具有防御的要求。最初是防止野兽侵袭，后来由于原始部落之间的战争进而加强了防御的功能。陕西半坡村、姜寨等原始居民点外围的深沟，如图 1.5 所示，就是防御设施，其他原始居民点也有石头垒成的墙或木栅栏等防御设施。

图 1.5　陕西半坡村遗址

我国春秋战国时期，在《墨子》中，记载了有关于城市建设与攻防战术的内容，还记载了城市规模大小如何与城郊农田和粮食的储备保持相应的关系，以有利于城市的防守。春秋战国之际，各诸侯国之间攻伐频繁，也正是在这个时期，形成了中国古代历史上一个筑城的高潮，淹城就是这一时期著名的城市，如图1.6所示。

欧洲中世纪时期，主要从防御要求出发，将封建主的城堡选在山顶或湖边、河边，或在其外围开人工水沟，架设吊桥。从防守要求出发，在城市的平面布置中，考虑了组织多层次、多方位的设计等问题，如图1.7所示。

图 1.6　春秋时期的淹城　　　　　　　　图 1.7　欧洲中世纪的城堡

兵器技术的进步也影响到城市建设。在我国宋代，火药已大量用于战争，直接影响到城市建设，使一些城墙或加厚，或在土墙外包砖。

2. 社会形态发展与城市的布局

社会的阶级分化与对立在城市建设方面也有明显的反映。在中国的古代城市中，统治阶级专用的区域居中心位置并占据很大面积。曹魏邺城以一条东西干道将城市划分为东西两部分：北半部分为贵族专用，其西为铜雀园，正中为举行典礼的宫殿，其东为帝王居住和办公的宫廷，再向东为贵族专用居住区——戚里；南半部分为一般居住区。隋唐长安城，中间靠北为统治阶级专用宫城，其南为集中设置中央办公机构及驻卫军的皇城，均有城墙与其他东、南、西三面的一般居住坊里严格分开。坊里有坊墙、坊门，早起晚闭实行宵禁，以便于管制。

埃及公元前2500年为修建金字塔而建造的卡洪城是奴隶制的典型城市，如图1.8所示，城为长方形，用墙分为两部分，墙西为贫民居住区，挤满250多个小屋；墙东路北为贵族居住区，面积与贫民区相同，约有11个大院，墙东路南为中等阶层的居住区。

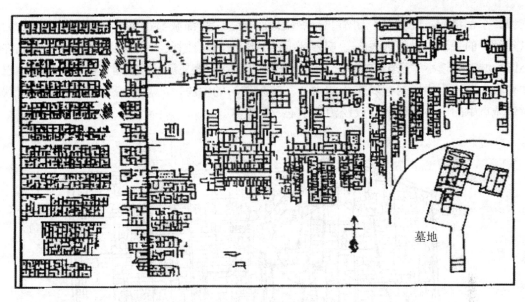

图 1.8 卡洪城

欧洲中世纪时期,在封建主的城堡外围发展起来的城市很多。市民要向封建主纳税并受其统治。随着生产的发展,市民阶层的人数不断增加,市区也不断扩大。通过市民阶层与封建主的斗争,市民阶层摆脱了封建主的政治统治,代表市民力量的市政厅逐渐取代了封建城堡的地位,而成为城市政治和生活的中心,如图 1.9 所示。有的城市完全摆脱封建统治而成为自由市,如位于波兰的格但斯克和德国的汉堡等。

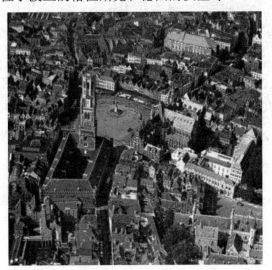

图 1.9 市政厅成为城市的中心

3. 政治体制对城市的影响

社会政治体制对城市建设也有直接影响。中国的封建社会,自秦始皇统一全国,实行郡县制后,直至清王朝,大多数朝代是统一的中央集权国家,各朝代的都城规模都很大,有几个朝代还在新王朝建立之际,就按照规划兴建规模很大、布局严整的都城,如隋唐长安城、东都洛阳、元大都、明清北京城(图 1.10)。这些都城都是集中全国的财力、物力，以超经济的手段，役使人民在短期内建成的。欧洲的封建社会，在很长时期内分裂成许多小国，城市规模小，直至 17 世纪，英、法建立君权专制国家，这些国家的都城伦敦、巴黎才有较大发展。中国封建城市中的中心是政权统治的中心，如宫殿、官府、衙门。而欧洲封建城市中的中心往往是神权统治的中心——教堂。

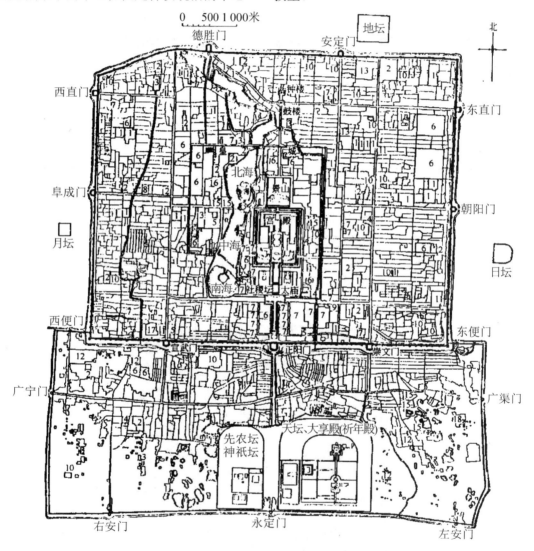

图 1.10　明清北京城布局

1—亲王府；2—佛寺；3—道观；4—清真寺；5—天主教堂；6—仓库；7—衙署；8—历代帝王庙；9—满洲堂子；10—官手工业局及作坊；11—贡院；12—八旗营房；13—文庙、学校；14—皇史宬(档案库)；15—马圈；16—牛圈；17—驯象所；18—义地、养育堂

4. 经济发展对城市的影响

经济制度也直接影响城市的发展形态。在整个漫长的封建社会中，小农经济是社会的经济基础，然而欧洲国家与中国在土地所有制上有很大差别。中国是地主所有制，地主可通过其代理人向农民征收实物或货币地租，地主阶级尤其是大中地主可以离开农村集中居住在城市，而封建统治的官僚阶级本身就是地主阶级或他们的代表人物。欧洲国家是封建领主制，封建主大多住在自己的城堡或领地的庄园中。中国的城市是政治、经济生活的中心，而欧洲国家的政治中心往往在城堡，经济中心在城市。

商品经济的发展是促进城市发展的主要因素。古代中国，在一些商路交通要地、河流的交汇点等地区，商业发达、手工业集中，形成了众多的商业都会，如苏州、扬州、成都、广州等。隋代大运河修通后，在运河沿线，发展繁荣的商业都会，如汴州(开封)、泗州、淮阴、扬州、苏州、杭州等。元代后，建都北京，南北大运河仍为经济命脉。天津、沧州、德州、临清、济宁等地也相继繁荣起来，与原来已有的一些商业城市形成一个沿运河的城市带，并与长江中下游的一些商业城市，如汉口、九江、芜湖、安庆、南京、镇江联系起来，成为中国经济发达地带。

中国虽有很长的海岸线，航海技术也较发达，但始终未把海外贸易作为发展经济的重要手段。沿海城市如泉州、广州、明州(宁波)，在宋元时期，由于海外贸易的发展，曾一度繁荣。但自明中叶后，为防御海寇侵扰，沿海修筑大量防卫的卫所，并实行闭关政策，所以未能作为发展的重点。而发展的重点却是内地沿江河的城市或地区性的中心城市，这一点与欧洲和美洲有很大差异。

欧洲罗马帝国盛期，地中海沿岸尽为罗马的版图，这些地区很早就发展了海上交通，一些港口城市逐渐成为商旅交通繁荣的中心。中世纪后，随着手工业及商业的发展，特别是14—15世纪开辟印度和美洲的新航线后，刺激了商品经济和海上贸易，城市的发展较快，城市数目也有所增加，这些航路成为一些殖民国家称霸海上和掠夺殖民地的交通命脉，沿海一些港口城市成为他们所统治的商业中心。城市发展往往由沿海城市带动内陆城市。

【观察与思考】

中西方城市发展的异同点有哪些？

1.2.2 近代的城市发展

近代的工业革命，也称为产业革命，使城市产生了巨大的变化。

1. 城市工业的发展与人口的聚集

一般把英国人瓦特发明第一台有实用价值的蒸汽机作为工业革命的标志。这是能源和动力的革命，它使人们开始摆脱依赖风力、水力等天然能源的约束。有了人工的能源就有可能把生产集中于城市，从而使加工工业在城市迅速发展，并随之带动了商业和贸易的发展，城市人口迅速膨胀，就如马克思所说："人口也像资本一样集中起来。" 1840—1929年伦敦自发发展如图1.11所示。

工业化吸收了大量农业工人，使之转化为城市人口，城市扩展也吞并了周围的农业用地，失去土地的农民流入城市，成为工人，这些都加速了城市化。

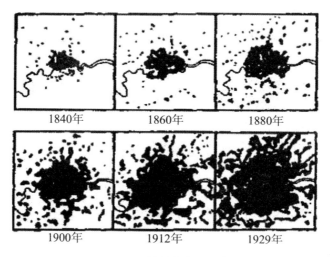

图1.11 伦敦的自发发展

2. 城市布局的变化

工业化初期，在工厂的外围修建了简陋的工人居住区，也相应地聚集了为工人生活服务的面包房、裁缝铺等，以后又在外面修建工厂及工人住宅区，这样圈层式地向外扩张，成为工业化初期城市发展的典型形态。

工业发展使产业的部类也逐渐增多，工业需要大量的原料，产品要运输至外地，原料及产品均需要储运，就出现了城市仓储用地。

城市人口的聚集、生活水平的提高和需求的多样化，使许多新类型的商业及公共建筑应运而生。由于经济活动的增加、金融机构的产生，城市中又出现了商务贸易活动地区。

火车、轮船出现并成为城市对外交通运输的主要工具，铁路、车站、码头均有着自己的用地选址要求，这些也大大地改变了城市的结构布局。19世纪末，汽车逐渐成为城市的主要交通工具，对原来马车时代的道路系统也带来很大冲击。城市的道路系统布局发生很大变化。

城市的类型也相应增加，出现了港口贸易城市、矿业城市、交通枢纽城市，或以某种产业为主的城市等。原来的一些大城市则发展成为工业、商业、金融、贸易等综合功能的经济中心。

3. 城市与环境

城市面积的扩展，市民与城郊田野的距离增加，城市愈大，市民接触自然环境的距离愈远。城市扩展的过程，就是自然环境变为人工环境的过程，城市成为人类改造自然最彻底的地方，也使城市居民减少或丧失了原有的与自然密切接触的种种优点和乐趣。城市中的工业在生产过程中产生的废水、废气、废渣等多是有害的，对居民的生活环境、身体健康等产生很多不利影响，城市居民生活水平和消费水平逐渐提高，也伴生了很多生活污水和生活垃圾，影响城市整体环境。如何在城市化、城市发展过程中处理好人工环境与自然环境的关系，就成为现代城乡规划学科的重要课题。

4. 科学技术发展

生产和人口的聚集，促使城市发展，带来了前所未有的生产力的聚集，创造了巨大的物质财富。工业的发展、工业门类的增加、科技的进步、多种产业的协作、科技的交流，为城市带来巨大的聚集效益和规模效益。

商品的交流和集散、人口的集中和流动、信息的发达，使城市成为物流、人流、信息流的中心。

科技的发展，促进了市政工程及城市公用设施的发展，自来水、电灯、电话、煤气、公共汽车、电车、地下铁道、污水处理系统等技术上的不断改进，使城市的物质生活达到很高的水平。学校、剧院、图书馆、博物馆、娱乐设施的集中也使城市的文化生活水平不断提高。

工业社会使城市高度发展，是社会经济发展的必然结果，是社会进步的表现，但同时也出现了由于工业化及人口增加产生的土地问题、住房问题、交通问题、环境污染问题及社会问题等。这些问题在城乡规划中不断地解决，也不断出现新的问题。

【观察与思考】

为什么近代我国的城市发展几乎停滞不前？

1.2.3 第二次世界大战后的城市发展

第二次世界大战中，欧亚大陆许多城市受到战火的严重破坏。第二次世界大战后一段时间，城市都面临着恢复重建的境况，许多城市都制定了重建及发展的城市规划，其中也不乏一些创新的思路。至20世纪50年代中期，世界范围内经过了经济恢复，进入新的发展时期。

经济的恢复，工业的发展，也带来了城市化进程的加快，城市人口规模不断扩大，至2008年，世界城市人口已经达到总人口的50%，地球开始进入城市时代。

城市的集中发展虽然在创造较高的经济效益，具有某些高水平的物质、文化生活质量。但同时也出现城市远离自然、城市的建设及对自然环境的改造，所带来的一些生态环境问题，如大气及水质的恶化、热岛效应、人口的拥挤等。所以在城市集中发展的同时，也出现城市分散发展的理论和实践，如在郊区建造卫星城、英国的新城运动等。

城市的对外交通发展也有很大变化，飞机、汽车取代了火车及轮船的远程或市际客运的地位，机场及航空港与火车站一样成为城市的"大门"。经济全球化使海上货运有很大发展，船体的大型化、集装箱化，使城市及大型工业靠海发展，致使港口城市的结构布局发生变化。

第二次世界大战以后，在一些发达国家，如美国等，由于城市中心居住环境的恶化，以及汽车交通的发达，出现了郊迁的现象，包括住宅区及一些工业企业，原来的城市中心地区出现衰退现象。但由于这些地区的区位优势，以及城市产业结构的转化，近年来一些城市由政府及企业采取土地置换、产业更新及财政政策与税收政策的倾斜，力使老城市中心地区"复苏"，如将原来的码头仓储用地再开发改为商贸或居住用地等。

各国经济发展的不平衡，在城市的发展上也出现较大差异，发达国家已高度城市化，城市的空间扩展已逐渐为城市内部更新改造所代替。在一些发展中国家，城市化的进程还要加快，城市的外延发展已成为重要的发展形式，并呈现不同的发展形态：①大城市呈中心向外圈层式发展的形态；②单中心沿交通干线的放射发展的形态；③中心城与周边卫星城的发展形态；④多中心开放组合式的发展形态；⑤以中心城为核心形成紧密联系的城镇群的形态等。

第二次世界大战后世界经济的发展，世界经济的一体化趋势、跨国公司企业集团的发展，使一些发达的城镇密集地区的影响更大，如美国的东北部、芝加哥地区、西海岸城市带，日本的阪神地区，英国的东南部地区，欧洲的中部地区等。中国的城镇密集地区有以上海为中心的长江三角洲地区、以广州为中心的珠江三角洲地区、京津唐地区、辽中南地区、成都地区等。

由于经济的高度发展，人类对自然的改造及对地球资源的开发利用，渐渐发展到对环境的破坏，也危及人类自身的生存环境，人们在残酷的事实中逐渐认识到"只有一个地球"的现实，1992年联合国在巴西里约热内卢召开的政府首脑会议上发表宣言，提出了关于可持续发展的号召，规划工作者也逐渐认识到把环境与城市持续发展的思想，体现在城市与区域的发展规划之中。

在种种因素的影响之下，城市的发展形态、发展模式必将发生变化。

1.3 城市化概述

【参考视频】

引语

通常，城市化水平越高代表生活质量越高、社会生产力水平越高，但是城市化水平越高就越好吗？城市化水平多高合适？什么是过城市化？

城市化(或城镇化、都市化)是工业革命后的重要现象，城市化速度的加快已成为历史的趋势。城市化有其一定的规律，研究各国的城市化历程，结合我国国情，预测城市化的趋势及水平对当前的社会经济发展及迎接新的大规模的城市化具有重要意义。

1.3.1 城市化的含义

城市化一般简单地释义为农业人口及土地向非农业的城市人口及土地转化的现象及过程，具体的分析包括以下几个方面。

(1) 人口职业的转变。即由农业转变为非农业的第二、第三产业，表现为农业人口不断减少，非农业人口不断增加。

(2) 产业结构的转变。工业革命后，工业不断发展，第二、第三产业的比重不断提高，第一产业的比重相对下降，工业化的发展也带来农业生产的现代化，农村多余人口转向城市的第二、第三产业。

(3) 土地及地域空间的变化。农业用地转化为非农业用地，由比较分散、密度低的居住形式转变为较集中成片的、密度较高的居住形式，从与自然环境接近的空间转变为以人工环境为主的空间形态。

比较集中的用地及较高的人口密度，便于建设较完备的基础设施，包括铺装的路面、上下水道、其他公用设施，可以有较多的文化设施，这与农村的生活质量相比有较大的提高。

城市化又称城镇化，因为城市与镇均是城市型居民点，均以第二、第三产业为主，其区别仅是文字使用的习惯或其规模的不同，在我国"市"和"镇"尚有行政建制的区别。

城市化水平是指城市人口占总人口的百分比。它的实质是反映了人口在城乡之间的空间分布，具有很高的实用性。计算公式为

$$PU=U/P$$

式中：PU——城市化水平；
　　　U ——城镇人口；
　　　P ——总人口。

人口按其从事的职业一般可分为农业人口与非农业人口(第二、第三产业人口)。按目前的户籍管理办法又可分为城镇人口与农村人口。

城市化水平也可以反映社会发展的水平，表示工业化的程度。

1.3.2 城市化的过程及表现特征

城市化的过程中有以下表现特征。

(1) 城市人口占总人口的比重不断上升。

(2) 产业结构中，农业、工业及其他行业的比重此消彼长，不断变化。农业的比重持续下降，不可逆转；工业的比重有一个上升的时期，或也有停滞和下降；第三产业的比重增加。

(3) 城市化水平与人均国民生产总值的增长成正比。城市化水平也是一个经济发达程度及居民生活水平高低的表现。城市化水平越高，其国民生产总值也越高，居民的生活水平也越高，同时也表明第二、第三产业的人均产值高于第一产业。

(4) 城市化水平高，不仅是建立在第二、第三产业发展的基础上，也是农业现代化的结果。农业人口的减少产生在农业发展的基础上，农业人口的剩余也成为城市化的推动力。

城市化的历史进程大体分为 3 个阶段，如图 1.12 所示。

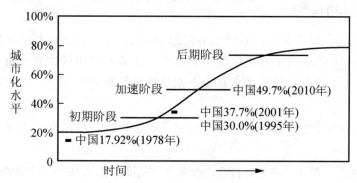

图 1.12　城市化发展曲线

初期阶段——生产力水平尚低，城市化的速度较缓慢，较长时期才能达到城市人口占总人口的30%左右。

中期阶段——由于经济实力明显增加，城市化的速度加快，在不长的时期内，城市人口占总人口的比例就达到70%或以上。

稳定阶段——农业现代化的过程已基本完成，农村的剩余劳动力已基本上转化为城市人口。随着城市中工业的发展、技术的进步，一部分工业人口又转向第三产业。

1.3.3 城市化的现状及发展趋势

城市早在原始社会向奴隶社会转变的时期就出现了。但是，在相当长的历史时期中，城市的发展和城市人口的增加极其缓慢。直到1800年，全世界的城市人口只占总人口的3%。只是到了近代，随着工业革命的兴起，机器大工业和社会化大生产的出现，资本主义生产方式的产生和发展，才涌现出许多新兴的工业城市和商业城市，使得城市人口迅速增长，城市人口比例不断上升。1800—1950年，地球上的总人口增加1.6倍，而城市人口却增加了23倍。在美国，1780—1840年的60年间，城市人口占总人口比例仅从2.7%上升到8.5%。1870年美国开始工业革命时，城市人口所占的比例不过20%，而到了1920年，其比例骤然上升到51.4%。从整个世界看，1900年城市人口所占比例为13.6%，1950年为28.2%，1960年为33%，1970年为38.6%，1980年为41.3%，2009年为48.6%。所以，城市化过程是随现代工业的出现、资本主义的产生而开始的。

我国的城市化主要开始于20世纪70年代后期，即改革开放后。2010年第六次全国人口普查主要数据公布，中国城镇人口比重为49.68%。2011年为51.27%，城镇居民的比例超过农村居民，这标志着中国数千年来以农村人口为主的城乡人口结构发生了逆转，中国从一个具有几千年农业文明历史的农民大国，进入以城市社会为主的新成长阶段，城市化成为继工业化之后推动经济社会发展的新引擎。中国社会科学院社会学研究所于2011年12月19日发布的2012年社会蓝皮书《2012年中国社会形势分析与预测》认为，这种变化不是一个简单的城镇人口百分比的变化，它意味着人们的生产方式、职业结构、消费行为、生活方式、价值观念都将发生极其深刻的变化。

1.3.4 我国城市化历程回顾

(1) 中华人民共和国成立时，城市化率仅为10.6%，中国的工业基础和城市化水平十分落后。据估计，1949年全国工业化率仅为12.57%。工业和城市的空间分布呈现出东部沿海地区居多，而分布于广阔内地的城市基本上都是行政性和消费性的，人口规模和工业生产能力都很小。

中华人民共和国成立后，城市化水平得到了逐步提高，并建立起世界上最全面、最完善的工业体系。

(2) 改革开放后，城市化率迅速提高，改革开放初期，在从1980年到1994年的14年间，全国城镇人口年均增长率为4.73%，城市化水平年均增长超过0.5个百分点，这期间城市数量增长也比较快，平均每年增加城市33个。

据国内有关机构统计，我国 1995 年城镇人口为 3.52 亿人，乡村人口为 8.59 亿人，城市化水平为 29.04%。2004 年我国城镇人口为 5.4 亿人，城市化水平为 41.80%。2015 年城市化已达 56.10%，而据 2021 年 5 月份国家统计局第七次全国人口普查最新统计数字显示，居住在城镇的人口为 9.02 亿人，城市化水平为 63.89%，从统计数据看我国的城市化进程持续稳步健康增长。

城市是人类文明的标志，是人们经济、政治和社会活动的中心。城市化的程度是衡量一个国家和地区经济、社会、文化、科技水平的重要标志，也是衡量国家和地区社会组织程度和管理水平的重要标志。但城市化过程并不一直是美妙的韵律，其中也会夹杂有不和谐之音。所以现代城市的发展总趋势并不是单纯追求人口规模意义的城镇化，而是要依靠第二产业和第三产业的发展促进城镇化，要注重城市整体质量的提高。追求高质量的城镇化，即追求更高的经济效益、更好的城市环境、更完善的城市服务功能，和更高的居民素质和城乡统筹发展。

党的二十大报告提出：以城市群、都市圈为依托构建大中小城市协调发展格局，推进以县城为重要载体的城镇化建设。坚持人民城市人民建、人民城市为人民，提高城市规划、建设、治理水平，加快转变超大特大城市发展方式，实施城市更新行动，加强城市基础设施建设，打造宜居、韧性、智慧城市。

1.4 城市与乡村

 引语

城市与乡村是一对美丽的词汇，一个生活便利、公共服务设施齐全，另一个风光旖旎、空气清新，两者应该是两种不同的生活方式，不应该有质的差别。

1.4.1 城市与乡村的差别与联系

1. 城市与乡村的基本差别

人类活动要素的不同组合(空间上的组合、种类上的组合、数量上的组合等)形成了各种聚落景观。聚落因其基本职能和结构特点及所处地域的不同，基本被分为城市聚落和乡村聚落。

城市和乡村作为两个相对的概念，存在着一些基本的差别。

(1) 集聚规模的差异。城市与乡村的首要差别主要体现在空间要素的集中(分散)程度上。

(2) 生产效率的差异。城市的经济活动是高效率的，而高效率的取得，不仅是人口、资源、生产工具和科学技术等物质要素的高度集中，更主要的是由于高度的组织。因此可以说，城市的经济活动是一种社会化的生产、消费、交换的过程，它充分发挥了工商、交通、文化、军事和政治等机能，属于高级生产或服务性质；相反，乡村经济活动则还依附于土地等初级生产要素。

(3) 生产力结构的差异。城市是以非农业人口为主的居民点，因而在职业构成上是不同于乡村的。这也造成了城乡生产力的根本区别。

(4) 职能差异。城市一般是工业、商业、交通、文教的集中地，是一定地域的政治、经济、文化的中心，在职能上是有别于乡村的。

(5) 物质形态差异。城市具有比较健全的市政设施和公共设施，在物质空间形态上不同于乡村。

(6) 文化观念差异。城市与乡村不同的社会关系，使得两者之间产生了很多文化内容、意识形态、风俗习惯、传统观念等差别，这也是城乡差别的一个方面。

城市与乡村如图 1.13 所示。

图 1.13　城市与乡村

2. 城市与乡村的基本联系

尽管城市与乡村有着很多不同之处，但它们是一个统一体，并不存在截然的界限。尤其是随着社会经济的发展及各种交通、通信技术条件的支撑，城乡一体发展的现象愈发明显。

实际上，城乡联系包含的内容非常丰富，见表 1-3。城乡要素与资源的配置、城乡联系方式的选择是多样的，对于不同城乡联系模式的具体选择，完全取决于不同国家、不同地区的具体情况和城乡发展的基本战略。

表 1-3 城乡联系

联系类型	要 素
物质联系	公路网、水网、铁路网、生态相互联系
经济联系	市场形式、原材料和中间产品流、资本流动、生产联系、消费和购物形式、收入流、行业结构和地区间商品流动
人口移动联系	临时和永久性人口流动、通勤
技术联系	技术相互依赖、灌溉系统、通信系统
社会作用联系	访问形式、亲戚关系、仪式、宗教行为、社会团体相互作用
服务联系	能量流和网络、信用和金融网络、教育培训、医疗、职业、商业和技术服务形式、交通服务形式
政治、行政组织联系	结构关系、政府预算流、组织相互依赖性、权力-监督形式、行政区间交易形式、非正式政治决策关系

资料来源：曾菊新．现代城乡网络化发展模式[M]．北京：科学出版社，2001：166．

1.4.2 我国城乡发展现状

1. 我国城乡差异的基本现状

城乡关系是我国国民经济和社会发展系统中最重要的一对关系。城乡之间的良性互动和相互开放，必然推动国民经济的全面发展；反之，城乡之间的隔离甚至对立，则必然导致国民经济发展的失衡，甚至使国民经济发展的进程停滞不前或倒退。长期以来，我国呈现出城乡分割，人才、资本、信息单向流动，城乡居民生活差距拉大，城乡关系不均等、不和谐等发展状况。

(1) 城乡结构"二元化"。长期以来，我国一直实行"一国两策，城乡分治"的二元经济社会体制和"城市偏向，工业优先"的战略和政策选择。改革开放以后，尽管这种制度有所松动，但要根本消除二元结构体制还需一个相当长的过程。

(2) 城乡收入差距拉大。考虑到相关因素，目前我国城乡居民的实际收入差距已达 (6∶1)~(7∶1)。农民收入增长缓慢，不仅直接影响国内需求，而且成为制约整个国民经济实现良性循环的障碍。

(3) 优势发展资源向城市单向集中。由于我国城乡差距大，城市一直是我国各类生产要素集聚的中心，而人才、技术、资金等向农村流动量少、进程慢，城乡资源流动单向化、不均衡现象十分明显。

(4) 城乡公共产品供给体制的严重失衡。各级政府为增进自身绩效都尽可能地上收财权、下放事权，下级政府得到的财权与事权相比明显失衡。失衡的分配体制决定了失衡的义务教育、基础设施和社会保障等公共产品供给体制，农村公共服务体系尚未建立，农民与城市居民享受的公共服务的差距依然很大。

我国目前正处在一个从城乡二元经济结构向城乡一体化发展阶段迈进的历史转折点上，综合运用市场和非市场力量，积极促进城乡产业结构调整、人力资源配置、金融资源配置和社会发展等各个领域的良性互动和协调发展，具有长远而重要的战略意义。

【观察与思考】

导致我国城乡差距拉大的原因是什么？

2. 科学发展观与城乡统筹

党的二十大报告指出要全面推进乡村振兴。坚持农业农村优先发展，坚持城乡融合发展，畅通城乡要素流动。统筹乡村基础设施和公共服务布局，建设宜居宜业和美乡村。

(1) 统筹城乡经济资源，实现城乡经济协调增长和良性互动。平等的市场主体应该享有平等地接近和享用经济要素的权利，统筹城乡经济资源，保证农民平等地享用经济资源，是统筹城乡经济社会发展的关键。

(2) 统筹城乡政治资源，实现城乡政治文明共同发展。必须统筹城乡政治资源，使农民具有同城镇居民平等的政治地位，使其真正地参与国家、社会事务的管理，体现和维护自身利益。统筹城乡政治资源最为重要的是体制和政策的转换问题。

(3) 统筹城乡社会资源，实现城乡精神文明共同繁荣。努力实现城乡社会资源的统筹安排、有序使用，促进城乡精神文明的共同进步。

小　结

本章对城市的概念、城市的发展、城市化、城市与乡村做了较详细的阐述，包括城市是如何产生并发展的、城市的基本含义、城市的基本特征与性质、城市的规模、古代城市的发展、近代城市的发展、第二次世界大战后城市的发展、城市化的含义、城市化的过程及表现特征、我国的城市化现状及前景、我国城市与乡村的差别与联系及发展前景等主要内容。

其中重点是城市化、城市的性质、城市的规模，要求能够按照城市的实际情况对城市进行分类，并能够设想该城市的发展前景；能够正确地认识到城市化现象对城市发展、社会发展、生产生活等带来的深刻影响。

习　题

1. 简述城市的形成过程。

2. 简述城市的分类方式及其类别。
3. 影响城市发展的因素有哪些?
4. 中西方城市发展的差别和相同点有哪些?
5. 什么是城市化? 城市化的表现特征有哪些?
6. 简述我国城市与乡村的差别与联系。
7. 导致我国城乡居民收入差距拉大的因素有哪些? 如何改变?

第 2 章

现代城市规划学科的产生与发展

教学要求

通过本章的学习,学生应熟悉中西方古代城市规划思想,掌握现代城市规划学科产生与发展的历程,了解我国城市规划现状,了解当代城乡规划的理论发展与实践。

教学目标

能力目标	知识要点	权重
熟悉我国古代城市规划思想	礼制思想、自然至上的理念、街巷制	10%
熟悉西方古代城市规划思想	古希腊、古罗马、中世纪、文艺复兴等时期的城市布局	10%
了解现代城市规划学科产生的背景	历史背景及规划学科产生的历史渊源	10%
了解早期的城市规划思想	田园城市、现代城市、有机疏散及其他早期的城市规划思想	15%
掌握现代城市规划理论的发展	城市发展理论、城市空间组织理论、城市规划方法论等	15%
了解城市规划宪章	雅典宪章、马丘比丘宪章	10%
了解我国城市规划现状	我国近代—新中国成立—改革开放初期—20世纪90年代后这一时期的城市规划发展状况	10%
掌握当代城乡规划的理论发展及实践	从城乡规划到环境规划、经济全球化与城市和区域发展、都市村庄模式、紧凑发展模式等	20%

第2章 现代城市规划学科的产生与发展

章节导读

城市规划的思想自城市产生之时便出现了，但是形成理论的时间较晚。我国古代的城市规划思想多散见于《周礼》《管子》《商君书》等古籍，没有专门的城市规划专著。随着工业化的发展，近代西方社会出现了一系列的社会问题，城市规划随之形成体系，并逐渐发展完善。城市规划学科致力于改善城市的生活环境、提高人们的生活便利度，建设人类美好家园。

2.1 中西方古代城市规划思想

2.1.1 中国古代城市规划思想

1. 礼制思想及典型代表

中国古代有关城市规划和房屋建造的论述散见于《周礼》《商君书》《管子》《墨子》等政治、伦理和经史书中。城市规划思想最早形成于周代，周代是中国古代城市规划思想的多元化时代，具有深远历史影响的儒家、道家和法家都自此形成并发展。

【参考视频】

中国古代早在西周时期就形成了完整的社会等级制度和宗庙法制关系，对于城市布局模式也有相应的严格规定。

成书于春秋战国之际的《周礼·考工记》记载了关于周代王城建设空间布局的描述："匠人营国，方九里，旁三门，国中九经九纬，经涂九轨，左祖右社，前朝后市，市朝一夫。"周代王城如图2.1所示。该古代都城的形制，充分体现了社会等级和宗法礼制。同时，书中还记述了按照封建等级，不同级别的城市，如"都""王城"和"诸侯城"在用地面积、道路宽度、城门数目、城墙高度等方面的级别差异；还有关于城外的郊、田、木、牧地的相关关系的论述。《周礼·考工记》记述的周代城市建设的空间布局制度对中国古代城市规划实践活动产生了深远的影响。

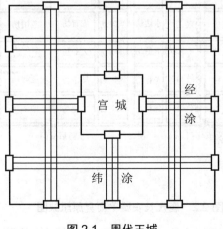

图2.1 周代王城

典型的城市格局以唐代长安城、元大都和明清北京城为例。

唐代长安城由宇文恺负责制定规划，利用了两个农闲时期由长安地区的农民修筑完成。先测量定位、后筑城墙、埋管道、修道路、划定坊里。整个城市布局严谨、分区明确，充分体现了以宫城为中心，"官民不相参"和便于管制的指导思想。唐代长安城的主要特点为中轴线对称格局，东西两市，方格式路网，城市核心是皇城，三面为居住里坊所包围，108个坊中都考虑了城市居民丰富的社会活动和寺庙用地，如图2.2所示。

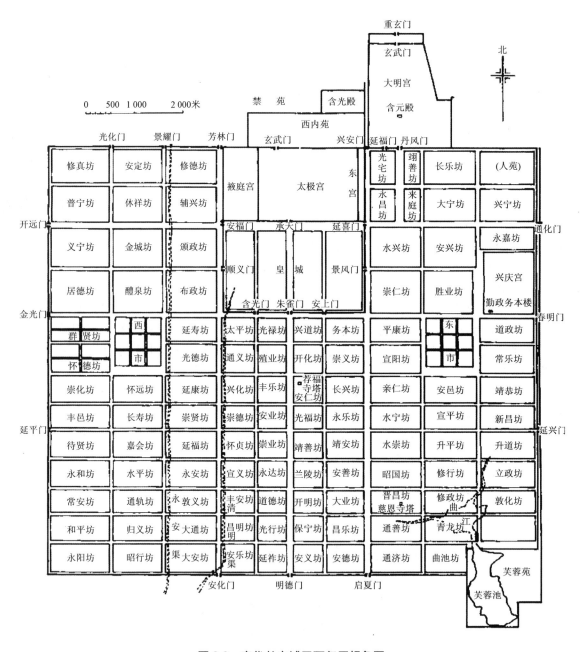

图2.2　唐代长安城平面复原想象图

元大都和明清北京城的主要特点为三套方城，宫城居中，轴线对称，如图2.3所示。

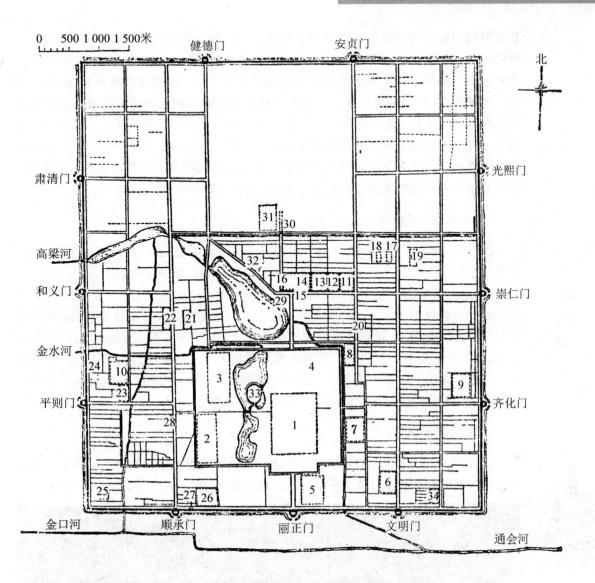

图2.3 元大都平面复原想象图

1—大内；2—隆福宫；3—兴圣宫；4—御苑；5—南中书省；6—御史台；7—枢密院；8—崇真万寿宫；9—太庙；10—社稷；11—大都路总管府；12—巡警二院；13—倒钞库；14—大天寿万宁寺；15—中心阁；16—中心台；17—文宣王庙；18—国子监学；19—柏林寺；20—太和宫；21—大崇国寺；22—大承华普庆寺；23—大圣寿万安寺；24—大永福寺；25—都城隍庙；26—大庆寿寺；27—海云可巷双塔；28—万松老人塔；29—鼓楼；30—钟楼；31—北中书省；32—斜街；33—琼华岛；34—太史院

元大都是中国历史上另一个全部按城市规划修建的都城。城市布局更强调中轴线对称，在几何中心建中心阁，在很多方面体现了《周礼·考工记》上记载的王城的空间布局制度。同时，城市规划中又结合了当时的经济、政治和文化发展的要求，并反映了元大都选址的地形地貌特点。

明代北京城是在元大都基地上稍向南移建成新都北京。街道、胡同沿用元大都之旧，皇城、宫城、宫殿则全部新建。中轴线仍然是用于设计北京都城格局的依据，紫禁城内象征皇权的前后六大殿也都在这条中轴线上。皇城、宫城在城内中轴线上稍偏南部。中轴线穿过皇城、宫城的正门、主殿，出皇城墙北以钟鼓楼为结束。"左祖右社，前朝后市"的两个基本点依然保持为都城格局的要点。明朝北京城计有 36 坊，其中，内城有 28 坊，外城有 8 坊。坊内外棋盘式的道路网络仍是北京城交通体系的整体格局，仅有个别地方因为自然条件的局限或历史发展的要求形成一些斜街。清代北京城基本延续了明代北京城的格局，未做重大的改变，保存至今，成为 2 000 多年中国封建王朝保存下来的唯一都城。明清北京城对于元大都的继承与改建，终于将北京城建设成为中国古代历史上最突出的都城范例。

2. 自然至上的理念

《管子·度地篇》中，已有关于居民点选址要求的记载："高勿近阜而水用足，低勿近水而沟防省。"《管子》认为"因天材，就地利，故城郭不必中规矩，道路不必中准绳"，从思想上完全打破了《周礼》单一模式的束缚。《管子》还认为，必须将土地开垦和城市建设统一协调起来，农业生产的发展是城市发展的前提。对于城市内部的空间布局，《管子》认为应采用功能分区的制度，以发展城市的商业和手工业。《管子》是中国古代城市规划思想发展史上一本革命性的也是极为重要的著作，它的意义在于打破了城市单一的周制布局模式，从城市功能出发，理性思维和以自然环境和谐的准则确立起来了，其影响极为深远。

3. 街巷的开放

《清明上河图》(局部)展示了商品经济和世俗生活的发展，如图 2.4 所示。从宋代开始，中国城市建设延续了千年的里坊制度逐渐废除，出现了开放的街巷制。

【参考视频】

图 2.4　《清明上河图》(局部)

另外，中国古代民居多以家族聚居，多采用木结构的底层院落式住宅，院落组群要分清主次尊卑，产生了中轴对称的布局手法。在大量的城市规划布局中，由于考虑当地地质、地理、地貌的特点，城墙不一定是方的，轴线不一定是一条直线，自由的外在形式下面是富于哲理的内在联系。

中国古代城市规划强调整体观念和长远发展，强调人工环境与自然环境的和谐，强调严格有序的城市等级制度。这些理念在中国古代的城市规划和建设实践中得到了充分的体现，同时也影响了日本、朝鲜等东亚国家的城市建设实践。

2.1.2 西方古代城市规划思想

公元前 5 世纪—公元 17 世纪,欧洲经历了从以古希腊和古罗马为代表的奴隶制社会到封建社会的中世纪、文艺复兴和巴洛克几个历史时期。随着社会和政治背景的变迁,不同的政治势力占据主导地位,不仅带来不同城市的兴衰,而且也使城市格局表现出相应的不同特征。古希腊城邦的城市公共场所、古罗马城市的炫耀和享乐特征、中世纪的城堡及教堂的空间主导地位、文艺复兴时期的古典广场和君主专制时期的城市放射轴线都是不同社会和政治背景下的产物。

1. 古典时期的社会与城市

1) 古希腊时期的城市

古希腊是欧洲文明的发祥地,在公元前 5 世纪,古希腊经历了奴隶制的民主政体,形成了一系列城邦国家。在该时期,城市布局上出现了以方格网的道路系统为骨架,以城市广场为中心的希波丹姆模式。该模式充分体现了民主、平等的城邦精神和市民民主文化的要求,在米利都城得到了最为完整的体现,如图 2.5 所示。广场是市民集聚的空间,围绕着广场建设有一系列的公共建筑,它们成为城市生活的核心。同时,在城市空间组织中,神庙、市政厅、露天剧院和市场是市民生活的重要场所,也是城市空间组织的关键性节点。

2) 古罗马时期的城市

古罗马时期是西方奴隶制发展的繁荣阶段。在罗马共和国的最后 100 年中,随着国势强盛、领土扩张和财富敛集,除了修建道路、桥梁、城墙和输水道等城市设施以外,还大量建造了公共浴池、斗兽场和宫殿等供奴隶主享乐的设施。到了罗马帝国时期,城市建设更是进入了鼎盛时期。除了继续建造公共浴池、斗兽场和宫殿以外,城市还成了帝王宣扬功绩的工具,广场、铜像、凯旋门和纪功柱成为城市空间的核心和焦点。古罗马城是这一时期城市建设特征最为集中的体现,城市中心是共和时期和帝国时期形成的广场群,广场上耸立着帝王铜像、凯旋门和纪功柱,城市各处散布着公共浴池和斗兽场,如图 2.6 所示。

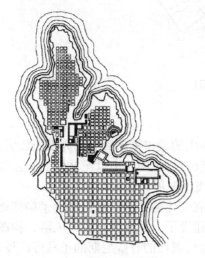
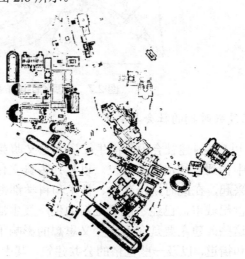

【参考视频】

图 2.5 米利都城平面图　　　　图 2.6 古罗马城中心平面图

2. 中世纪的社会与城市

西罗马帝国的灭亡标志着欧洲进入封建社会的中世纪。在此时期，欧洲分裂成为许多小的封建领主王国，封建割据和战争不断，使经济和社会生活中心转向农村，手工业和商业十分萧条，城市处于衰落状态。

在中世纪，由于神权和世俗封建权力的分离，在教堂周边形成了一些市场，并从属于教会的管理，进而逐步形成为城市。教堂占据了城市的中心位置，教堂的庞大体量和高耸尖塔成为城市空间和天际轮廓的主导因素。在教会控制的城市之外的大量农村地区，为了应对战争的冲击，一些封建领主建设了许多具有防御作用的城堡，围绕着这些城堡也形成了一些城市。就整体而言，城市基本上多为自发生长，很少有按规划建造的；同时，由于城市因公共活动的需要而形成，城市发展的速度较为缓慢，从而形成了城市中围绕着公共广场组织各类城市设施及狭小、不规则的道路网结构，构成了中世纪欧洲城市的独特魅力。

由于中世纪战争的频繁，城市的设防要求提到较高的地位，也出现了一些以城市防御为出发点的规划模式。10 世纪以后，随着手工业和商业的逐渐兴起和繁荣，行会等市民自治组织的力量得到了较大的发展，许多城市开始摆脱封建领主和教会的统治，逐步发展成为自治城市。在这些城市，公共建筑如市政厅、关税厅和行业会所等成为城市活动的重要场所，并在城市空间中占据主导地位。与此同时，城市不断地向外扩张。例如，意大利的佛罗伦萨，两度突破城墙向外扩展，并修建了新的城墙，以后又被新一轮的城市扩展所突破，如图 2.7 所示。

图 2.7　佛罗伦萨城市平面图

3. 文艺复兴时期的社会与城市

14 世纪以后，封建社会内部产生了资本主义萌芽，新生的城市资产阶级实力不断壮大，在有的城市中占到了统治性的地位。以复兴古典文化来反对封建的、中世纪文化的文艺复兴运动蓬勃兴起，在此时期，艺术、技术和科学都得到飞速发展。

许多中世纪城市，已经不能适应新的生产及生活发展变化的要求，城市进行了局部地区的改建。这些改建主要是在人文主义思想的影响下，建设了一系列具有古典风格、构图严谨的广场和街道，以及一些世俗的公共建筑。其中具有代表性的有威尼斯的圣马可广场，罗马的圣彼得大教堂广场(图 2.8)。

图 2.8　罗马的圣彼得大教堂广场

4. 绝对君权时期的社会与城市

从 17 世纪开始,新生的资本主义迫切需要强大的国家机器提供庇护,资产阶级与国王结成联盟,反对封建割据和教会实力,建立了一批中央集权的绝对君权国家,形成了现代国家的基础。这些国家的首都,如巴黎、伦敦、柏林、维也纳等,均发展成为政治、经济、文化中心型的大城市。

随着资本主义经济的发展,这些城市的改建、扩建的规模超过以前任何时期。在这些城市的改建中,巴黎的城市改建影响最大。在古典主义思潮的影响下,轴线放射的街道(如香榭丽舍大道)、宏伟壮观的宫殿花园(如凡尔赛宫,如图 2.9 所示)和公共广场(如协和广场)成为那个时期城市建设的典范。

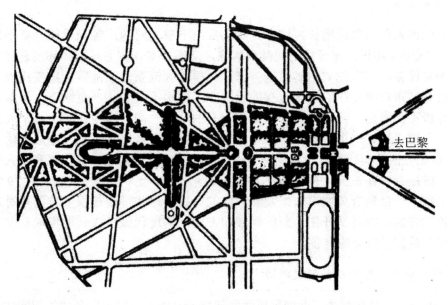

图 2.9　巴黎的凡尔赛宫

2.2 现代西方城市规划学科的产生与发展

2.2.1 现代城市规划理论产生的背景

1. 现代城市规划形成的历史背景

18 世纪以瓦特发明改良蒸汽机为标志的在英国起步的工业革命，极大地改变了人类居住地的模式，城市化进程迅速推进。工业化的加速发展，吸引了大量农村人口向城市迅速集中，同时，农业生产劳动率的提高和圈地法的实施，又迫使大量破产农民涌入城市。中心城市人口快速增长，如伦敦的人口在 19 世纪增长了 5.5 倍，从 1801 年的 100 万人左右增长到 1901 年的 650 万人。而一些工业城市的人口增长更为明显，曼彻斯特在同期增长了 7 倍，从 7.5 万人发展到 60 万人。

知识链接

西方的工业革命

工业革命(the Industrial Revolution)，又称产业革命，发源于英格兰中部地区，是指资本主义工业化的早期历程，即资本主义生产完成了从工场手工业向机器大工业过渡的阶段。工业革命是以机器取代人力，以大规模工厂化生产取代个体工场手工生产的一场生产与科技革命。由于机器的发明及运用成为这个时代的标志，因此历史学家称这个时代为"机器时代"(the Age of Machines)。18 世纪中叶，英国人瓦特改良蒸汽机之后，由一系列技术革命引起了从手工劳动向动力机器生产转变的重大飞跃。随后向英国乃至整个欧洲大陆传播，19 世纪传至北美。

由于城市人口的急剧增长，城市开始凸显出一系列问题：各项设施严重不足，城市"摊大饼"式无序建设，建设用地混乱而紧张，交通堵塞，住宅短缺，环境恶化。旧的居住区沦为贫民窟，工人住宅粗制滥造；工厂与居住区混杂，霍乱等传染疾病流行。在房地产投机和城市政府对住宅缺乏重视的状况下，住房不仅设施严重缺乏，基本的通风、采光条件得不到满足，而且人口密度极高，有的地区一间住房中住了十几个人或更多，公共厕所、垃圾站等严重短缺，排水系统年久失修且容量严重不足，造成粪便和垃圾堆积，19 世纪三四十年代蔓延于英国和欧洲大陆的霍乱就是由这些贫民区和工人住宅区所引发的，在社会和有关当局的惊恐中，社会各界人士开始关注上述问题。从 19 世纪中叶开始，出现了一系列有关城市未来发展方向的讨论。这些讨论在很多方面是对过去城市发展讨论的延续，同时又开拓了新的领域和方向，为现代城市规划的形成和发展在理论上、思想上进行了充分的准备。

2. 现代城市规划形成的历史渊源

现代城市规划是在解决工业城市所面临问题的基础上，综合了各类思想和实践而逐步

形成的。在形成的过程中，一些思想体系和具体实践发挥了重要作用，并直接规定了现代城市规划的基本内容。回溯现代城市规划史可以看到，现代城市规划发展基本是过去这些不同方面的延续和进一步的深化和扩展。

1) 现代城市规划形成的思想基础——空想社会主义

空想社会主义主要是通过对理想的社会组织结构等方面的架构，提出了理想的社区和城市模式，尽管这些设想被认为只是"乌托邦"的理想，但空想社会主义者从解决最广大劳动者的工作、生活等问题出发，从城市整体的重新组织入手，将城市发展问题放在更为广阔的社会背景中进行考察，并且将城市物质环境的建设和对社会问题的最终解决结合在一起，从而能够解决更为实在和较为全面的城市问题，由此引起了社会改革家和工程师们的热情和想象。在这样的基础上，出现了许多城市发展的新设想和新方案。

近代历史上的空想社会主义源自于莫尔的"乌托邦"概念。他期望通过对理想社会组织结构等方面的改革来改变当时他认为不合理的社会，并描述了他理想中的建筑、社区和城市。近代空想社会主义的代表人物欧文和傅里叶等人不仅通过著书立说来宣传、阐述他们对理想社会的信念，同时还通过一些实践来推广和实践这些理想。例如，欧文于1817年提出了"协和村"的方案并进行建设；傅里叶在1829年提出了以"法朗吉"为单位建设由1 500～2 000人组成的社区，废除家庭小生产，以社会大生产来替代。戈丁按照傅里叶的设想进行了实践，这组建筑群包括3个居住组团，有托儿所、幼儿园、剧场、学校、公共浴室和洗衣房。

2) 现代城市规划形成的法律实践——英国关于城市卫生和工人住房的立法

19世纪中叶，英国城市尤其是伦敦和一些工业城市所出现的种种问题迫使英国政府采取一系列的法规来管理和改善城市的卫生状况，直接孕育了英国住房、城镇规划等法的通过，从而标志着现代城市规划的确立。

3) 现代城市规划形成的行政实践——法国巴黎改建

针对巴黎城市问题的严重性，从1853年开始，政府直接参与和组织，对巴黎进行了全面的改建。这项改建以道路切割来划分整个城市的结构，并将塞纳河两岸地区紧密地连接在一起。在街道改建的同时，结合整齐、美观的街景建设的需要，出现了标准的住房布局方式和街道设施。在城市的两侧建造了两个森林公园，在城市中配置了大量的大面积公共开放空间，从而为当代资本主义城市的建设确立了典范，成为19世纪末20世纪初欧洲和美洲大陆城市改建的样板。

【参考视频】

4) 现代城市规划形成的技术基础——城市美化

城市美化源自于文艺复兴后的建筑学和园艺学传统。自18世纪后，中产阶级对城市中四周由街道和连续的联列式住宅所围成的居住街坊中只有点缀性的绿化表示出极端的不满意。在此情形下兴起的"英国公园运动"，试图将农村的风景引入到城市之中。这一运动的进一步发展出现了围绕城市公园布置联列式住宅的布局方式，并将住宅坐落在不规则的自然景色中的现象运用到实现如画的景观的城镇布局中。对城市空间和建筑设施进行美化的各方面思想和实践，在美国城市得到了全面的推广。1909年完成的芝加哥规划则被称为第一份城市范围的总体规划。

5) 现代城市规划形成的实践基础——公司城建设

公司城建设是资本家为了就近解决在其工厂中工作的工人的居住问题，从而提高工人的生产能力而由资本家出资建设、管理的小型城镇。例如，美国在芝加哥南部所建的城镇，工人住宅区的独立住宅和供出租的公寓房相分离，有一个很大的公共使用的公园，一个集中的两层楼的商业区，还包括剧场、图书馆、学校、公园和游戏场等。城镇边缘还有铁路供工人上下班使用。公司城的建设对霍华德田园城市理论的提出和付诸实践具有重要的借鉴意义。

2.2.2 早期的城市规划思想

1. 田园城市理论

在 19 世纪中期以后的种种改革思想和实践的影响下，霍华德于 1898 年出版了以《明天：通往真正改革的和平之路》为书名的论著，提出了田园城市的理论。霍华德针对当时的城市尤其是像伦敦这样的大城市所面临的拥挤、卫生等方面的问题，提出了一个兼有城市和乡村优点的理想城市——田园城市，并构建了一套比较完整的理论体系和实践框架。"田园城市"的提出，标志着现代城市规划思想的形成。

1) 田园城市的概念

田园城市是为健康、生活及产业而设计的城市，它的规模足以提供丰富的社会生活，但不应超过这一程度；四周要有永久性农业地带围绕；城市的土地归公众所有，由委员会受托管理。

2) 田园城市方案模式

田园城市思想主张的是城市分散发展的模式，即希望通过新建城市来解决过去城市尤其是大城市中所出现的问题。根据霍华德这一设想，田园城市包括城市和乡村两个部分。田园城市的居民生活于此，工作于此，在田园城市的边缘地区设有工厂企业。城市的规模必须加以限制，每个田园城市的人口限制为 3.2 万人，超过了这一规模，就需要建设另一个新的城市，目的是保证城市不过度集中和拥挤而产生各类大城市所产生的弊病，同时也可使每户居民都能极为方便地接近乡村自然空间。田园城市实质上就是城市和乡村的结合体，每一个田园城市的城区用地占总用地的 1/6，若干个田园城市围绕着中心城市(中心城市人口规模为 58 000 人)呈圈状布置，借助于快速的交通工具(铁路)穿梭于田园城市与中心城市或田园城市之间。城市之间是农业用地，包括耕地、牧场、果园、森林及农业学院、疗养院等，作为永久性保留的绿地，农业用地永远不得改作他用，从而"把积极的城市生活的一切优点同乡村的美丽和一切福利结合在一起"，并形成一个"无贫民窟无烟尘的城市群"，如图 2.10 所示。

田园城市城区平面呈圆形，中央是一个公园，6 条主干道路从中心向外辐射，把城市分成 6 个扇形区。在其核心部位布置一些独立的公共建筑(市政厅、音乐厅、图书馆、剧场、医院和博物馆)，在公园周围布置一圈玻璃廊道用做室内散步场所，与这条廊道连接的是一个个商店。在城市直径线外的 1/3 处设一条环形的林荫大道，并以此形成补充性的城市公园，在此两侧均为居住用地。在居住建筑地区中，布置学校和教堂。在城区的最外围地区建设各类工厂、仓库和市场，与最外层的环形道路和环形的铁路支线相呼应，交通非常方便。

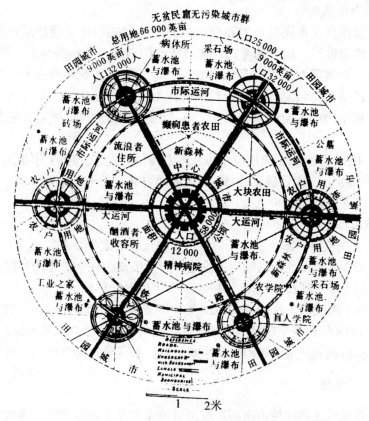

(a) 霍华德构思的城市组群

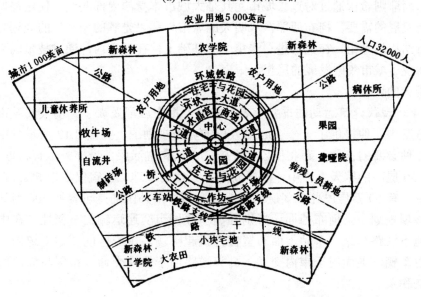

(b) 城乡结合的田园城市简图

图 2.10 田园城市规划方案设想图

3) 田园城市规划实践

霍华德不仅提出了田园城市的设想，以图解的形式描述了理想城市的原型，而且他还为实现这一设想进行了细致的考虑，他对资金的来源、土地的分配、城市财政的收支、田园城市的经营管理等都提出了具体的建议。他认为，工业和商业不能由公营垄断，要给私营以发展的条件。但是，城市中的所有土地必须归全体居民集体所有，使用土地必须交付租金。城市的收入全部来自租金，在土地上进行建设、聚居而获得的增值仍归集体所有。

霍华德于1899年组织了田园城市协会，宣传他的主张。1903年组织了"田园城市有限公司"，筹措资金，在距伦敦东北56千米的地方购置土地，建立了第一座田园城市——莱彻沃斯，人口规模为18 000人。

4) 田园城市理论的发展

20世纪初，大城市的恶性膨胀，使如何控制及疏散大城市人口成为突出的问题。霍华德的"田园城市"理论由他的追随者恩维进一步发展成为在大城市的外围建立卫星城市，以疏散人口控制大城市规模的理论，并在1922年提出一种理论方案。

卫星城镇是不断发展的：1912—1920年，巴黎制定了郊区的居住建筑规划，形成了典型的"卧城"；1918年沙里宁在赫尔辛基新区规划设计的半独立卫星城镇；英国20世纪60年代建造的独立新城。卫星城镇的职能不断扩展，其规模也逐渐扩大，如图2.11所示。

2. 现代城市设想

与霍华德希望通过新建城市来解决过去城市尤其是大城市中所出现的问题的设想完全不同，柯布西耶则希望通过对过去城市尤其是大城市本身的内部改造，使这些城市能够适应城市社会发展的需要。柯布西耶在"明天的城市"和"光辉的城市"的规划方案中，通过对大城市结构的重组，在人口进一步集中的基础上，在城市内部通过技术的手段解决城市问题，体现了城市集中发展的思想。

1) "明天的城市"

1922年，现代建筑运动的重要代表人物之一柯布西耶发表了"明天的城市"的规划方案。在方案中，他提供了一个300万人口的城市规划图，如图2.12所示，中央为中心区，除了各种必要的机关、商业和公共设施、文化和生活服务设施外，有将近40万人居住在24栋60层高的摩天大楼中，高楼周围有大片的绿地，建筑仅占地5%。在其外围是环形居住带，有60万居民住在多层的板式住宅内。最外围的是可容纳200万居民的花园住宅。在该项规划中，柯布西耶还特别强调了大城市交通运输的重要性。在中心区，规划了一个地下铁路车站，车站上面布置直升机起降场。中心区的交通干道由三层组成：地下走重型车辆，地面用于市内交通，高架道路用于快速交通。市区与郊区由地铁和郊区铁路线来联系。

该方案阐述了柯布西耶从功能和理性角度对现代城市的基本认识，从现代建筑运动的思潮中所引发的关于现代城市规划的基本构思。整个城市的平面是严格的几何形构图，矩形的和对角线的道路交织在一起。规划的中心思想是提高市中心的密度，改善交通，全面改造城市地区，形成新的城市概念，提供充足的绿地、空间和阳光。

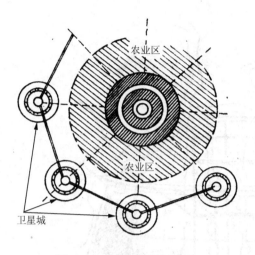
图 2.11 卫星城镇示意图

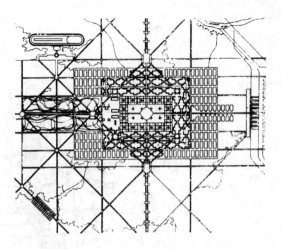
图 2.12 柯布西耶现代城市设想草图

2) "光辉的城市"

1931 年,柯布西耶发表了他的"光辉的城市"的规划方案,这一方案是他以前城市规划方案的进一步深化,同时也是他的现代城市规划和建设思想的集中体现。他认为,城市必须集中,只有集中的城市才有生命力,由于拥挤而带来的城市问题是完全可以通过技术手段而得到解决的,这种技术手段就是采用大量的高层建筑来提高密度和建立一个高效率的城市交通系统。高层建筑是柯布西耶心目中象征着大规模的工业社会的图腾,在技术上也是"人口集中、避免用地日益紧张、提高城市内部效率的一种极好手段",同时也可以保证城市有充足的阳光、空间和绿化,因此在高层建筑之间保持有较大比例的空旷地。他的理想状态是在机械化的时代里,所有的城市应当是"垂直的花园城市",而不是水平向的每家每户拥有花园的田园城市。城市的道路系统应当保持行人的极大方便,这种系统由地铁和人车完全分离的高架道路组成。建筑物的地面全部架空,城市的全部地面均可由行人支配,建筑屋顶设花园,地下通地铁,距地面 5 米高处设汽车运输干道和停车场。

3) 规划设计实践

柯布西耶作为现代城市规划原则的倡导者和执行这些原则的中坚力量,他的上述设想充分体现了他对现代城市规划的一些基本问题的探讨,通过这些探讨,逐步形成了理性功能主义的城市规划思想,这些思想集中体现在由他主持撰写的《雅典宪章》(1933 年)之中。他的这些城市规划思想,深刻地影响了第二次世界大战后全球范围的城市规划和城市建设。而他本人的实践活动,直到 20 世纪 50 年代初应印度总理之邀主持昌迪加尔的规划时才得以充分施展。该项规划在 20 世纪 50 年代初由于严格遵守《雅典宪章》并且布局规整有序而得到普遍的赞誉,如图 2.13 所示。

3. 有机疏散理论

针对大城市过分膨胀所带来的各种"弊病",沙里宁在 1934 年发表了《城市——它的发展、衰败与未来》一书,提出了有机疏散的思想。

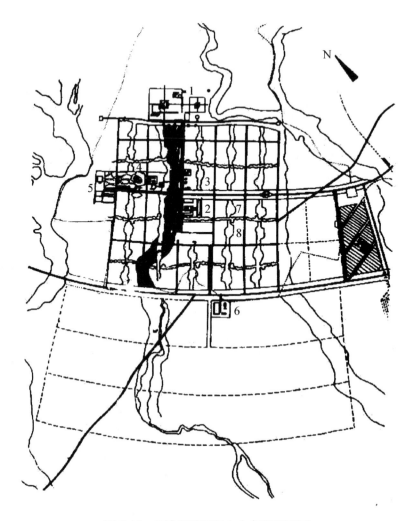

图 2.13 柯布西耶昌迪加尔规划平面图

1—行政中心；2—商业中心；3—接待中心；4—博物馆与运动场；
5—大学；6—市场；7—绿带与游憩设施；8—商业街

  有机疏散的思想，并不是一个具体的或技术性的指导方案，而是对城市的发展带有哲理性的思考。沙里宁认为，一些大城市一边向周围迅速扩展，同时内部又出现被他称之为"瘤"的贫民窟，而且贫民窟是不断蔓延的，这说明城市是一个不断成长和变化的有机体。城市建设是一个长期的、缓慢的过程，城市规划也是动态的。而根治"城市病"须从改变城市的结构和形态开始。

  沙里宁受生物成长现象的启发，认为有机疏散就是把扩大的城市范围划分为不同的集中点所使用的区域，这种区域又可分为不同活动所需要的地段。城市的功能产生某种力量，而使城市具有一种膨胀的趋势，当分散的离心力大于集中的向心力时就会出现分散的现象。而这两种作用将在城市内部的潜在力量中产生出对日常活动进行功能性的集中，对这些集中点又产生有机的分散。按照机体的功能要求，把城市的人口和就业岗位分散到可供合理发展的离开中心的地域。有机疏散论认为事业和城市行政管理部门必须设置在城市的中心位置，应该把重工业和轻工业从城市中心疏散出去。城市中心地区由于工业外迁而腾出的大面积用地，应该用来增加绿地，而且也可以供必须在城市中心地区工作的技术人员、行政管理人员、商业人员居住，让他们就近享受家庭生活。很大一部分事业，尤其是挤在城市中心地区的日常生活供应部门将随着城市中心的疏散，离开拥挤的中心地区。挤在城市中心地区的许多家庭疏散到新区去，将得到更适合的居住环境。中心地区的人口密度也就会降低。

他还认为应该把联系城市主要部分的快车道设在带状绿地系统中，也就是说把高速交通集中在单独的干线上，使其避免穿越和干扰住宅区等需要安静的场所。在他的著作中还从土地产权、价格、城市立法等方面论述了有机疏散的必要和可能。

1918年受一位私人开发商的委托，沙里宁与荣格在赫尔辛基新区明克尼米-哈格提出了一个17万人口的扩展方案。这一实践是其城市疏散思想的延续。有机疏散思想在第二次世界大战后的许多城市规划工作中得到应用，但是20世纪60年代以后，也有许多学者对这种把其他学科里的规律套用到城市规划中的简单做法提出了尖锐的质疑。

4. 其他理论与实践

1) 线(带)形城市理论

线(带)形城市是由西班牙工程师索里亚·马塔于1882年首先提出的。当时是铁路交通大规模发展的时期，铁路线把遥远的城市连接了起来，并使这些城市得到了很快的发展，在各个大城市内部及其周围，地铁线和有轨电车线的建设改善了城市地区的交通状况，加强了城市内部及与其腹地之间的联系，从整体上促进了城市的发展。按照索里亚·马塔的想法，那种传统的从核心向外扩展的城市形态已经过时，它们只会导致城市拥挤和卫生恶化，在新的集约运输方式的影响下，城市将依赖交通运输线组成城市的网络。而线形城市就是沿交通运输线布置的长条形的建筑地带，如图2.14所示，"只有一条宽500米的街区，要多长就有多长——这就是未来的城市"，城市不再是一个一个分散的不同地区的点，而是由一条铁路和道路干道相串联在一起的、连绵不断的城市带。位于这个城市中的居民，既可以享受城市型的设施又不脱离自然，并可以使原有城市中的居民回到自然中去。后来，索里亚·马塔提出了"线形城市的基本原则"，第一条是最主要的，即"城市建设的一切问题，均以城市交通问题为前提"。这一点也就是线形城市理论的出发点。

线形城市理论对20世纪的城市规划和城市建设产生了重要影响。20世纪30年代，当时苏联提出了线形工业城市等模式，并在斯大林格勒(今伏尔加格勒)等城市的规划实践中得到运用。在欧洲，哥本哈根的指状式发展(1948年规划)和巴黎的轴向延伸(1971年规划)等都是线形城市模式的发展。

2) 工业城市理论

工业城市的设想是法国建筑师戈涅于20世纪初提出的，1904年在巴黎展出了这一方案的详细内容，1917年出版了名为《工业城市》的专著，阐述了他的工业城市的具体设想。该"工业城市"是一个假想城市的规划方案，位于山岭起伏地带的河岸的斜坡上，人口规模为35 000人。城市的选址要考虑"靠近原料产地或附近有提供能源的某种自然力量,或便于交通运输"等要素。在城市内部的布局中,强调按功能划分为工业、居住、城市中心等,各项功能之间是相互分离的,以便于今后各自的扩展需要。同时,工业区靠近交通运输方便的地区,居住区布置在环境良好的位置,中心区应联系工业区和居住区,在工业区、居住区和市中心区之间有方便快捷的交通服务。

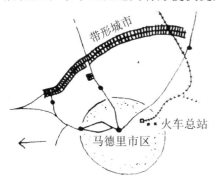

(a) 马塔在马德里外围建成4.8千米的带形城市

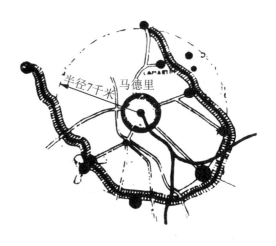

(c) 马塔在马德里周围规划的马蹄形带形城市方案

(b) 马塔带形城市方案

图2.14 线(带)形城市示意图

戈涅在"工业城市"中提出的功能分区思想,直接孕育了《雅典宪章》所提出的功能分区的原则,这一原则对于解决当时城市中工业居住混杂而带来的种种弊病具有重要的积极意义。同时,与霍华德的田园城市相比较就可以看到,工业城市以重工业为基础,具有内在的扩张力量和自主发展的能力,因此更具有独立性;而田园城市在经济上仍然具有以轻工业和农业为基础的依赖性。在一定的意识形态和社会制度的条件下,对于强调工业发展的国家和城市而言,工业城市的设想会产生重要影响。

3) 关于城市形态的研究

19世纪末,城市空间的组织基本上延续着由文艺复兴后形成的长距离轴线、对称,追求纪念性和宏伟气派的特点;另外,由于资本主义市场经济的发展,对土地经济利益的过分追逐,出现了死板僵硬的方格城市道路网、笔直漫长的街道、呆板乏味的建筑轮廓线和开敞空间的严重缺乏,因此引来了人们对城市空间组织的批评。因此,1889年奥地利建筑师西特出版的《城市建设艺术》一书,就被人形容为"好似在欧洲的城市规划领域炸开了一颗爆破弹",成为当时对城市空间形态组织研究的重要著作。

西特考察了古希腊、古罗马、中世纪和文艺复兴时期许多优秀建筑群的实例,针对当时城市建设中出现的忽视城市空间艺术性的状况，提出"我们必须以确定的艺术方式形成城市建设的艺术原则。我们必须研究过去时代的作品并通过寻求出古代作品中美的因素来弥补当今艺术传统方面的损失，这些有效的因素必须成为现代城市建设的基本原则"，西特强调人的尺度、环境的尺度与人的活动及其感受之间的协调，从而建立起城市空间的丰富多彩和人的活动空间的有机构成。西特认为中世纪的建设是"自然而然、一点一点生长起来的"，而不是在图板上设计完了之后再到现实中去实施的，因此城市空间更能符合人的视觉感受。

同时，西特也清楚地认识到，在社会发生结构性变革的条件下，"我们很难指望用简单的艺术规则来解决我们面临的全部问题"，而是要把社会经济的因素作为艺术考虑的给定条件，在这样的条件下来提高城市的空间艺术性。

4) 关于区域规划和城市规划方法的研究

英国的格迪斯作为一个生物学家，最早注意到工业革命、城市化对人类社会的影响，通过对城市进行生态学的研究，强调了人与环境的相互关系，并揭示了决定现代城市成长和发展的动力。他的研究显示，人类居住地与特定地点之间存在的关系是一种已经存在的、由地方经济性质所决定的精致的内在联系，因此，他认为场所、工作和人是结合为一体的。在他于1915年出版的著作《进化中的城市》中，他把对城市的研究建立在对客观现实研究的基础之上，通过周密分析地域环境的潜力、局限对于居住地布局形式与地方经济体系的影响关系，突破了当时常规的城市概念，提出把自然地区作为规划研究的基本框架。将城市和乡村的规划纳入同一体系之中，使规划包括若干个城市及它们周围所影响的整个地区。这一思想形成了以后对区域的综合研究和区域规划。

格迪斯认为城市规划是社会改革的重要手段，因此城市规划要取得成功就必须充分运用科学的方法来认识城市。他的名言是"先诊断后治疗"，由此而形成了影响至今的现代城市规划过程的公式，即"调查—分析—规划"，通过对城市现实状况的调查，分析城市未来发展的可能，预测城市中各类要素之间的相互关系，然后依据这些分析和预测，制定规划方案。

2.2.3 现代城市规划理论探索

1. 城市发展理论

1) 城市化理论

城市的发展始终是与城市化的过程结合在一起的。所谓城市化，是指人类生产和生活方式由乡村型向城市型转化的历史过程，表现为乡村人口向城市人口转化及城市不断发展和完善的过程。城市化是一个不断演进的过程，在不同的阶段显示出不同的特征，但也应该看到，"城市化不是一个过程，而是许多过程；不考虑社会其余部分的趋向就不可能设计出成功的城市系统。不发达国家如果不解决他们的乡村问题，其城市问题也就不能够得到解决"。

从城市兴起和成长的过程来看，其前提条件在于城市所在区域的农业经济的发展水平，其中，农业生产力的发展是城市兴起和成长的第一前提。现代城市化发展的最基本的动力是工业化。工业化促进了大规模机器生产的发展，以及在生产过程中对比较成本利益、生产专业化和规模经济的追求，使得大量的生产集中在城市之中，在农业生产效率不断提高的条件下，由于城乡之间存在预期收入的差异，从而导致了人口向城市集中。而随着人口的不断集中，城市的消费市场也在不断扩张。随着生产和消费的不断扩张和分化，第三产业的发展也成为城市化发展的推动力量。

2) 城市发展原因的解释

城市发展的区域理论认为，城市是区域环境中的一个核心。无论将城市看作一个地理空间、一个经济空间，还是一个社会空间，城市的形成和发展始终是在与区域的相互作用过程中逐渐进行的，是整个地域环境的一个组成部分，是一定地域环境中的中心。因此，有关城市发展的原因就需要从城市和区域的相互作用中去寻找。城市和区域之间的相互关系可以概括为，区域产生城市，城市反作用于区域。城市的中心作用强，带动周围区域社会经济的向上发展；区域社会经济水平高，则促使中心城市更加繁荣。

3) 城市发展模式的理论探讨

现代城市的发展存在着两种主要的趋势，即分散发展和集中发展。因此，在对城市发展模式的理论研究中，也主要针对这两种现象而展开。相对而言，城市分散发展更得到理论研究的重视，因此出现了比较完整的理论陈述。而关于城市集中发展的理论研究则主要处于对现象的解释方面。

(1) 城市分散发展理论。城市分散发展理论实际上是霍华德田园城市理论的不断深化和运用，即通过建立小城市来分散向大城市的集中，其中主要的理论包括霍华德的田园城市理论、恩维的卫星城理论、英国的新城理论、沙里宁的有机疏散理论及赖特的广亩城理论等。

【参考视频】

1944 年，大伦敦规划中在伦敦周围建立 8 个卫星城，以达到疏解伦敦拥挤的目的，从而产生了深远的影响，如图 2.15 所示。在第二次世界大战后至 20 世纪 70 年代之前的西方经济和城市快速发展时期，西方大多数国家都有不同规模的卫星城建设，其中以英国、法国、美国及中欧地区最为典型。卫星城的概念强化了与中心城市(又称母城)的依赖关系，在其功能上强调中心城的疏解，因此往往被作为中心城市某一功能疏解的接受地，由此出现了工业卫星城、科技卫星城甚至卧城等类型，成为中心城市的一部分。经过一段时间的实践，人们发现这些卫星城带来了一些问题，而这些问题的来源就在于对中心城市的依赖，因此开始强调卫星城的独立性。在这种卫星城中，居住与就业岗位之间相互协调，具有与大城市相近似的文化福利设施配套，可以满足卫星城居民的就地工作和生活需要，从而形成一个职能健全的独立城市。从 20 世纪 40 年代中期开始，人们对于这类按规划设计建设的新建城市统称为"新城"，一般已不再使用"卫星城"的名称。伦敦周围的卫星城根据其建设时期前后而称为第一代新城、第二代新城和第三代新城。新城的概念更强调了城市的相对独立性，它基本上是一定区域范围内的中心城市，为其本身周围的地区服务，并且与中心城市发生相互作用，成为城镇体系中的一个组成部分，对涌入大城市的人口起到一定的截流作用。

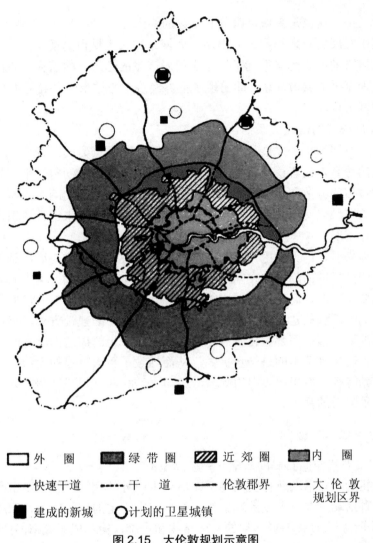

图 2.15 大伦敦规划示意图

【观察与思考】

试评析大伦敦规划的优缺点,以及对我国城乡规划的启示。

(2) 城市集中发展理论。城市集中发展理论的基础在于经济活动的聚集,这是城市经济的最根本特征之一。在聚集效应的推动下,城市不断地集中,发挥出更大的作用。作为引导城市集中的要素而论,地方性经济不及城市化经济重要,多种产业类型的集中和城市的集中发展之间有着明显的相关性,与城市的整体经济密切相关,也就是说,对于工业的整体而言,城市的规模只有达到一定的程度才具有经济性。当然,聚集就产出而言是经济的,而就成本而言也可能是不经济的,这类不经济主要表现在地价或建筑面积租金的昂贵和劳动力价格的提高,以及环境质量的下降等方面。根据卡利诺的研究成果,城市人口少于 330 万人时,聚集经济超过不经济;当城市人口超过 330 万人时,则聚集不经济超过经济性。当然,这项研究是针对制造业而进行的,而且是一般情况下的。很显然,各类产业都可以找到不同的聚集经济和不经济之间的关系,而且可以相信,服务业需要有更为聚集的城市人口的支持,这也是大城市服务业发达的原因。

城市的集中发展到一定程度之后出现了大城市和超大城市的现象,这是由于聚集经济的作用而使大城市的中心优势得到了广泛实现所产生的结果。随着大城市的进一步发展,出现了规模更为庞大的城市现象,即出现了世界经济中心城市,也就是所谓的世界城市(国际城市或全球城市)等。

4) 城市发展模式的辩证关系

城市的分散发展和集中发展只是城市发展过程中的不同方面,任何城市的发展都是这两个方面作用的综合,或者说,是分散与集中相互对抗而形成的暂时平衡状态。因此,只有综合地认识城市的分散和集中发展,并将它们视为同一过程的两个方面,考察城市与城市之间、城市与区域之间、城乡之间及将它们作为一个统一体来进行认识,才能真正认识城市发展的实际状况。

就宏观整体来看,广大的区域范围内存在向城市集中的趋势,而在每个城市尤其是大城市中又存在向外扩散的趋势。在实际的发展现实中也可以看到,英国的城市扩散是以新城的建设为主要特征的,而美国的城市扩散是以郊区化的方式实现的,但它们的发展也始终是相对集中的。新城的建设本身是一种扩散中相对集中的建设方式,每一个新城都是一定地域范围内的增长极;而郊区化发展始终是围绕着城市的周边而展开的,从区域角度来看则导致了城市建成区范围的进一步扩大,从而导致了更大范围的大都市区。即使是在郊区的建设中也始终存在着相对集中的倾向,20 世纪 80 年代以后在美国兴起的新都市主义更表明了对这种趋势的强化。

2. 城市空间组织理论

1) 城市组成要素空间布局的基础——区位理论

区位,是指为某种活动所占据的场所在城市中所处的空间位置。城市是人与各种活动的聚集地,各种活动大多有聚集的现象,占据城市中固定的空间位置,形成区位分布。这些区位(活动场所)加上连接各类活动的交通路线和设施,便形成了城市的空间结构。

各种区位理论的目的就是为各项城市活动寻找到最佳区位,即能够获得最大利益的区位。根据区位理论,城市规划对城市中的各项活动的分布掌握了基本的衡量尺度,以此对城市土地使用进行分配和布置,使城市中的各项活动都处于最适合于它的区位,因此,可以说区位理论是城市规划进行土地使用配置的理论基础。

自 20 世纪 50 年代以来,在社会经济结构发生巨大变化的状况下,区位理论的研究发生了重大的变化。对国家范围和区域范围的经济条件和自然条件进行了更为具体的考虑,结合经济规划和经济政策、资本的形成条件、交通通信方式的变化和社会经济发展的各类要素的组合条件与方式,运用现代数学、计算机技术和决策理论等成果,使区位理论的研究具有更为宏观、动态和综合性的特征,同时也使区位理论的研究从过去只关注市场机制而逐步向市场运作和政府干预、规划调节相结合转变。就整体而言,这些研究的目的已经不在于求得纯粹的理论公式,而在于针对具体地区错综复杂的社会经济因素相互作用下的实际问题的解答,为各类产业空间的选址提供依据。

2) 城市整体空间的组织理论

区位理论解释了城市各项组成要素在城市中如何选择各自最佳区位,但当这些要素选择了各自的区位之后,如何将它们组织成一个整体,即形成城市的整体结构,从而发挥各自的作用,则是城市空间组织的核心。城市各项要素在位置选择时往往是从各自的活动需求、成本等要求出发的,对同一位置的不同使用可能较少考虑与周边用地的关系,城市规划就需要从城市整体利益和保证城市有序运行的角度出发,协调好各要素之间的相互关系,满足城市生产和生活发展的需要。城市整体空间的组织理论有从城市功能组织出发、从城市土地使用形态出发、从经济合理性出发、从城市道路交通出发、从空间形态出发、从城市生活出发的各种空间组织理论。

3. 城市规划方法论

1) 综合规划方法论

综合规划方法论的理论基础是系统思想及其方法论,也就是认为,任何一种存在都是由彼此相关的各种要素所组成的系统,每个要素都按照一定的联系性而组织在一起,从而形成一个有结构的有机统一体。系统中的每个要素都执行着各自独立的功能,而这些不同的功能之间又相互联系,以此完成整个系统对外界的功能。在这样的思想基础上,综合规划方法论通过对城市系统的各个组成要素及其结构的研究,揭示这些要素的性质、功能及这些要素之间的相互联系,全面分析城市存在的问题和相应对策,从而在整体上对城市问题提出解决的方案。这些方案具有明确的逻辑结构。

综合规划方法论是建立在理性的基础上的,从某种角度来看,综合规划方法论所强调的是,在思维内容上是综合的,需要考虑各个方面的内容和相互的关系;在思维方式上强调理性,即运用理性的方式来认识和组织该过程中所涉及的种种关系,而这些关系的质量是建立在通过对对象的运作及其过程的认知的基础之上的。

2) 分离渐进方法论

渐进规划思想方法的基础是理性主义和实用主义思想的结合。这种方法在日常的决策过程中被广泛地运用,它尤其适合于解答规模较小或局部性的问题,在针对较大规模或全局性的问题时,主要是通过将问题分解成若干个小问题甚至将它们分解到不可分解为止,然后逐一进行解决,从而使所有问题都得到解决。这一方法最大的好处是可以直接面对当时当地急需解决的问题而采取即时的行动,而无需对战略问题的反复探讨和对各种可能方案的比较、评估。

3) 混合审视方法论

就整体而言,综合规划方法论和分离渐进方法论是规划方法中的两个极端,一个是强调整体结构的重组,一个是强调就事论事地解决问题。混合审视方法不像综合规划方法那样对领域内的所有部分都进行全面、详细的检测,而只是对研究领域中的某些部分进行非常详细的检测,对其他部分进行非常简略的观察,以获得一个概略的、大体的认识;它也不像分离渐进规划那样只关注当前面对的问题,单个地去予以解决,而是从整体的框架中去寻找解决当前问题的方法,使对不同问题的解决能够相互协同,以共同实现整体的目标。因此,运用混合审视方法的关键在于确定不同审视的层次。在最概略的层次上,要保证主要的选择方案不被遗漏,而在最详细的层次上,则应保证被选择的方案是能够进行全面研究的。

混合审视方法由基本决策和项目决策两部分组成。所谓基本决策是指宏观决策，不考虑细节问题，着重于解决整体性的、战略性的问题。这种决策主要探索城市发展的战略、规划的目标和与此相应的规划，在此过程中主要是运用简化了的综合规划的方法来进行。但在运用综合规划方法的时候，只关注其中行动者认为是最重要的目标，而不是对整体的所有目标都进行考察，同时，也只注意城市发展过程中一些重要的变量之间的关系，而不是面面俱到地研究其中所有的要素，并省略了对细节和特殊内容的考虑。所谓项目决策是指微观的决策，也称为小决策。这是基本决策的具体化，受基本决策的限定，在此过程中，是依据分离渐进方法来进行的。这里运用的分离渐进方法与分离渐进规划思想的最大区别在于这里的决策是在基本决策的整体框架之中进行的，从而保证了项目决策是为实现基本决策服务的。因此，从整个规划的过程中可以看到，"基本决策的任务在于确定规划的方向，项目决策则是执行具体的任务"。

4) 连续性城市规划方法论

连续性城市规划是关于城市规划过程的理论，立论点在于对过去的总体规划所注重的终极状态的批判。成功的城市规划应当是统一地考虑总体的和具体的、战略的和战术的、长期的和短期的、操作的和设计的、现在的和终极的状态等情况。在对城市发展的预测中，应当明确区分城市中的一些因素需要进行长期的规划，有些因素只要进行中期规划，有些甚至不需要对其做出预测，而不是对所有的内容都要进行统一的以 20 年为期的规划。

5) 倡导性规划方法论

倡导性规划认为规划是通过选择的序列来决定适当的未来行动的过程。规划行为由这些必要的因素组成，即目标的实现、选择的运用、未来导向，以及行动和综合性。在这种意义上的规划过程中，选择出现在三个层次上：第一是目标和准则的选择；第二是鉴别一组与这些总体的规定相一致的备选方案，并选择一个想要的方案；第三则是引导行动实现确定了的目标。所有这些选择都涉及进行判断，判断贯穿着整个规划过程。无论对于社会而言还是对规划师而言，都意味着选择会受到种种条件的限制，而这些限制本身又是难以克服的。规划师进行选择，又是基于规划师对未来性质的预测之上，这就限制了人们对未来的追求。同样，规划师的价值判断反映规划师的价值观，而不是社会大众的判断，规划师不能以自己认为是正确的或错误的这种意识来决定社会的选择，规划师并不能担当这样的职责，而且这样做也不具有合法性。因此，规划的终极目标应当是扩展选择。从 20 世纪 60 年代开始普遍开展的城市规划中的公众参与，就是建立在这样的理论基础之上的。

2.2.4 城市规划宪章

现代城市规划的发展在对现代城市的整体认识的基础上，以及在对城市社会进行改造的思想导引下，通过对城市发展的认识和城市空间组织的把握，逐步地建立了现代城市规划的基本原理和方法，同时也界定了城市规划学科的领域，形成了城乡规划的独特认识和思想，在城市发展和建设的过程中发挥其所担负的作用。《雅典宪章》和《马丘比丘宪章》这两部在现代城市规划发展过程中起了重要作用的文献，是对当时的规划思想的总结，并对未来的城市规划发展指明了重要的方向，从而成为城市规划发展的历史性文献，从中我们可以追踪城市规划整体的发展脉络，建立起城市规划思想发展的基本框架。

1. 《雅典宪章》

20世纪上半叶，现代城市规划是追随着现代建筑运动而发展的。20世纪20年代末，现代建筑运动走向高潮，在国际现代建筑协会第一次会议的宣言中，提出了现代建筑和建筑运动的基本思想和准则。其中认为，城市规划的实质是一种功能秩序，对土地使用和土地分配的政策要求有根本性的变革。1933年召开的第四次会议的主题是"功能城市"，会议发表了《雅典宪章》。

《雅典宪章》依据理性主义的思想方法，对城市中普遍存在的问题进行了全面分析，提出了城市规划应当处理好居住、工作、游憩和交通的功能关系，并把该宪章称为"现代城市规划的大纲"。

《雅典宪章》认识到城市中广大人民的利益是城市规划的基础，因此它强调"对于从事城市规划的工作者，人的需要和以人为出发点的价值衡量是一切建设工作成功的关键"。宪章在内容上也从分析城市活动入手提出了功能分区的思想和具体做法，并要求以人的尺度和需要来估量功能分区的划分和布置，为现代城市规划的发展指明了"以人为本"的方向，建立了现代城市规划的基本内涵。但很显然，《雅典宪章》的思想方法是建立在物质空间决定论的基础之上的，这一思想的实质在于通过物质空间变量的控制，就可以形成良好的环境，而这样的环境就能自动地解决城市中的社会、经济、政治问题，促进城市的发展和进步。这是《雅典宪章》所提出来的功能分区及其机械联系的思想基础。

《雅典宪章》最为突出的内容就是提出了城市的功能分区，而且对之后的城市规划的发展影响也最为深远。它认为，城市活动可以划分为居住、工作、游憩和交通四大活动，提出这是城市规划研究和分析的"最基本分类"，并提出"城市规划的4个主要功能要求各自都有其最适宜发展的条件，以便给生活、工作、文化分类和秩序化"。功能分区在当时有着重要的现实意义和历史意义，它主要针对当时大多数城市无计划、无秩序发展过程中出现的问题，尤其是工业和居住混杂、工业污染严重等导致的严重的卫生问题、交通问题和居住环境问题等，而功能分区方法的使用确实可以起到缓解和改善这些问题的作用。

另外，从城市规划学科的发展过程来看，《雅典宪章》所提出的功能分区是一种革命。它依据城市活动对城市土地使用进行划分，对传统的城市规划思想和方法进行了重大的改革，突破了过去城市规划追求图面效果和空间气氛的局限，引导了城市规划向科学的方向发展。

功能分区的做法在城市组织中由来已久，但现代城市功能分区的思想显然是产生于近代理性主义的思想观点，这也是决定现代建筑运动发展路径的思想基础。《雅典宪章》运用了这样的思想方法，从对城市整体的分析入手，对城市活动进行了分解，然后对各项活动及其用地在现实的城市中所存在的问题予以揭示，针对这些问题，提出了各自改进的具体建议，然后期望通过一个简单的模式将这些已分解的部分结合在一起，从而复原成一个完整的城市，这个模式就是功能分区和其间的机械联系。这一点在著名建筑师柯布西耶发表于20世纪二三十年代的一系列规划方案中发挥得最为淋漓尽致，并且在他主持的印度新城市昌迪加尔的规划中，得到了具体的实践。

现代城市规划从一开始就继承了传统规划对城市理想状况进行描述的思想，并遵循与发展了建筑学的思维方式和方法，认为城市规划就是要描绘城市未来的蓝图。这种空间形态是期望通过城市建设活动的不断努力而达到的，它们本身是依据建筑学原则而确立的，是不可更改的、完美的组合。因此，物质空间规划成了城市建设的蓝图，其所描述的是旨在达到的未来终极理想状态。柯布西耶则从建筑学的思维习惯出发，将城市看成了一种产品的创造，因此也就敢于将巴黎市中心区进行几乎全部推倒重来的改建规划。《雅典宪章》虽然认识到影响城市发展的因素是多方面的，但仍强调"城市规划是一种基于长宽高三度空间的科学"。该宪章所确立的城市规划工作者的主要工作是"将各种预计作为居住、工作、游憩的不同地区，在位置和面积方面，作一个平衡，同时建立一个联系三者的交通网"；此外就是"订立各种计划，使各区按照它们的需要和有纪律的发展"；"建立居住、工作、游憩各地区间的关系，使这些地区的日常活动可以在最经济的时间内完成"。从《雅典宪章》中可以看到，城市规划的基本任务就是制定规划方案，而这些规划方案的内容都是关于各功能分区的"平衡状态"和建立"最合适的关系"，它鼓励的是对城市发展终极状态下各类用地关系的描述，并"必须制定必要的法律以保证其实现"。

2. 《马丘比丘宪章》

20世纪70年代后期，国际现代建筑协会鉴于当时世界城市化趋势和城市规划过程中出现的新内容，于1977年在秘鲁的利马召开了国际性的学术会议。与会的建筑师、规划师和有关官员以《雅典宪章》为出发点，总结了近半个世纪以来尤其是第二次世界大战后的城市发展和城市规划思想、理论和方法的演变，展望了城市规划进一步发展的方向，在古文化遗址马丘比丘山上签署了《马丘比丘宪章》。该宪章申明：《雅典宪章》仍然是这个时代的一项基本文件，它提出的一些原理今天仍然有效，但随着时代的进步，城市发展面临着新的环境，而且人类认识对城市规划也提出了新的要求，《雅典宪章》的一些指导思想已不能适应当前形势的发展变化，因此需要进行修正。

《马丘比丘宪章》首先强调了人与人之间的相互关系对于城市和城市规划的重要性，并将理解和贯彻这一关系视为城市规划的基本任务。"与《雅典宪章》相反，我们深信人的相互作用与交往是城市存在的基本根据。城市规划必须反映这一现实"。在考察了当时城市化快速发展和遍布全球的状况之后，《马丘比丘宪章》要求将城市规划的专业和技术应用到各级人类居住点上，即邻里、乡镇、城市、都市地区、区域、国家，并以此来指导建设。而这些规划都"必须对人类的各种需求做出解释和反应"，并"应该按照可能的经济条件和文化意义提供与人民要求相适应的城市服务设施和城市形态"。从人的需要和人之间的相互作用关系出发，《马丘比丘宪章》针对《雅典宪章》和当时城市发展的实际情况，提出了一系列的具有指导意义的观点。

《马丘比丘宪章》在对40多年的城市规划理论探索和实践进行总结的基础上，指出《雅典宪章》所崇尚的功能分区"没有考虑城市居民人与人之间的关系，结果使城市患了贫血症，在那些城市里建筑物成了孤立的单元，否认了人类的活动要求流动的、连续的空间这一事实"。确实，《雅典宪章》以后的城市规划基本上都是依据功能分区的思想而展开的，尤其在第二次世界大战后的城市重建和快速发展阶段中，按规划建设的许多新城和一系列的城市改造中，由于对纯粹功能分区的强调而导致了许多问题，人们发现经过改建的城市社区竟然不如改建前或一些未改造的地区充满活力，新建的城市则又相当的冷漠、单调、缺乏生气。对于功能分区的批评，认为功能分区并不是一种组织良好城市的方法，并提出了以人为核心的人际交往思想及流动、生长、变化的思想，为城市规划的新发展提供了新的起点。《马丘比丘宪章》提出了"在今天，不应当把城市当作一系列的组成部分拼在一起考虑，而必须努力去创造一个综合的、多功能的环境"，并且强调，"在1933年，主导思想是把城市和城市的建筑分成若干组成部分，在1977年，目标应当是把已经失掉了它们的相互依赖性和相互关联性，并已经失去其活力和含义的组成部分重新统一起来"。

《马丘比丘宪章》认为城市是一个动态系统，要求"城市规划师和政策制定人必须把城市看作是在连续发展与变化的过程中的一个结构体系"。20世纪60年代以后，系统思想和系统方法在城市规划中得到了广泛的运用，直接改变了过去将城市规划视为对终极状态进行描述的观点，而更强调城市规划的过程性和动态性。在对物质空间规划进行革命的过程中，社会文化认主要从认识论的角度进行批判，而系统方法论则从实践的角度进行建设，尽管两者在根本思想上并不一致，但对城市规划的发展都起了积极的作用。最早运用系统思想和方法的规划研究当属开始于美国20世纪50年代末的运输-土地使用规划。这些研究突破了物质空间规划对建筑空间形态的过分关注，而将重点转移至发展的过程和不同要素间的关系，以及要素的调整与整体发展的相互作用之上。《马丘比丘宪章》在总结的基础上做了进一步的发展，提出"区域和城市规划是个动态过程，不仅要包括规划的制定，而且也要包括规划的实施。这一过程应当能适应城市这个有机体的物质和文化的不断变化"。在这样的意义上，城乡规划就是一个不断模拟、实践、反馈、重新模拟的循环过程，只有通过这样不间断的连续过程才能更有效地与城市系统相协同。

自20世纪60年代中期开始，城市规划的公众参与成为城市规划发展的一个重要内容，同时也成为此后城市规划进一步发展的动力。其基本的意义在于，不同的人和不同的群体具有不同的价值观，规划不应当以一种价值观来压制其他多种价值观，而应当为多种价值观的体现提供可能，规划师就是要表达不同的价值判断，并为不同的利益团体提供技术帮助。城市规划的公众参与，就是在规划的过程中要让广大的城市市民，尤其是受到规划内容所影响的市民参加规划的编制和讨论，规划部门要听取各种意见，并且要将这些意见尽可能地反映在规划决策之中，成为规划行动的组成部分，而真正全面和完整的公众参与则要公众能真正参与到规划的决策过程之中。1973年，联合国世界环境会议通过的宣言，明确提出：环境是人们创造的，这就为城市规划中的公众参与提供了政治上的保证。城市规划过程的公众参与现已成为许多国家城市规划立法和制度的重要内容和步骤。《马丘比丘宪章》不仅承认公众参与对城市规划的极端重要性，而且更进一步地推进其发展。《马丘比丘宪章》提出，"城市规划必须建立在各专业设计人、城市居民，以及公众和政治领导人之间的、系统的、不断的互相协作配合的基础上"，并"鼓励建筑使用者创造性地参与设计和施工"。在讨论建筑设计时更为具体地指出，人们必须参与设计的全过程，要使用户成为建筑师工作整体中的一个部门，并提出了一个全新的概念，即"人民建筑是没有建筑师的建筑"，充分强调了公众对环境的决定性作用，而且"只有当一个建筑设计能与人民的习惯、风格自然地融合在一起的时候，这个建筑才能对文化产生最大的影响"。

2.3 中国城市与城市规划发展

2.3.1 中国近代城市发展背景与主要规划实践

1. 历史背景

1840年鸦片战争爆发后，随着西方对中国的入侵和资本主义工商业的产生与发展，中国逐渐由一个独立的封建国家变成半殖民地半封建国家。同时，中国的城市也出现了巨大的变化：一方面，许多历史悠久的城市在近代面临着现代化的冲击与挑战，被迫出现转型，而这种转型向着多元化方向发展；另一方面，由于现代科学技术、工业、交通的发展，新因素推动了一批新兴城市的诞生和崛起。

2. 主要实践类型

中国传统城市规划有着丰富的历史积淀及辉煌的成就，但在新的社会经济条件下，针对城市产生的巨大变化，需要有更具时代特征的先进规划思想来进行具体的应对。中国近代城市规划的发展基本上是西方近现代城市规划不断引进和运用的过程。

(1) 19世纪末—20世纪初，在开埠通商口岸的城市，西方列强依据各国的城市规划体制和模式，对其控制的地区、城市进行规划设计。其中最为典型的是上海、广州等租界区及青岛、大连、哈尔滨等城市。

(2) 20世纪20年代末，南京国民政府成立后，在推行市政改革进程中，一部分主要城市如上海、南京、重庆、天津、杭州、成都、武昌、郑州、无锡等城市运用西方近现代城市规划理论或在欧美专家的指导下进行了城市规划设计。其中公布于1929年的南京"首都计划"和上海的"大上海计划"等最具有代表性。

(3) 日本在侵华战争期间，出于加强军事占领和大规模掠夺战略物资的意图，对其占领的一些城市也进行了不少的城市规划。

【参考资料】

(4) 抗日战争临近结束时，国民政府为战后重建颁布了《都市计划法》。抗战结束后，一些城市在恢复和重建中据此编制新的发展规划。这些规划借鉴并引进了当时西方已经开始成熟的现代城市规划理论、方法和西方的实践经验，对城市发展进行了分析，编制了较为系统、完整的城市规划方案，其中上海的《大上海都市计划》(三稿)和重庆的《陪都十年建设计划》最具代表性。

2.3.2 中国现代城市规划思想与发展历程

1. 计划经济体制时期的城市规划思想与实践

1949年10月，中华人民共和国成立，从此城市规划和建设进入了一个崭新的历史时期。

(1) 中华人民共和国成立之初，为了适应城市经济的恢复和发展，城市建设工作主要是整治城市环境，改善广大劳动人民的居住条件，增加建制市，建立城市建设管理机构,加强城市的统一管理。中国的城市建设工作开始了统一领导、按规划进行建设的新时期。

改革开放之前,全国主要城市先后进行了城市规划编制。如西安、兰州、太原、洛阳、包头、成都、郑州、哈尔滨、吉林、沈阳等城市的总体规划和部分详细规划,使城市建设能够按照规划,有计划、按比例地进行。1956年,国家基本建设委员会颁布的《城市规划编制暂行办法》(以下简称《办法》),是新中国第一部重要的城市规划立法。该《办法》共分7章44条,包括城市规划基础资料、规划设计阶段、总体规划和详细规划等方面的内容,以及设计文件及协议的编订办法。在此期间,城市规划的实践主要是根据工业建设的需要,开展联合选择厂址工作,并组织编制城市规划。

1974年,国家基本建设委员会下发《关于城市规划编制和审批意见》和《城市规划居住区用地控制指标》,作为城乡规划编制和审批的依据。在此期间,在唐山市地震后的重建工作及上海的金山石化基地和四川的攀枝花钢铁基地建设等方面的规划和探索,为城市规划理论与实践发展做出了重要的贡献。

2. 改革开放初期的城市规划思想与实践

改革开放后,中国进入了一个新的历史发展时期。1978年12月,中共十一届三中全会做出了把党的工作重点转移到社会主义现代化建设上来的战略决策,以这次会议为标志,我国进入了改革开放的新阶段。

(1) 1978年3月,国务院召开了第三次城市工作会议,中共中央批准下发执行会议制定的《关于加强城市建设工作的意见》。该文件强调了城市在国民经济发展中的重要地位和作用,要求城市适应国家经济发展的需要,并指出要控制大城市规模,多发展小城镇,城市建设要为实现新时期的总任务做出贡献。要求全国各城市,包括新建城镇,都要根据国民经济发展计划和各地区的具体条件,认真编制和修订城市的总体规划、近期规划和详细规划,以适应城市建设和发展的需要,并进一步明确"城市规划一经批准,必须认真执行,不得随意改变",并对规划的审批程序做出了规定。

(2) 1980年10月,国家基本建设委员会召开全国城市规划工作会议,会议要求城市规划工作要有一个新的发展。同年12月,国务院批转《全国城市规划工作会议纪要》(以下简称《纪要》)下发全国实施。《纪要》第一次提出要尽快建立我国的城市规划法制,也第一次提出城市市长的主要职责,是"把城市规划、建设和管理好"。《纪要》对城乡规划的"龙头"地位,城市发展的指导方针,规划编制的内容、方法和规划管理等内容都做了重要阐述。

1984年,国务院颁发了《城市规划条例》(以下简称《条例》)。这是新中国成立以来,城市规划专业领域第一部基本法规,标志着我国的城市规划步入了法制管理的轨道。在《条例》颁布实施后,许多省、自治区、直辖市相继制定和颁发了相应的条例、细则或管理办法,如上海市、北京市、天津市等。这些法规文件的规定,有效地保证了在我国经济体制改革时期,城市建设按规划有序进行。

1989年12月26日，全国人大常委会通过了《中华人民共和国城市规划法》（以下简称《城市规划法》）并于1990年4月1日开始施行（于2008年废止）。该法完整地提出了城市发展方针、城市规划的基本原则、城市规划制定和实施的制度，以及法律责任等。《城市规划法》的颁布和实施，标志着中国城市规划正式步入了法制化的道路。

(3) 1980年全国城市规划工作会议之后，各城市即逐步开展了城市规划的编制工作。

《北京城市建设总体规划方案》于1983年7月由中共中央、国务院原则批准，为各城市编制城市总体规划起到了很好的示范作用。至20世纪80年代中期，全国绝大部分城市和县城基本上都已完成了城市总体规划的编制，并经相关程序批准，成为城市建设开展的重要依据。

20世纪80年代初开始，由江苏的常州、苏州、无锡等城市开始实施的"统一规划、综合开发、配套建设"的居住小区建设方式，形成生活方便、配套设施齐全、整体环境协调的整体面貌，对全国各地的城市居住小区建设影响很大。此后，又在济南、天津、无锡等地进一步试点推广，城市居住小区成为全国各个城市建设居住区的主要模式。温州、上海等城市在经济体制改革过程中，面临着市场经济下城市规划如何发挥作用的问题，经过积极探索，逐步形成了控制性详细规划的雏形。

1982年国务院批准了第一批共24个国家历史文化名城，此后分别于1986年、1994年相继公布了第二、第三批共75个国家级历史文化名城，近年来又分别批准了山海关、凤凰县等为国家级历史文化名城，为历史文化遗产的保护起了重要的推动作用，并从制度上提供了可操作的手段。1983年召开了历史文化名城规划与保护座谈会，由此推动了历史文化名城保护规划作为城市规划中的重要内容得到全面的开展。

3. 20世纪90年代以来的城市规划思想与实践

(1) 进入20世纪90年代以后，一方面社会经济体制的改革不断深化，社会主义市场经济的体制初步确立，推进了社会经济快速而持续的发展；另一方面，在经济全球化等的不断推动下，城市化的发展和城市建设进入了快速时期。

面对新的形势和任务，1991年9月，原建设部召开全国城乡规划工作会议，提出"城市规划是一项战略性、综合性强的工作，是国家指导和管理城市的重要手段。实践证明，制定科学合理的城市规划，并严格按照规划实施，可以取得好的经济效益、社会效益和环境效益"。1996年5月国务院发布了《关于加强城市规划工作的通知》，在总结了前一阶段经验的基础上，指出"城乡规划工作的基本任务是统筹安排城市各类用地及空间资源，综合部署各项建设，实现经济和社会的可持续发展"，并明确规定要"切实发挥城市规划对城市土地及空间资源的调控作用，促进城市经济和社会协调发展"。

1999年12月，原建设部召开全国城乡规划工作会议。国务院领导要求城乡规划工作应把握10个方面的问题：统筹规划，综合布局；合理和节约利用土地和水资源；保护和改善城市生态环境；妥善处理城镇建设和区域发展的关系；促进产业结构调整和城市功能的提高；正确引导小城镇和村庄的发展建设；切实保护历史文化遗产；加强风景名胜的保护；精心塑造富有特色的城市形象；把城乡规划工作纳入法制化轨道。提出必须尊重规律、尊重历史、尊重科学、尊重实践、尊重专家。强调"城乡规划要围绕经济和社会发展规划，科学地确定城乡建设的布局和发展规模、合理配置资源。在城市规划区内，以及村庄和集镇规划区内，各种资源的利用要服从和符合城市规划、村庄和集镇规划"。会后，国务院下发《国务院办公厅关于加强和改进城乡规划工作的通知》，强调要"充分认识城乡规划的重要性，进一步明确城乡规划工作的基本原则"，进一步明确了新时期规划工作的重要地位，"城乡规划是政府指导和调控城乡建设和发展的基本手段，是关系我国社会主义现代化建设事业全局的重要工作"，并重申"城市人民政府的主要职责是抓好城市的规划、建设和管理，地方人民政府的主要领导，特别是市长、县长，要对城乡规划负总责"。

(2) 进入21世纪后，全国各地出现了新一轮基本建设和城市建设过热的状况，国务院在实施宏观调控之初，首先就强调通过城乡规划来进行调控。

2002年5月15日，国务院发出《国务院关于加强城乡规划监督管理的通知》，提出要进一步强化城乡规划对城乡建设的引导和调控作用，健全城乡规划建设的监督管理制度，促进城乡建设健康有序发展。通知要求城乡规划和建设要加强城乡规划的综合调控，严格控制建设项目的建设规模和占地规模，加强城乡规划管理监督检查等。

2002年8月2日，国务院九部委联合发出《关于贯彻落实〈国务院关于加强城乡规划监督管理的通知〉的通知》，根据国务院通知精神，对近期建设规划、强制性规划及建设用地的审批程序、历史文化名城保护等内容提出具体要求，初步确立了城乡规划作为宏观调控的手段和公共政策的基本框架。原建设部此后即制定了《近期建设规划工作暂行办法》和《城市规划强制性内容暂行规定》，明确了近期建设规划及各类规划中的强制性内容的具体要求，从而使宏观调控的要求能够更具操作性。在此基础上，《城市规划编制办法》于2005年进行了调整和完善，明确了城市规划的基本内容和相应的编制要求，该办法自2006年4月1日起施行。

2005年10月，中共十六届五中全会首次提出的科学发展观是我国深化社会经济改革的基本方针。科学发展观，第一要义是发展，核心是以人为本，基本要求是全面协调可持续，根本方法是统筹兼顾。会议明确提出了建设社会主义新农村是我国现代化进程中的重大历史任务，要按照"生产发展、生活宽裕、乡风文明、村容整洁、管理民主"的要求，扎实稳步地加以推进。要统筹城乡经济社会发展，推进现代农业建设，全面深化农村改革，大力发展农村公共事业，千方百计增加农民收入。坚持大中小城市和小城镇协调发展，按照循序渐进、节约土地、集约发展、合理布局的原则，促进城镇化健康发展。要加快建设资源节约型、环境友好型社会，大力发展循环经济，加大环境保护力度，切实保护好自然生态。从2006年开始执行的"国民经济和社会发展第十一个五年规划"明确提出了"要加快建设资源节约型、环境友好型社会"，既为城乡规划的发展指明了方向，同时，全面、协调和可持续的发展观的确立，也为城乡规划作用的发挥奠定了基础。

2006年年初，《中共中央国务院关于推进社会主义新农村建设的若干意见》下发，实质性地启动了新农村建设。这是我国统筹城乡发展，解决"三农"问题的重大举措，也是推进健康城镇化的重要内容，各地都开展新农村建设规划。城乡统筹在城乡规划的各个阶段都得到了有效的贯彻。

【参考资料】

2007年10月28日,第十届全国人民代表大会常务委员会第三十次会议通过《中华人民共和国城乡规划法》(以下简称《城乡规划法》),并自2008年1月1日起施行,标志着城乡规划新时期的开始,具有深远的历史意义与重大的现实意义:一是落实科学发展观,统筹城乡协调发展。通过立法,打破传统的城乡二元结构发展模式,建立起统一的城乡规划体系。二是提高城乡规划制定的科学性,保障规划实施的严肃性。三是明确了城乡规划强制性内容,切实体现保障社会和公共利益。四是形成事权统一的强有力的规划行政管理体制,保证城乡规划的有效实施。

(3) 国土空间探索。2014年12月,国家发展改革委、国土资源部、生态环保部和住房和城乡建设部联合开展了榆林、广州、厦门等28个市县"多规合一"试点工作,为新时代国土空间规划体系建立提供了有益探索。2019年5月中共中央、国务院发布《关于建立国土空间规划体系并监督实施的若干意见》,分级分类建立国土空间规划,明确各级国土空间总体规划编制重点,强化对专项规划的指导约束作用,在市县及以下编制详细规划。全面展开国土空间规划新篇章。

2021年03月,十四五规划纲要提出完善城镇化空间布局。发展壮大城市群和都市圈,分类引导大中小城市发展方向和建设重点,形成疏密有致、分工协作、功能完善的城镇化空间格局。

党的二十大报告中进一步明确要深入实施新型城镇化战略构建优势互补、高质量发展的区域经济布局和国土空间体系。推进以人为核心的新型城镇化,加快农业转移人口市民化。

2.4 当代城乡规划的主要理论或理念及重要实践

2.4.1 当代城乡规划的理论发展背景

跨入21世纪,城市未来面临可持续发展、知识经济、经济全球化和信息化等人类普遍关注的议题。城乡规划理论的发展也与这些议题密切相关。

1. 经济、社会和环境的可持续发展

1987年,联合国环境与发展委员会发表了《我们共同的未来》,全面阐述了可持续发展的理念。可持续发展是指既满足当代人需要,又不对后代人满足其需要的能力构成危害的发展。

可持续发展包括经济、社会和环境之间的协调发展:第一,经济与环境的可持续发展,强调经济增长方式必须具有环境的可持续性,即最少地消耗不可再生的自然资源,环境影响绝对不可危及生态体系的承载极限;第二,社会与环境的可持续发展,强调不同国家、地区和社群能够享受平等的发展机会。

1992年，联合国世界环境发展大会通过《全球21世纪议程》，标志着可持续发展开始成为人类的共同行动纲领。该纲领主要涉及经济与社会的可持续发展、可持续发展的资源利用与环境保护、社会公众与团体在可持续发展中的作用、可持续发展的实施手段和能力建设等方面。另外，该纲领还把人类住区的可持续发展作为一个重要的组成部分。

1994年，我国政府公布了《中国21世纪议程——中国21世纪人口、环境与发展白皮书》。文件根据中国国情，阐述了中国可持续发展的战略和对策，分别涉及可持续发展总体战略、社会可持续发展、经济可持续发展和环境的合理利用与保护。

2. 知识经济、信息社会和经济全球化

知识经济的概念出现在20世纪90年代初。经济合作与发展组织的《1996年度科学、技术和产业展望》提出"以知识为基础的经济"概念，其定义是"知识经济直接以生产、分配和利用知识与信息为基础"。

知识经济与信息社会和经济全球化之间是密切联系的：知识的传播对经济作用起主导作用，而信息化对经济起关键作用。经济全球化是指各国之间在经济上越来越相互依存，各种发展资源(如信息、技术、资金和人力)的跨国流动规模越来越扩大。

2.4.2 当代城乡规划的主要理论或理念

1. 从城乡规划到环境规划

现代城乡规划的核心是土地资源配置，目的是控制人类的土地利用活动可能产生的消极外部效应(特别是环境影响)。所以，城乡规划将在可持续发展的行动过程中发挥特殊作用，可持续发展也引起了各国规划师的广泛关注。

1990年，英国城乡规划协会成立了可持续发展研究小组，经过三年的深入研究工作，于1993年发表了《可持续环境的规划对策》，提出将可持续发展的概念和原则引入城乡规划实践的行动框架，称为环境规划。这就是将环境要素管理纳入各个层面的空间规划。

环境规划具有预警性、整合性和战略性。该规划主要倡导通过公共交通、缩短出行距离、节约和有效利用土地，减少对自然生态的破坏和对自然资源的消耗，减少能源的浪费，更多地采用可再生能源，减少污染排放，提高废弃物的再生利用程度。

2. 经济全球化与城市和区域发展

经济全球化进程中城市和区域的演化已成为一个重要的研究领域，可以分为两个方面的发展，分别是城市体系的结构重组和不同层面的城市内部结构重组。具体有以下表现。

(1) 在发达国家和部分新兴工业化国家/地区形成一系列全球性和区域性的经济中心城市，对于全球和区域经济的主导作用越来越显著。

(2) 制造业资本的跨国投资促进了发展中国家的城市迅猛发展，同时也越来越成为跨国公司的制造/装配基地。

(3) 在发达国家出现一系列科技创新中心和高科技产业基地，而发达国家的传统工业城市普遍衰退，只有少数城市成功地经历了产业结构转型。

2.4.3 当代城乡规划的重要实践

1. 基于可持续发展理念的城乡规划实践——都市村庄模式

美国规划师对于第二次世界大战后的郊区化进行了反思，提出了一种基于可持续发展理念的住区发展模式，称为都市村庄。

都市村庄模式具有以下特点：形态紧凑，密度适当，混合用地，公共交通为主导，街道面向步行者，调适性较强的建筑。

2. 基于可持续发展理念的城乡规划实践——紧凑发展模式

欧洲出现了建立在多用途紧密结合的"都市村庄"模式基础上的"紧凑城市"，美洲则出现了以传统欧洲小城市空间布局模式的"新都市主义"。其基本的目标相当一致，即建立一种人口相对比较密集，限制小汽车使用和鼓励步行交通，具有积极城市生活和地区场所感的城市发展模式。

3. 在知识经济、信息社会和经济全球化的背景下的城乡规划实践——产业园区

产业园区建设成为当地城乡规划的重要实践，同时也包括了发达国家的高科技园区和发展中国家的出口加工区。

我国当今一项重要的城乡规划实践是开发区。

小 结

本章由中外古代社会和政治体制下城市的典型格局、现代城乡规划学科的产生与发展、中国近现代城市规划理论发展与实践，以及当代城乡规划理论和实践发展4部分组成。在中外古代社会和政治体制下城市的典型格局中，应该掌握中国古代城市的典型格局特征，分清外国不同时期的城市特征；在现代城市规划学科的产生与发展中，应该重点掌握早期城市规划思想及城市规划宪章；了解我国近现代城市规划的理论发展与实践；了解在可持续发展、知识经济、信息社会及经济全球化背景下，当代城乡规划的理论发展与主要实践。

习 题

1. 简述周代王城空间布局特征。
2. 简述田园城市理论的主要内容。
3. 简述有机疏散理论的主要内容。
4. 简述马塔、格迪斯、西特的主要规划思想。
5. 对比分析《雅典宪章》和《马丘比丘宪章》的异同点。
6. 简述可持续发展的含义及对城乡规划的影响。

第 3 章

城乡规划体系及工作内容

教学要求

　　通过本章的学习,学生应掌握城乡规划的概念与作用、城市发展战略层面的工作内容、建设控制引导层面的工作内容、城乡规划编制体系的构成;熟知城乡规划体系的内容及编制程序,具有能够进行公共参与的能力。

教学目标

能力目标	知识要点	权重
了解城乡规划的概念	城乡规划的概念	10%
了解城乡规划的基本特点	城乡规划的基本特点	10%
了解城乡规划的任务与作用	城乡规划的任务与作用	15%
掌握城市发展战略层面的工作内容	国土规划、区域规划、总体规划、分区规划	25%
掌握建设控制引导层面的工作内容	控制性详细规划、修建性详细规划	10%
掌握城乡规划的编制与审批程序	城乡规划的编制、审批	10%
了解城乡规划的修改	城乡规划的修改	10%
掌握城乡规划的公众参与	城乡规划的公众参与	10%

> **章节导读**
>
> 温家宝同志《在中国市长协会第三次代表大会上的讲话》中指出，城乡规划"是一项全局性、综合性、战略性的工作，涉及政治、经济、文化和社会生活等各个领域。制定好城市规划，要按照现代化建设的总体要求，立足当前，面向未来，统筹兼顾，综合布局。要处理好局部与整体、近期与长远、需要与可能、经济建设和社会发展、城市建设与环境保护、进行现代化建设与保护历史遗产等一系列关系。通过加强和改进城市规划工作，促进城市健康发展，为人民群众创造良好的工作和生活环境"。

3.1 城乡规划的概念与特点

3.1.1 城乡规划的概念

【参考资料】

《中华人民共和国城乡规划法》于 2008 年 1 月 1 日起实施，而自 1999 年 2 月 1 日起施行的《城市规划基本术语标准》尚未对"城乡规划"做一个明确的定义，我们可先参考其中"城市规划"的概念。城市规划是"对一定时期内城市的经济和社会发展、土地利用、空间布局及各项建设的综合部署、具体安排和实施管理"。

而《〈中华人民共和国城乡规划法〉解读》从城乡规划的社会作用的角度对城乡规划做了如下定义：城乡规划是各级政府统筹安排城乡发展建设空间布局，保护生态自然环境，合理利用自然资源，维护社会公正与公平的重要依据，具有重要的公共政策的属性。

3.1.2 城乡规划的特点

城乡规划具有以下特点。

1. 综合性

城市的社会、经济、环境和技术发展等各项要素，既互为依据，又相互制约，城乡规划需要对城市的各项要素进行统筹安排，使之各得其所、协调发展。综合性是城乡规划的重要特点之一，在各个层次、各个领域及各项具体工作中都会得到体现。

例如，考虑城市的建设条件时，就不仅需要考虑城市的区域条件，还需要考虑包括城市间的联系、生态保护、资源利用，以及土地、水源的分配等问题，也需要考虑气象、水文、工程地质和水文地质等范畴的问题，同时也必须考虑城市经济发展水平和技术发展水平等；当考虑城市发展战略和发展规模时，就会涉及城市的产业结构与产业转型、主导产业及其变化、经济发展速度、人口增长和迁移、就业、环境(如水、土地等)的可容纳性和承载力、区域大型基础设施及交通设施等对城市发展的影响，同时也涉及周边城市的发展状况、区域协调及国家的政策等；当具体布置各项建设项目、研究各种建设方案时，需要考虑该项目在城市发展战略中的定位与作用，该项目与其他项目之间的相互关系，以及项目本身的经济可行性、社会的接受程度、基础设施的配套可能和对环境的影响等，同时也要考虑城市的空间布局、建筑的布局形式、城市的风貌等方面的协调。城乡规划不仅反映单项工程涉及的要求和发展计划，而且还综合各项工程涉及相互之间的关系，它既为各单项工程设计提供建设方案和设计依据，又须统一解决各单项工程设计之间技术和经济等方面的种种矛盾，因而城乡规划和城市中各个专业部门之间需要有非常密切的联系。

2. 政策性

城乡规划是关于城市发展和建设的战略部署，同时也是政府调控城市空间资源、指导城乡发展与建设、维护社会公平、保障公共安全和公众利益的重要手段。因此，城乡规划一方面必须充分反映国家的相关政策，是国家宏观政策实施的工具；另一方面，城乡规划需要充分地协调经济效率和社会公正之间的关系。

城乡规划中的任何内容，无论是确定城市发展战略、城市发展规模，还是确定规划建设用地及各类设施的配置规模和标准，或者是城市用地的调整、容积率的确定、建筑物的布置等，都会关系到城市经济的发展水平和发展效率、居民生活的质量和水平、社会利益的调配、城市的可持续发展等，是国家方针政策和社会利益的全面体现。

3. 民主性

城乡规划涉及城市发展和社会公共资源的配置，需要代表最广大人民的利益。正由于城乡规划的核心在于对社会资源的配置，因此城乡规划就成为社会利益调整的重要手段。这就要求城乡规划能够充分反映城市居民的利益诉求和意愿，保障社会经济协调发展，使城乡规划过程成为市民参与规划制定和动员全体市民实施规划的过程。

4. 实践性

城乡规划是一项社会实践，是在城市发展的过程中发挥作用的社会制度，因此，城乡规划需要解决城市发展中的实际问题，这就需要城乡规划因地制宜，从城市的实际状况和能力出发，保证城市的持续有序发展。

城乡规划是一个过程，需要充分考虑近期的需要和长期的发展，保障社会经济的协调发展。城乡规划的实施是一项全社会的事业，需要城市政府和广大市民共同努力才能得到很好的实施，这就需要运用各种社会、经济、法律等手段来保证城乡规划的有效实施。

3.2 城乡规划的任务与作用

3.2.1 城乡规划的任务

城乡规划既是一门科学，从实践角度看，又是一种政府行为和社会实践活动。对于我国城乡规划任务的认识曾经历了一个过程。在计划经济体制下，城乡规划被看成是国民经济计划的继续和具体化,因此,城乡规划的任务是根据已有的国民经济计划和既定的社会经济发展战略,确定城市的性质和规模,落实国民经济计划项目,进行各项建设投资的综合部署和全面安排。随着社会主义市场经济制度的逐步确立,城乡规划的任务有了新的内容。

关于城乡规划的任务,各国由于其社会、经济状况的不同而有所差异和侧重,但基本的内涵是大致相同的,即通过空间发展的合理组织,满足社会经济发展和生态保护的需要。

 知识链接

城市规划的各种定义

"城市规划是城市空间布局,建设城市的技术手段,旨在合理地创造出良好的生活与活动的环境"(日本);"城市规划的核心任务是根据不同的目的进行空间安排,探索和实现城市不同功能的用地之间的互相管理关系,并以政治决策为保障。这种决策必须是公共导向的,一方面为居民提供安全、健康和舒适的生活环境,另一方面实现社会经济文化的发展"(德国);"城市规划与改建的目的,不仅仅在于安排好城市形体——城市中的建筑、街道、公园、公用设施及其他的各种要求,而且,最重要的在于实现社会与经济目标。城市规划的实现要靠政府的运筹,并需运用调查、分析、预测和设计等专门技术"(《不列颠百科全书》);"城市规划是一种科学、一种艺术、一种政策活动,它设计并指导空间的和谐发展,以满足社会和经济的需要"(美国国家资源委员会)。

3.2.2 城乡规划的作用

城乡规划是政府确定城镇未来发展目标,改善城镇人居环境,调控非农业经济、社会、文化、游憩活动高度聚集地域内人口规模、土地使用、资源节约、环境保护和各项开发与建设行为,以及对城镇发展进行的综合协调和具体安排,依法确定的城乡规划是维护公共利益,实现经济、社会和环境协调发展的公共政策。

城乡规划是政府调控城市空间资源、指导城乡发展与建设、维护社会公平、保障公共安全和公众利益的重要公共政策之一。其作用可以归纳为以下几个方面。

1. 宏观经济条件调控的手段

大量经济学研究证实:在市场经济体制下,纯粹的市场机制运作会出现"市场失效"的现象。城市建设在相当程度上需要结合市场机制的运作来开展,这就需要政府对市场的运行进行干预,这种干预的手段是多种多样的,既有财政方面的(如货币投放量、税收、财政采购等),也有行政方面的(如行政命令、政府投资等),而城乡规划则通过对城市土地和空间使用配置的调控,来对城市建设和发展中的市场行为进行干预,从而保证城市的有序发展。

城市的建设和发展之所以需要干预,关键在于各项建设活动和土地使用活动具有极强的外部性,在各项建设中,私人开发往往将外部经济性利用到极致,而将自身产生的外部不经济性推给社会,从而使周边地区承受不利的影响。通常情况下,外部不经济性是由经济活动本身所产生的,并且对活动本身并不构成危害,甚至是其活动效率提高所直接产生的,

在没有外在干预的情况下,活动者为了自身的收益而不断地提高活动的效率,从而产生更多的外部不经济性,由此而产生的矛盾和利益关系是市场本身所无法调整的。因此,就需要公共部门对各类开发进行管制,从而使新的开发建设避免对周边地区带来负面的影响,从而保证整体的效益。

另外,城市生活的开展需要大量的公共物品,但由于公共物品通常需要大额投资而回报率低或者能够产生回报的周期很长,经济效益很低甚至没有经济效益,因此无法以利润来刺激市场的投资和供应,但城市生活又不可缺少,因此就需要由政府来提供,采用奖励、补贴等方式或依法强制性地要求私人开发供应,而公共物品的供应往往会改变周边地区的土地和空间使用关系的调整,因此就需要进行事先的协调和确定。

此外,城市建设中还涉及短期利益和长期利益之争,如对自然、环境资源的过度利用所产生的对长期发展目标的危害,涉及市场运行决策中的"合成谬误"而导致的投资周期的变动等,这就需要对此进行必要的干预,从而保证城市发展的有序性。

城乡规划之所以能够作为政府调控宏观经济条件的手段,其操作的可能性是建立在这样的基础之上的:第一,通过对城市土地和空间使用的配置(即城市土地资源的配置)进行直接的控制。由于土地和空间使用是各项社会经济活动开展的基础,因此它直接规定了各项社会经济活动未来发展的可能与前景。城乡规划通过法定规划的制定和对城市开发建设的管理,对土地和空间使用施行了直接的控制,从物质实体方面拥有了调控的可能。这种调控从表面上看是对土地和空间使用的直接调配,是对怎样使用土地和空间的安排,但在调控的过程中涉及的实质上是一种利益的关系,而且关系到各种使用功能未来发展的可能,也就是说,城乡规划对土地使用的任何调整或内容的安排,关系的不只是建(构)筑物等物质层面的内容,更是一种权益的变动,因此城乡规划就是对社会利益进行调配或成为社会利益调配的工具。第二,城乡规划对城市建设进行管理的实质是对开发权的控制,这种管理可以根据市场的发展演变及其需求,对不同类型的开发建设施行管理和控制。开发权的控制是城乡规划宏观调控作用发挥的重要方面。例如,针对房地产的周期性波动,城乡规划可以配合宏观调控的整体需要,在房地产处于高潮期时,通过增加土地供应为房地产开发的过热进行冷处理;而当房地产开发处在低潮期时,则可以采取减少开发权的供应,从而可以在一定程度上削减其波动的峰值,避免房地产市场的大起大落,维护了市场的相对稳定,使城市的发展更为有序。

2. 保障社会公共利益

城市是人口高度集聚的地区,当大量的人口生活在一个相对狭小的地区时,就形成了一些共同的利益要求,如充足的公共设施(如学校、公园、游憩场所、城市道路和供水、排水、污水处理等),公共安全,公共卫生,舒适的生活环境等,同时还涉及自然资源和生态环境的保护、历史文化的保护等。这些内容在经济学中通常都可称为"公共物品",由于公共物品具有"非排他性"和"非竞争性"的特征,即社会上的每一个人都能使用这些物品,而且都能从使用中获益,因此对于这些物品的提供者来说就不可能获得直接的收益,这就与追求最大利益的市场原则并不一致。因此,在市场经济的运作中,市场不可能自觉地提供公共物品。这就需要政府的干预,这是市场经济体制中政府干预的基础之一。

城乡规划通过对社会、经济、自然环境等的分析，结合未来发展的安排，从社会需要的角度对各类公共设施等进行安排，并通过土地使用的安排为公共利益的实现提供基础，通过开发控制保障公共利益不受到损害。例如，根据人口的分布等进行学校、公园、游憩场所及基础设施等的布局，满足居民的生活需要并且使用方便，创造适宜的居住环境，又能使设施的运营相对比较经济、节约公共投资等。同时，在城乡规划实施的过程中，保证各项公共设施与周边地区的建设相协同。对于自然资源、生态环境和历史文化遗产，以及自然灾害易发地区等，则通过空间管制等手段予以保护和控制，使这些资源能够得到有效保护，使公众免受地质灾害的损害。

3. 协调社会利益，维护公平

社会利益涉及多方面，就城乡规划的作用而言，主要是指由土地和空间使用所产生的社会利益之间的协调。就此而论，社会利益的协调也涉及许多方面。

首先，城市是一个多元的复合型社会，而且又是不同类型人群高度集聚的地区，各个群体为了自身的生存和发展都希望谋求最适合自己、对自己最为有利的发展空间，因此也就必然会出现相互之间的竞争，这就需要有居间调停者来处理相关的竞争性事务。在市场经济体制下，政府就担当着这样的责任。城乡规划以预先安排的方式、在具体的建设行为发生之前对各种社会需求进行协调，从而保证各群体的利益得到体现，同时也保证社会公共利益的实现。作为社会协调的基本原则就是公平地对待各利益团体，并保证普通市民尤其是弱势群体的生活和发展的需要。城乡规划通过对不同类型的用地进行安排，满足各类群体发展的需要；针对各种群体尤其是弱势群体在城市发展不同阶段中的不同需求，提供适应这些需求的各类设施，并保证这些设施的实现。与此同时，通过公共空间的提供和营造，为各群体之间的相互作用提供场所。

其次，通过开发控制的方式，协调特定的建设项目与周边建设和使用之间的利益关系。在城市这样高度密集的地区中，任何的土地使用和建设项目的开展都会对周边地区产生影响。这种影响既有可能来自于土地使用的不相容性，如工业用地和居住用地等，也可能来自于土地的开发强度，如容积率、建筑高度等。如果进行不相适宜的开发，就有可能影响到周边土地的合理使用及其相应的利益。在市场经济体制下，某一地块的价值不仅取决于该地块的使用本身，而且往往还受到周边地块的使用性质、开发强度、使用方式等的影响，而且不仅受到现在的土地使用状况，更为重要的是会受到其未来的使用状况的影响。这对于特定地块的使用具有决定性的意义。例如，周边地块的高强度开发(如高容积率)就有可能造成环境质量的下降，人口和交通的拥挤等就会导致该用地的贬值，从而使其受到利益上的损害。城乡规划通过预先的协调，提供了未来发展的确定性，使任何的开发建设行为都能确知周边的未来发展情况，同时通过开发控制来保证新的建设不会对周边的土地使用造成利益损害，从而维护了社会的公平。

4. 改善人居环境

人居环境涉及许多方面，既包括城市与区域的关系、城乡关系、各类聚居区(城市、镇、村庄)与自然环境之间的关系，也涉及城市与城市之间的关系，同时还涉及各级聚居点内部的各类要素之间的相互关系。城乡规划在综合考虑社会、经济、环境发展的各个方面的基础上，从城市与区域等方面入手，合理布局各项生产和生活设施，完善各项配套，使城市的各个发展要素在未来发展过程中相互协调，满足生产和生活各个方面的需要，提高城乡环境品质，为未来的建设活动提供统一的框架。同时从社会公共利益的角度实行空间管制，保障公共安全，保护自然和历史文化资源，建构高质量的、有序的、可持续的发展框架和行动纲领。

3.3 城乡规划的工作内容

我国已经形成一套由"国土规划→城镇体系规划→城市总体规划→城市分区规划→城市详细规划"等组成的空间规划系列，如图3.1所示。在我国区域-城乡规划体系结构中，可以简略地将其划分为城市发展战略和建设控制引导两个层面。

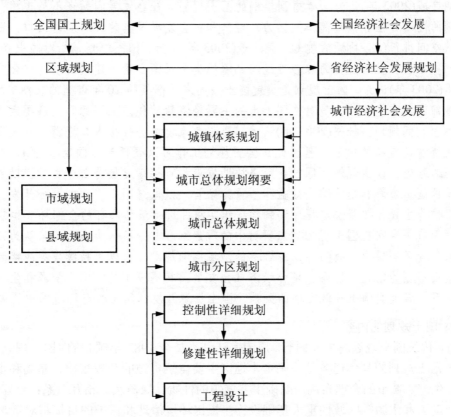

图 3.1　我国区域-城乡规划体系结构框架图

3.3.1　城市发展战略层面

城市发展战略层面主要是研究确定城市发展目标、原则、战略部署等重大问题，表达的是城市政府对城市空间发展战略方向的意志，又必须是建立在市民参与和法律法规的基础之上。国土规划、区域规划、城镇体系规划、城市总体规划纲要、城市总体规划均归属于这一层面。下面主要介绍国土规划、区域规划、城市总体规划和分区规划的内容。

1. 国土规划

1) 国土规划的概念

国土规划的概念是随着时代的变化而不断发展的。考虑到国土规划的任务、内容及其在整个规划体系中的特色和地位,可以将国土规划概括为,国土规划是对较大区域范围国土空间内的人口、资源、环境,以及经济、社会的综合协调,是以促进国土资源和环境的可持续利用为目标的区域性规划,是属于国家最高层次的区域规划。

 知识链接

新时期的国土规划

对于新时期的国土规划,不同学者有不同的认识。

胡序威(2002年)认为,考虑到早期的国土规划对社会发展问题还不够重视,对现今国土规划的性质和任务似可简单概括为,经济和社会发展及其建设布局与人口、资源、环境在地域空间进行综合协调的规划;吴次芳(2003年)认为,国土规划是指对国土资源的开发、利用、整治和保护所进行的综合性战略部署,也是对国土重大建设活动的综合空间布局;顾林生(2003年)认为,国土规划是决定国土空间发展框架的10年以上的长期基本规划,是对其他部门具有指导性,是对在国土上的主要经济活动和国土资源等经济要素进行综合配置的物理空间规划;杜平(2003年)认为,要避免像过去那样将人口资源、人文资源等也纳入国土资源的范畴的做法。基于此,国土规划工作可以概括为,国家(地区)以市场配置国土资源为基础,以实现地区间社会经济协调发展和可持续发展为总体目标,以最大限度地提高单位国土资源利用的综合效益和质量为宗旨,以做好国土资源的综合开发、利用、治理、保护为主线,按照法定程序编制和组织实施并进行滚动修订的全部环节和整个过程。

对于有关专家在国土规划试点研讨中的观点综合与分析,大多数专家认为,国土规划是国家和地区高层次、战略性、综合性的地域空间规划,应以可持续发展战略为指导,以土地利用规划为依托,协调、整合经济社会发展及其建设布局与国土资源和生态环境承载力的关系,各大类国土资源之间的关系,国土资源开发利用与生态环境保护的关系。

2) 国土规划的内容

(1) 传统国土规划的主要内容。原国家计划委员会1987年颁布的《国土规划编制办法》指出,国土规划的具体任务是,确定本地区主要自然资源的开发规模、布局和步骤;确定人口、生产、城镇的合理布局,明确主要城镇的性质、规模及其相互关系;合理安排交通、通信、动力和水源等区域性重大基础设施;提出环境治理和保护的目标与对策。

国土规划的内容一般应包括:自然条件和国土资源评价;社会、经济现状分析和远景预测;国土开发整治的目标和任务;自然资源开发的规模、布局和步骤;人口、城市化和城市布局;交通、通信、动力和水源等基础设施的安排;国土整治和环境保护;综合开发的重点地域;宏观效益估价;实施措施。国土规划中应规定国土开发整治的规划指标,如耕地保有面积、耕地灌溉面积、治理水土流失面积、沙漠化防治面积、盐碱化治理面积、森林覆盖率、水资源供需平衡、水能资源开发利用率、大江大河防洪标准、城市化水平等。

知识链接

江苏省国土总体规划主要内容

20世纪80年代末—90年代初，江苏省国土总体规划在上述规划体系指导下编制完成。其主要内容包括7个方面：国土开发整治条件分析和评价；主要自然资源开发利用的规模和步骤；生产力布局的优化和调整；交通、通信、能源、原材料等基础设施和产业的发展与布局；人口发展和城镇体系布局；环境保护和环境整治的目标、政策；实施规划的措施建议。规划成果分为综合报告和专项报告。综合报告分为10章：国土条件和开发整治目标；自然资源的开发利用；生产力总体布局；农业发展与布局；能源和原材料工业发展与布局；交通和通信建设与布局；人口配置和城镇布局；江河整治与环境保护；国土开发整治的分区；国土规划实施途径和措施。专题报告分为长江沿岸地区和沿海地区两大分区的国土规划。

(2) 新国土规划的主要内容。我国新一轮国土规划刚刚开始，对国土规划的认识和内容还没有统一的规定和取得共识，但是一般认为新一轮国土规划必须实现以下4个转变：①由计划型转向市场型和引导型；②由资源开发利用转向开发、利用与保护相结合；③由主要追求经济发展目标转向经济社会同人口、资源、环境等目标持续协调发展；④规划重点由产业规划转向协调地区经济社会建设的空间布局规划。因此，新的国土规划是对国土资源的开发、利用、治理和保护进行全面规划，它以协调国家和地区经济发展与人口、资源、环境为宗旨，以国土资源的综合开发、生产力的合理布局、生态环境的综合整治与保护为主要内容，按一定程序编制的国土开发整治方案。

【参考资料】

关于新国土规划的内容进行了试点研讨，参加的专家认为，国土规划的内容大致包括以下5个方面：国土资源的合理开发和有效利用；规划区经济建设和城镇建设的总体布局；规划区以大中城市和工业区为中心的区域基础设施的布局；大规模改造自然工程；环境的综合整治、协调经济发展和自然环境的关系。

另外，国土规划与其他区域规划相比，其重点在于协调，而协调的重点则在于解决两个方面的问题：一是协调人地关系，促进可持续发展；二是协调区域发展，促进区域的平衡与协调，保持各次区域系统的相对均衡，预防空间时序可能引发的社会问题。

知识链接

深圳市国土规划

新一轮国土规划的试点城市为深圳。其国土规划的成功编制为其他高密度城市化地区国土规划的编制提供了宝贵的经验。深圳市国土规划规划成果分为总报告、专题报告和理论研究报告三部分。总报告主要包括前言、(上篇)条件与基础、(下篇)目标与规划及后记4个部分内容。其中，前言主要阐述工作背景、意义、思路和方法；条件与基础包括城市发展的自然基础、城市发展的现状基础、国土资源开发利

用综合评价、城市发展面临的机遇与挑战 4 个单元；目标与规划包括城市发展目标与策略、资源合理开发与有效利用、生态安全与环境保护、城市空间结构与功能布局、空间分区管理 5 个单元；后记则是关于实施保障。

深圳市国土规划是以资源承载力和环境容量研究为支撑，以综合发展策略为指导，以空间利用为规划落脚点，对深圳市国土资源、国土环境及其开发利用保护进行了系统的研究。其主要内容为资源承载力与环境容量、城市发展现状与趋势、城市发展目标与策略、空间开发与管理、环境建设与资源利用。具体规划工作流程如图 3.2 所示。

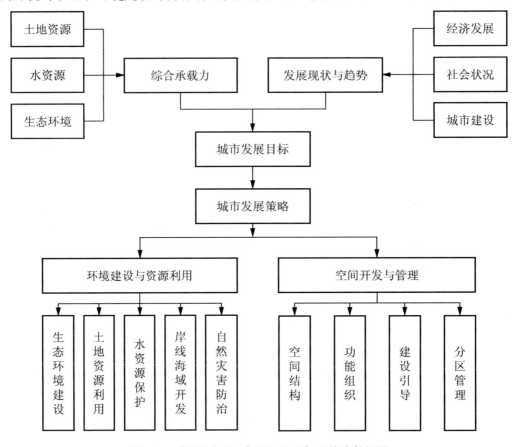

图 3.2 《深圳市国土规划(2020)》工作流程框图

2. 区域规划

1) 区域规划的概念

区域规划是为实现一定地区范围的开发和建设目标而进行的总体部署。广义的区域规划指对地区社会经济发展和建设进行总体部署，包括区际规划和区内规划，前者主要解决区域之间的发展不平衡或区际分工协作问题，后者是对一定区域内的社会经济发展和建设布局进行全面规划。狭义的区域规划则主要指一定区域内与国土开发整治有关的建设布局总体规划。

2) 区域规划的分类

依据不同的分类方法，可以把区域规划划分为各种不同的类型。

(1) 按规划内容的侧重点划分，区域规划可以分为策略性区域规划、物质性区域规划及综合性区域规划三类。

① 策略性区域规划相当于区域发展战略研究，内容侧重于制定区域社会经济发展的战略目标、战略方针，经济发展的重点，确定产业结构的调整方向和产业布局，以及保证战略目标实现的措施和政策。策略性区域规划的特点：重视区域所处的环境和区域发展条件的分析论证；注重经济发展方向、战略目标和经济结构；对于区域经济发展政策、规划方案实施对策、策略的研究较深入，但往往对于经济建设工程的规划布局研究较为简略。

② 物质性区域规划内容偏重于区域发展的物质环境和建设工程项目的空间布局规划，规划成果注重区域土地开发利用的总体蓝图，因此对于资源的开发利用，对于城镇的发展和布局，对于工农业生产布局和各种基础设施的空间分布极为重视。物质性区域规划的特点：重视技术经济指标；重视各部门、各物质要素的功能、相互关系和空间表现形式；特别注重各类土地利用和空间分布；强调经济建设项目和城镇的发展规模、相互关系和空间布局。

③ 综合性区域规划就是通常所说的区域规划，是比较规范性的区域规划。综合性区域规划兼容策略性区域规划和物质性区域规划的特点，内容系统、全面。既有区域社会经济发展战略研究的内容，又有各个部门、各个系统完整的经济建设空间布局规划的内容；既描绘出区域经济建设未来的总蓝图，又有明确的区域发展政策和规划实施措施。

(2) 按照规划的性质和地域属性不同，通常把区域分成如下几类。

① 自然区。自然区是指自然特征基本相似或内部有紧密联系、能作为一个独立系统的地域单元。它一般是通过自然区划，按照地表自然特征区内的相似性与区际差异性而划分出来的。每个自然区内部，自然特征较为相似，而不同的自然区之间，则差异性比较显著。

② 经济区。经济区是指经济活动的地域单元。它可能是经过经济区划分出来的地域单元，也可以是根据社会经济发展和管理的需要而划分出来的连片地方。

知识链接

经济区的类型

经济区也可以划分为以下多种类型。

(1) 聚类经济区，国外称之为均质区。其中，有的是经济发展水平或发展速度相类似的聚类经济区，也有的是经济结构特征或产业优势和发展方向相似的聚类经济区。

(2) 经济协作区。根据各地区经济发展条件、经济联系而组织起来的地域单元。经济协作区是加强区域经济横向联合的一种重要形式。它和经济发展区域化的趋势相适应。

(3) 经济特区。它是享有较多优惠政策，有一定相对独立性和特殊管理的地域，如出口加工区、保税区、经济技术开发、工业开发区等。

(4) 部门经济区。根据某些资源或产业相对集中，或者按主导产业为标志划分出来的地域，如工业区、农业区、能源区、矿区、加工工业区、风景旅游区、商业贸易区等。

(5) 综合经济区。即通常一般所说的经济区，经济门类较多，内部有紧密的联系，都有经济中心城市和广阔的乡镇结合在一起的区域。

③ 行政区。行政区是为了对国家政权职能实行分级管理而划分出来的地域单元。

④ 社会区。社会区是以民族、风俗、文化、习惯等社会因素的差别，按人文指标划分的地域单元。

由于区域属性不同，各类区域在规划中所要着重解决的问题往往有所差别。因此便会产生不同的区域规划类型。

(3) 按规划区域的不同特点分类，区域规划可分为城市地区、工矿地区、农业地区、风景旅游地区、流域综合开发地区、工农业综合发展地区等多种类型地区的区域规划，规划内容各有侧重。按规划区的界限，既可按不同等级的经济区进行，也可按行政区进行。在规划过程中，必须把地域综合研究和系统分析方法贯彻始终。在综合调查分析的基础上，对提出的各种可比较的规划布局方案的经济、社会和生态效益进行定性与定量相结合的综合论证，对各项专业规划在区域和国家整体利益基础上进行综合协调。区域规划是多因素、多变量、多目标，并随时间而变化的动态系统，可用系统工程方法和电子计算机，对区域系统的模拟和规划方案的优化决策进行探索，逐步提高区域规划的科学性。

3) 区域规划的内容

(1) 传统区域规划的内容。传统区域规划被认为是一个特定地区以经济建设为主要内容的总体战略部署，其实质是一个地区合理分布社会生产力的问题，规划布局的中心任务是工业、农业、交通运输业和城镇居民点的合理规划布局问题。其基本内容应包括：明确或确定规划地区经济发展方向；拟定工业、农业、交通运输业规划布局方案；拟定主要经济中心、城镇居民点规划布局；拟定文化教育和生活福利设施规划。

知识链接

区域规划的具体内容

区域规划具体内容应包括以下8个方面。

(1) 区域资源条件与发展条件综合评价，全面分析评价区域发展的资源条件和建设发展条件，摸清区域基础，掌握区域发展的家底。

(2) 确定区域发展方向和发展目标，在综合分析客观条件的基础上，发挥区域比较优势，预测和选择区域发展的方向和目标，制定发展战略。

(3) 对区域内主要资源的开发规模和产业结构做出规划，论证主要资源开发的合理规划和开发年限，选取开发规划方案。结合资源开发，预测区域各产业的发展前景，确定产业结构。

(4) 对规划区内的工业建设进行合理的布局，将工业项目布局与城市发展结合起来，促进工业布局的适度集聚，促进工业化和城市化的协调统一。

(5) 合理安排农、林、牧、副、渔各项生产用地及其空间布局，协调工农业用地之间、各项建设用地之间的矛盾。

(6) 预测规划期内区域城市化发展态势，并在区域分析的基础上，确定主要城镇的等级规划、性质和基本空间格局，组织城镇之间的合理分工与联系。

(7) 统一安排区域内能源供应、给排水、交通、通信等基础设施的布局，及其与城乡居民点的布局配合。

(8) 搞好区内环境保护和综合治理工作，防止对重要水源地、居民点与风景旅游区环境的污染，对有价值的景观加以保护，促进和维护生态的良性循环。这是对我国传统区域规划内容比较全面的概括。

(2) 新传统区域规划的内容。结合区域规划新的理念和理论的新发展，以及关于区域规划的新的探索，崔功豪等认为一个完整的区域规划应该包括以下内容。

【参考资料】

① 区域分析。区域分析包括地理位置和区位分析、自然条件和自然资源评价、经济基础分析、城镇发展和城镇化状况分析、社会与科技发展水平分析，以及区域生态与环境保护状况等。

② 区域发展定位与发展战略。区域发展战略是对区域整体发展的分析、判断而做出的重大的、具有决定全局意义的谋划。区域发展战略首先要结合区域分析，立足区域的竞争优势，明确区域的战略定位，进而提出区域发展的功能定位，作为区域发展的战略基点。在此基础上确定区域发展的目标和指标体系，然后结合区域发展的特点明确区域的经济和社会发展战略，包括战略方针、战略模式、战略阶段、战略重点和战略措施等。具体包括区域发展定位、区域发展目标、战略方针与战略模式、战略布局与战略重点。

③ 区域空间发展战略。区域空间规划是区域规划的核心，主要目的是在于将区域发展的战略目标在空间上予以落实。在具体内容上，空间规划首先要依据区域生态环境承载力所界定的区域人口容量，结合区域发展的需要，确定区域发展的人口规模，确保人口发展规模在区域人口容量的合理范围以内；其次，依据区域人口的发展规模确定区域空间的开发规模，依据区域发展战略确定区域空间开发的方向与类别；再次，结合区域空间开发的现状，分析确定区域空间结构和开发模式；最后，依据空间开发的模式，对区域土地进行全域覆盖式的用地安排，明确区域空间中城乡建设空间、农业空间、生态敏感空间的比例、规模和位置。此战略应该包括区域空间分区和区域空间结构规划两部分。其中，在区域空间分区中，应该确定非建设用地，划定未来城市建设的战略储备空间、确定城市增长边界及区域功能空间的规划布局；而在区域空间结构规划中，应该含有地域空间核心、空间网络系统及外围空间3个要素。

④ 区域城镇化与城市发展布局规划。这是相对比较传统和成熟的内容，具体包括城镇化水平的预测、城乡居民点体系规划及城镇建设空间规划导引。

⑤ 空间准入与发展时序。主要依据空间开发的生态适应性、空间保护的特殊要求及开发利用价值等综合确定空间开发利用的力度。对于不同开发力度的空间，提供不同的开发准入条件，确保空间与保护的平衡，一般可以将区域空间划分为鼓励开发区、控制开发区及禁止开发区，也可根据力度差异划分为更多的层次；空间发展时序则主要依据空间开发的时效要求和开发条件差异，对确定发展的空间确定开发时间顺序与要求，以保证区域空间开发利用的有序性，避免遍地开花造成可建设空间资源的浪费。

⑥ 区域基础设施与公共服务设施布局。主要是根据区域发展战略和空间利用的总体要求，从现有基础与社会服务设施的实际出发，妥善安排区域交通网络、给水排水、电力电信、综合防灾体系等基础设施，以及文化体育、卫生体育等社会设施的布局。其中，交通网络的建设对空间的开发具有较强的牵引和先导作用。

⑦ 区域生态环境保护规划。调查分析生态环境质量现状与存在问题，进行区域空间的生态适宜性评价，为空间开发潜力评价和空间管制提供依据；分析生态环境对区域经济社会发展可能的承载能力；制定区域生态环境保护目标和总量控制规划；进行生态功能分区，分别对各功能区提出所要达到的质量标准；提出生态环境保护、整治与优化的对策。

⑧ 次区域和重点空间的规划导引。按照空间的差异性和相似性，将区域空间划分为数个次区域空间，同时按照不同空间或空间节点在区域中的战略地位，提出区域重点空间。在规划内容上，提出次区域空间的空间发展战略和空间布局框架，对区域重点空间提出规划导引，作为对下一层次规划的具体指导，以及下一层次规划与区域规划的衔接点。其深度一般应达到相应总体规划中结构性规划的要求。

⑨ 区域管制与协调规划。主要明确区域空间与上一层次空间、周边区域空间的协调，以及区域空间内部不同层次区域空间的协调。协调的重点是基础设施的共建共享和生态环境的建设。

⑩ 近期建设规划(行动计划)。区域规划的目标必须分期和遵循一定的时序逐步实施，对区域规划的空间目标必须由近及远进行合理分解，确定近期、中期、远期和远景不同时段的发展范围和开发重点，是保证区域规划实施性和操作性的重要方面。近期建设规划作为分期规划的一个重要环节，主要任务是明确今后3~5年的时间期限内，区域发展的阶段性目标、区域空间开发的基本格局、区域建设的重点项目和开发的重点地区，并提出可行的策略建议。

最后，区域政策研究是新时期区域规划在内容体系上的一大特色。再完美的区域规划也必须通过区域的政策来实施，将通常意义上的区域规划策略转换为区域政策，区域规划可以更好地与政府行政行为衔接，也便于规划通过一定程序而成为具有法律效力的、可实施的法定文本，从而提高区域规划的效率。

3. 城市总体规划

城市总体规划是一定时期内城市发展目标、发展规模、土地利用、空间布局及各项建设的综合部署和实施措施，是引导和调控城市建设，保护和管理城市空间资料的重要依据和手段。经法定程序批准的城市总体规划文件，是编制近期建设规划、详细规划、专项规划和实施城市规划行政管理的法定依据。各类涉及城乡发展和建设的行业发展规划，都应符合城市总体规划的要求。

按照《城市规划编制办法》，城市总体规划编制内容应该包括纲要和成果两个阶段，并分为市域城镇体系规划和中心城区规划两个层次(详见《城市规划编制办法》第二十八到第三十三条)。

4. 分区规划

编制分区规划的主要任务是，在总体规划的基础上，对城市土地利用、人口分布和公共设施、城市基础设施的配置做出进一步的安排，以便与详细规划更好地衔接。

《城市规划编制办法》对分区规划的编制内容提出了明确的要求(详见《城市规划编制办法》第三十八条到第四十条)。

【参考资料】

3.3.2 建设控制引导层面

建设控制引导层面(详见本书第 8 章)的规划是对具体每一地块未来开发利用做出法律规定，它必须尊重并服从城市发展战略对其所在空间的安排。因为此层面直接涉及土地的所有权和使用权，所以建设控制引导层面的规划必须通过立法机关以法律的形式确定下来。但这一层面的规划也可以依法对上一层面的规划进行调整。控制性详细规划和修建性详细规划均属于这一层面。根据《城乡规划法解说》，编制详细规划是以城市总体规划、镇总体规划为依据，对一定时期内城镇局部地区的土地利用、空间环境和各项建设用地指标做出具体安排。

1. 控制性详细规划

控制性详细规划是引导和控制城市、镇建设发展最直接的法定依据，是具体落实城市、镇总体规划各项战略部署、原则要求和规划内容的关键环节。

《城市规划编制办法》对控制性详细规划的编制内容提出了明确的要求。

【参考资料】

2. 修建性详细规划

对于当前要进行建设的地区，应当编制修建性详细规划。修建性详细规划的主要任务是依据控制性详细规划确定的指标，编制具体的、操作性的规划，作为各项建筑和工程设施设计和施工的依据。

《城市规划编制办法》也对修建性详细规划的编制内容提出了明确的要求。

3.4 城乡规划的审批程序与调整

3.4.1 城乡规划的编制与审批程序

根据《城乡规划法解说》，我国城乡规划编制体系由以下内容构成：城镇体系规划、城市规划、镇规划、乡规划和村庄规划。其中城市规划和镇规划分为总体规划和详细规划。详细规划分为控制性详细规划和修建性详细规划，如图 3.3 所示。

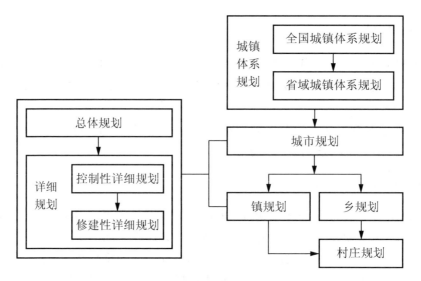

图3.3 城乡规划体系示意图

城乡规划是城市政府关于城市发展目标的决策，因此尽管各国由于社会经济体制、城市发展水平、城市规划的实践和经验不同，城市规划的工作步骤、阶段划分与编制方法也不尽相同，但基本上都按照从抽象到具体、从战略到战术的层次决策原则进行。

现将城乡规划工作中各个阶段的编制与审批程序简介如下。

1. 城镇体系的编制与审批程序

城镇体系的编制与审批程序如下。

(1) 组织编制机关对现有城镇体系规划实施情况进行评估，对原规划的实施情况进行总结，并向审批机关提出修编的申请报告。

(2) 经审批机关批准同意修编，开展规划编制的组织工作。

(3) 组织编制机关委托具有相应资质等级的单位承担具体编制工作。

(4) 规划草案公告30日以上，组织编制单位采取论证会、听证会或者其他方式征求专家和公众的意见。

(5) 规划方案的修改完善。

(6) 在政府审查基础上，报请本级人民代表大会常务委员会审议。

(7) 报上一级人民政府审批。

(8) 审批机关组织专家和有关部门进行审查。

(9) 组织编制机关及时公布经依法批准的城镇体系规划。

2. 制定城市、镇总体规划的基本程序

(1) 前期研究。

(2) 提出进行编制工作的报告，并向上一层级的规划主管部门提出报告。

(3) 编制工作报告经同意后，开展组织编制总体规划的工作。

(4) 组织编制机关委托具有相应资质等级的单位承担具体编制工作。

(5) 编制城市总体规划纲要。

(6) 组织编制机关按规定报请总体规划纲要审查,并应当报上一级的建设主管部门组织审查。

(7) 根据纲要审查意见,组织编制城市总体规划方案。

(8) 规划方案编制完成后由组织编制机关公告 30 日以上,并采取听证会、论证会或者其他方式征求专家和公众的意见。

(9) 规划方案的修改完善。

(10) 在政府审查基础上,报请本级人民代表大会常务委员会(或镇人民代表大会)审议。

(11) 根据规定报请审批单位审批。

(12) 审批机关组织专家和有关部门进行审查。

(13) 组织编制机关及时公布经依法批准的城市和镇总体规划。

城市总体规划编制和审批的一般程序(镇总体规划的编制程序与此类似),如图 3.4 所示。

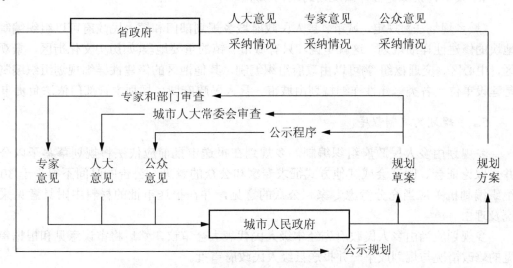

图 3.4　城市总体规划编制和审批的一般程序

3. 城市、镇控制性详细规划的编制程序

(1) 城市人民政府城乡规划主管部门和县人民政府城乡主管部门,镇人民政府根据城市和镇的总体规划,组织编制控制性详细规划的编制,确定规划编制的内容和要求等。

(2) 组织编制机关委托具有相应资质等级的单位承担具体编制的内容和要求等。

(3) 城市详细规划编制中,应当采取公示、征询等方式,充分听取规划涉及的单位、公众的意见。对有关意见采纳结果应当公布。

(4) 组织编制机关将规划草案予以公告,并采取论证会、听证会或者其他方式征求专家和公众的意见,公告时间不得少于 30 日。

(5) 规划方案的修改完善。

(6) 规划方案报请审批。

(7) 组织编制机关及时公布经依法批准的城市和镇控制性详细规划。同时报本级人民代表大会常务委员会和上一级人民政府备案。

城市控制性详细规划编制和审批的一般程序(镇控制性详细规划的编制程序与此类似)，如图 3.5 所示。

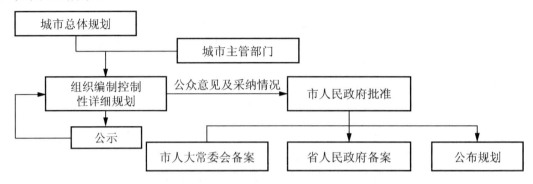

图 3.5　城市控制性详细规划编制和审批的一般程序

4. 城市、镇修建性详细规划的编制程序

《城乡规划法》规定，城市、县人民政府城乡规划部门和镇人民政府可以组织编制重要地块的修建性详细规划。这就是说，只有城市、镇的重要地段(如历史文化街区、景观风貌区、中心区、交通枢纽等)可以由政府组织编制，其他地区的修建性详细规划组织编制主体是建设单位。各类修建性详细规划由城市、县人民政府城乡规划主管部门依法负责审定。

5. 乡规划的编制程序

乡规划由乡人民政府组织编制。乡规划在报送审批前应依法将规划草案予以公告，并采取论证会、听证会或其他方式征求专家和公众的意见。公告的时间不得少于 30 日。组织编制机关应当充分考虑专家和公众的意见，并在报送审批的材料中附具意见采纳情况及理由。

乡规划应当由乡人民政府先经本级人民代表大会审议，然后将审议意见和根据审议意见的修改情况与规划成果一并报送县级人民政府审批。

6. 村庄规划的编制程序

村庄规划应以行政村为单位，由所在地的镇或乡人民政府组织编制。

根据我国现在实行的村民自治体制，村庄规划成果完成后，必须经村民会议或者村民代表会议讨论同意后，方可由所在地的镇或乡人民政府报县级人民政府审批。

为了保证规划的可操作性，规划编制人员在进行现状调查、取得相关基础资料后，应采取座谈、走访等多种方式征求村民的意见。村庄规划应进行多方案比较并向村民公示。县级城乡规划行政主管部门应组织专家和相关部门对村庄规划方案进行技术审查。

3.4.2　城乡规划的修改

城乡规划一经批准便具有法律效力，必须严格执行。但是在城乡规划实施的过程中，影响城乡建设和发展的各种因素总是不断变化的。城乡规划在实施过程中做局部的调整或修改是可能的,也是必要的。按照《城乡规划法》的规定,在维护规划实施严肃性的前提下,当出现下列 5 个条件之一时,可以依法进行规划修改。

(1) 上级人民政府制定的城乡规划发生变更,提出修改规划要求的。
(2) 行政区划调整确需修改规划的。
(3) 因国务院批准重大建设工程确需修改规划的。
(4) 经评估确需修改规划的。
(5) 城乡规划的审批机关认为应当修改规划的其他情形。

《城乡规划法》及原建设部的相关文件对各类规划的修改程序也进行了总结,并向原审批机关报告,经同意后,方可编制修改方案,修编后的省域城镇体系规划应按照程序报批。

关于修改城市总体规划及镇总体规划,组织编制单位应首先对原规划实施情况进行总结,并向原审批机关报告,经同意后,方可编制修改方案。修改后的总体规划应按照程序报批。如果涉及修改城市、镇总体规划强制性内容的,组织编制单位必须先向原审批机关提出修改规划强制性内容的专题报告,对修改强制性内容的必要性做出专门说明,经原批准机关审查同意后,方可进行修改工作。另外,修改近期建设规划,必须符合城市、镇总体规划。近期建设规划内容的修改,只能在总体规划的内容限定范围内,对实施时序、分阶段目标和重点等进行调整。修改后的近期建设规划要依法报城市、镇总体规划批准机关备案。

乡、镇人民政府组织修改乡规划、村庄规划,报上一级人民政府审批。修改后的规划在报送审批前,应当经村民会议或村民代表会议讨论同意。

修改控制性详细规划,组织编制单位应当针对修改的必要性进行论证,征求规划地段内利害关系人的意见,并向原审批机关提出专题报告,经原审批机关同意后,方可编制修改方案。修改后的控制性详细规划,经本级人民政府批准后,报本级人民代表大会常务委员会和上一级人民政府备案。控制性详细规划修改涉及城市总体规划、镇总体规划强制性内容的,应当按法律规定的程序先修改总体规划。

经依法审定的修建性详细规划、建设工程设计方案的总平面图不得随意修改,确需修改的,城乡规划主管部门应当采取听证会等形式,听取利害关系人的意见。

3.4.3 城乡规划中的公众参与

1. 公众参与规划的意义

(1) 确保社会公众对城乡规划的知情权,可以保证公众的有效参与。
(2) 确保社会公众对城乡规划的参与权,可以保证公众的有效监督,从而推动城乡规划的制定。
(3) 确保社会公众对城乡规划的监督权,有利于推动社会主义和谐社会的建设,特别是一些事关民生的公益设施的规划建设。

2. 公众参与制度的具体实施措施

(1) 在规划的编制过程中,要求组织编制机关应当先将城乡规划草案予以公告,并采取论证会、听证会或其他方式征求专家和公众的意见,并在报送审批的材料中附具意见采纳情况及理由。

(2) 在规划的实施阶段,要求城市、县人民政府城乡规划主管部门或省、自治区、直辖市人民政府应当将经审定的修建性详细规划、建设工程设计方案的总平面予以公布。城市、县人民政府城乡规划主管部门批准建设单位变更规划条件的申请的,应当将依法变更后的规划条件公示。

(3) 在修改省域城镇体系规划、城市总体规划、镇总体规划时,组织编制机关应当组织有关部门和专家定期对规划实施情况进行评估,并采取论证会、听证会或者其他方式征求公众意见,向本级人大常委会、镇人民政府和原审批机关提出评估报告应附具征求意见的情况。

(4) 在修改控制性详细规划、修建性详细规划和建设工程设计方案的总平面时,城乡规划主管部门应当征求规划地段内利害关系人的意见。

(5) 任何单位和个人有查询规划和举报或者控告违反城乡规划的行为的权利。

(6) 进行城乡规划实施情况的监督后,监督检查情况和处理结果应当公开,供公众查阅和监督。

3. 公众参与城乡规划的原则、内容和形式

(1) 原则:公正原则、公开原则、参与原则、效率原则。
(2) 内容:公众参与的目标控制、公众参与的过程控制、公众参与的结果控制。
(3) 形式:主要包括城乡规划展览系统,规划方案听证会、研讨会,规划过程中的民意调查,规划成果网上查询等。

小　结

本章简明地介绍了城乡规划体系的基本内涵、工作内容、编制程序与调整,应该重点掌握以下内容。

1) 城乡规划的基本内涵及作用

城乡规划的内涵:①从城乡规划的主要工作内容进行定义;②从城乡规划的社会作用的角度进行定义。

城乡规划的作用。城乡规划是政府调控城市空间资源、指导城乡发展与建设、维护社会公平、保障公共安全和公众利益的重要公共政策之一。其作用可以归纳为以下几个方面:①宏观经济条件调控的手段;②保障社会公共利益;③协调社会利益,维护公平;④改善人居环境。

2) 城乡规划体系的工作内容

(1) 城市发展战略层面:①国土规划;②区域规划;③城市总体规划;④分区规划。
(2) 建设控制引导层面:①控制性详细规划;②修建性详细规划。

3) 城乡规划的审批与修改

我国城乡规划编制体系由城镇体系规划、城市规划、镇规划、乡规划和村镇规划组成。

城乡规划编制必须坚持严格的分级审批制度,以保障城乡规划的严肃性和权威性。

城乡规划一经批准便具有法律效力,必须严格执行。城乡规划在实施过程中做局部的调整或修改是可能的,也是必要的。按照《城乡规划法》的规定,在维护规划实施严肃性的前提下,当出现下列 5 个条件之一时,可以依法进行规划修改:①上级人民政府制定的城乡规划发生变更,提出修改规划要求的;②行政区划调整确需修改规划的;③因国务院批准重大建设工程确需修改规划的;④经评估确需修改规划的;⑤城乡规划的审批机关认为应当修改规划的其他情形。

《城乡规划法》及原建设部的相关文件对各类规划的修改程序也进行了总结,并向原审批机关报告,经同意后,方可编制修改方案。

4) 城乡规划中的公众参与

城乡规划中公众参与的意义。确保社会公众对城乡规划的知情权、参与权、监督权,能够有力地推动社会主义和谐社会的建设,保证城乡规划真正服务于民、受益于民。

习 题

1. 简述城乡规划的概念与作用。
2. 城市发展战略层面的工作内容是什么?
3. 建设控制引导层面的工作内容是什么?
4. 简述城乡规划编制体系的构成。

【能力提高】

以小组为单位(每小组 5 人或 6 人,可自由搭配),讨论制作一份关于校园环境的满意度调查问卷。

第 4 章

我国的城乡规划管理

教学要求

通过对我国城乡规划的管理机构、编制与审批管理、实施管理等的学习,学生应掌握城乡规划管理机构的设置和机构权限,了解我国城乡规划管理机构权限的变革;熟悉城乡规划的编制与审批管理,包括总体规划、分区规划、控制性详细规划、修建性详细规划、法定图则、城市设计、市政专项规划、村庄规划、专业规划等的编制与审批管理;掌握城乡规划实施管理的主要内容、监督检查等;熟悉城乡规划的相关法律法规体系。

教学目标

能力目标	知识要点	权重
了解城乡规划的机构设置	城乡规划的机构设置	10%
了解城乡规划的机构权限	城乡规划的机构权限	10%
了解我国城乡规划机构权限的变革及改革方向	我国城乡规划机构权限的变革历程、城乡规划机构权限管理不当的后果、我国城乡规划机构权限改革的发展方向	15%
熟悉城乡规划的编制与审批管理	城市总体规划、分区规划、控制性详细规划、修建性详细规划、法定图则、城市设计、市政专项规划、村庄规划、专业规划等的编制与审批管理	30%
掌握城乡规划实施管理的主要内容	相关法律依据、城乡规划实施管理的主要内容	10%
熟悉城乡规划实施管理的监督检查	对建设活动的监督检查、行政监督与监察、立法机构的监督检查;社会监督等	10%
熟悉城乡规划的相关法律法规体系	城乡规划法、城乡规划实施性行政法规、地方城乡规划法规、城乡规划行政规章、城乡规划相关的法律法规、城乡规划技术标准与技术规范、城乡规划文本等	15%

章节导读

城乡规划是一项政策性活动,是社会经济发展和城市建设的指导性文件,因此我们必须熟悉并掌握城乡规划的管理。了解我国的城乡规划管理机构、编制与审批及实施管理,真正把相关的规划设计落到实处。

4.1　城乡规划的管理机构

要想把城乡规划好、建设好、管理好,实现一定时期内城市经济和社会发展目标,合理利用城市土地,确定城市发展性质、规模和方向,协调城市空间布局和各项建设的综合布置和具体安排,就必须进行城乡规划,同时也要进行城乡规划管理,而城乡规划实施管理就必须有一个完备的城乡规划管理机构。建立健全城乡规划管理机构是切实贯彻《城乡规划法》和保证城乡规划实施的组织保障。

4.1.1　我国各级城乡规划管理机构的设置

(1) 国家一级,在住房和城乡建设部设有城乡规划司,内设规划处、管理处、区域处、勘测设计处、综合处。

(2) 省、自治区、直辖市一级,在建设厅(委)设有城乡规划处。

(3) 直辖市,设市的大、中城市,市政府下设有独立的城乡规划管理局(处),内设总工程办公室、综合处、勘测规划室,用地管理科(处),建筑管理科(处),工程管线管理科(处),监督检查科(处),政策法律处室等业务科处(室)。所属的各区、县设有城乡规划管理局(处)。

(4) 设市的大城市、县城,有的小城市、县设城乡规划局(处),有的在城建局(委)设有城乡规划管理处(科)。

(5) 建制镇,有的设城建规划管理处,有的在城建科设有城乡规划股。

4.1.2　我国各级城乡规划管理机构的权限变革

城乡规划管理的权限划分是市规划管理体制的重要组成部分。在我国,城乡规划管理的权限转变是随着政治经济体制的改革而进行的。在计划经济体制向市场经济体制转轨的过程中,中央政府向地方政府下放财政权和行政管理权,使地方政府获得了推动地方经济发展的巨大动力,因此也推动了城乡规划管理体制的转变。

目前,规划界对城乡规划管理权限的划分有两种倾向:一种认为城乡规划管理权应集中在市级城乡规划行政主管部门,因为"一放就乱";而另一种则认为为了鼓励区县的积极性,应将城乡规划管理权分散到区县级规划分局,因为"一收就死"。孰是孰非,很难简单界定。近年来一些城市在城乡规划管理集权与分权模式上的实践也表明了集权和分权各有其优缺点。集权有利于城乡规划的统一管理,但难以调动各区的积极性;反之,分权虽有利于各方工作热情的提高,却不利于城乡规划的统一管理,造成各区为追求自

身利益进行不必要的重复建设，市政府宏观调控能力的减弱等一系列新的问题。此外，由于缺乏在较为宏观的区域层次上的城乡规划管理权限，城乡规划对城市与城市之间的协调显得软弱无力。

1. 我国城乡规划管理权限转变的回顾

1) 集中统一阶段(1949年—20世纪90年代中期)

中华人民共和国成立之初，百业待兴，为了适应城市经济的恢复和发展，逐步建立了城市建设管理机构，以统一管理城市建设工作。此后，中国的城市建设工作进入了统一领导、按规划进行建设的新阶段。

2) 局部下放阶段(20世纪80年代中期—20世纪90年代初期)

20世纪80年代中期—20世纪90年代初期，很多城市采取了由局部试点到逐步放权的措施，主动赋予了区一级比较大的规划管理权力，调动了地区的积极性，推动了城市建设的发展。例如，在"开放浦东"的战略实施后，为了加快上海市的经济发展，上海市政府率先赋予区、县政府部分计划、财政自主权，以调动基层政府的积极性，包括规划管理权限在内的建设管理权限也逐步下放。

3) 普遍分散阶段(20世纪90年代初至今)

1993年至今，围绕建立社会主义市场经济体制而展开的机构改革，特别是随着财税体制改革的铺开，市、区两级规划管理的行政权也随之分开。区级享受了空前的规划管理权。以上海市为代表的一批大城市已先后建立起"两级政府，两(三)级管理"的规划管理体系，并以法规文件的形式规定下来。

2. 规划管理权限划分不当而产生的问题

1) 规划管理权过度集中带来的问题

(1) 降低城乡规划决策质量和城市管理效率。如果城乡规划管理权过分集中于市级城乡规划行政主管部门，那么各区、街道发生的问题需经过层层请求汇报后再做决策，则不仅影响决策的正确性，而且影响决策的及时性。往往由于多环节的传递需要延误一定的时间，从而可能导致决策迟缓，无法适应形势变化的要求。

(2) 降低区级、街道规划管理部门的工作热情。造成城市管理效率下降，这对城市建设的推进极为不利。

(3) 不利于推进城乡规划管理民主化。市场经济体制运行的原则是公平、公开和公正。它要求管理公开化、民主化，而过度集权必然导致封闭型的城乡规划管理体制，由于透明度低，极易受到行政干预"长官意志"的影响并滋生腐败等现象，不符合我国政治体制改革的大方向。

2) 规划管理权过度分散带来的问题

(1) 重局部，轻整体，城市整体调控能力下降。受局部利益的驱动，一些区不能有效地树立全市规划"一张图"的全局观念，缺乏长远与近期相结合的可持续发展思想，往往不能妥善处理局部与整体的关系，使总体规划的各项指标，难以落实到地区规划的控制要素上，地区规划的控制要素，在具体操作中，又屡有突破。

(2) 低水平重复建设现象严重。一些城市的区、县政府拥有财政自主权，同时也具有了投资的主动权。从自身的利益出发，为繁荣本区(县)的经济，往往不顾自身在城市中的定位，争项目、争中心，引起建设规模的不合理攀比，造成摊子过大、布局过散、项目趋同，浪费土地资源，难以发挥集约效应。例如，广州市某区在城市中的定位为具有旧城风貌的风景旅游区，但为了促进自身经济的发展，却盲目模仿其他新区，建设科技工业园，由于发展基础薄弱，不但难以形成规模，而且污染了环境，削弱了自身的吸引力。

(3) 重经济效益，轻社会效益、环境效益，造成城市环境质量的下降。由于土地开发是各区集聚财力的主要手段之一，在地区开发中，往往容易出现追求高容量开发的倾向。不仅使总体发展战略中降低中心容量及人口密度、疏解市中心功能的目标难以落实，还造成部分地区城市综合环境质量下降，制约了城市的发展。

(4) 区与区之间缺乏相互协调的机制。由于目前缺乏区与区之间相互协调的机制，各区的经济活动和城市建设难以发挥合力，产生最大效益。在区与区分界线之间的矛盾尤其突出，在边界部分的项目安排、土地开发强度、交通组织、市政基础设施安排等方面都存在一定程度的不协调。

【观察与思考】

如何根据各个省市的具体情况，进行管理机构权限的变革，才能使城乡规划真正落到实处？我国城乡规划管理未来的发展趋势是什么样子的？

4.2 城乡规划的编制与审批管理

城乡规划组织编制和审批管理是城乡规划管理的一项重要工作。城乡规划是城市空间发展的计划。制定城乡规划的目的是用以指导和规范城市建设和管理，促进城市经济、社会和环境的全面、协调和可持续发展。制定城乡规划是城乡规划组织编制和审批管理的主要工作任务。

4.2.1 城乡规划组织编制和审批管理的含义和目的

1. 城乡规划组织编制和审批管理的含义

城乡规划组织编制和审批管理的含义是，城市人民政府为了实现一定时期经济、社会和环境发展目标，为市民创造良好的生活和工作环境，依法制定城乡规划的过程。需要指出的是，组织编制城乡规划和编制城乡规划是两个不同的概念。前者是对编制城乡规划的组织管理工作，是城乡规划管理部门的工作；后者是城乡规划编制工作，是城乡规划编制单位的工作。

2. 城乡规划组织编制和审批管理的目的

城乡规划组织编制和审批管理的目的，是由城乡规划管理的行政职能和城乡规划的特点所决定的，有以下主要目的。

（1）落实城市经济、社会发展目标及其要求。城乡规划的制定是政府职能。城乡规划制定的目的是实现一定时期城市经济、社会和环境发展目标，城乡规划的编制必须落实其发展要求。城乡规划组织编制和审批管理的目的，就是通过城乡规划组织编制和审批过程中的相关环节，对城市政府提出的经济、社会和环境发展目标及其要求加以落实。

（2）贯彻执行城乡规划法律规范和方针政策。城乡规划必须依法制定，必须依据城乡规划法律规范和方针政策。这既要靠城乡规划编制单位自觉执行，也要通过城乡规划管理部门事先告知、事中检查和事后评估加以落实。

（3）协调解决城乡规划编制过程中的重大矛盾。城乡规划编制要对城市发展中各项物质要素进行统筹安排，每一项物质要素背后都涉及相关方面的权益和有关管理部门的要求。在社会主义市场经济条件下利益趋于多元化，要保证城市布局结构的合理，必然涉及相关方面权益的统筹协调。因此，城乡规划的编制需要征求相关方面的意见。对于这些意见，属于一般技术性的问题，城乡规划编制单位可以协调解决；对于某些重大问题，则需要政府部门出面协调，形成共识。对于难以达成共识的问题，则需要进行综合分析，提出建议，报告城市政府协调，以利于城乡规划编制工作的进行。

（4）促进城乡规划编制水平的不断提高。城乡规划编制水平反映在城乡规划的科学性和实用性。提高城乡规划编制水平，既要靠城乡规划编制人员的努力，也要靠城乡规划管理部门组织推动。例如，组织有关方面专家评估、论证，借助外脑集思广益，使城乡规划编制能更加合理、完善。又如，有针对性地组织有关城乡规划专题研究，加强城乡规划的技术储备。再如，倾听人民代表、政协委员、社会公众及城乡规划实施管理部门对城乡规划编制的意见和建议等。

4.2.2 城乡规划的编制与审批程序

城乡规划实行分级审批，按照《城乡规划法》规定的审批权限，分别由国务院、省级人民政府和市人民政府审批。

1. 城市总体规划的编制与报批

城市总体规划由市政府组织编制，市规划局负责具体工作。

（1）根据社会经济发展状况及城市建设的需要，提请市政府组织编制城市总体规划，市政府下达规划编制计划，提出总体要求。

（2）拟定城市总体规划编制任务书，择优委托规划设计单位，签订项目合同书，开展总体规划编制工作。

（3）针对编制中的重大问题，由市政府组织有关部门进行综合协调和论证。

（4）提请建设部组织召开总体规划纲要审查会，审查规划大纲。

（5）提请建设部组织召开总体规划论证会，审查规划方案。

（6）报请市城乡规划委员会对总体规划方案进行审议，提请市人大审查同意后，依照有关规定上报审批。

(7) 城市总体规划经国务院批准后,将成果印制、公布、归档并组织宣传。

2. 分区规划的编制与报批

分区规划由市规划局组织编制。

(1) 拟定分区规划编制任务书,择优委托规划设计单位,签订项目合同书,提供相关基础资料。

(2) 组织相关部门对规划设计单位提交的分区规划方案进行初审,形成初审意见。修改完善后形成中间成果。

(3) 经审核,组织专家及相关部门对中间成果进行评审,形成专家意见和会议纪要。经修改完善后,形成报批成果。

(4) 报批成果经市规划局审查通过后,拟定上报文件,报市规划委员会审议;经市规划委员会审议通过后,报市政府审批。

(5) 经市政府批准后,将成果印制、公布、归档和组织宣传。

3. 控制性详细规划的编制与报批

控制性详细规划由市规划局组织编制,必要时可会同有关区政府或业务主管部门共同组织。

(1) 拟定控制性详细规划编制任务书,择优委托规划设计单位,签订项目合同书,提供相关基础资料。

(2) 组织相关部门对规划设计单位提交的控制性详细规划方案进行初审,形成初审意见。修改完善后形成中间成果。

(3) 经审核,组织专家及相关部门对规划中间成果进行评审,形成专家意见和会议纪要。经修改完善后,形成报批成果。

(4) 报批成果经市规划局审查通过后,拟定上报文件,报市规划委员会审议;经市规划委员会审议通过后,报市政府审批。

(5) 经市政府批准后,将成果印制、公布、归档和组织宣传。

4. 修建性详细规划的编制与报批

城市重点地区的修建性详细规划由市规划局组织编制,城市一般地段单独编制的修建性详细规划由区政府、业务主管部门或建设单位组织编制。

(1) 市规划局组织编制的修建性详细规划,由市规划局拟定修建性详细规划编制任务书,择优委托规划设计单位,签订项目合同书,提供相关基础资料。其他单位委托单独编制的修建性详细规划,由市规划局下达规划设计条件,并负责组织审查。

(2) 组织相关部门对所有单独编制的修建性详细规划成果进行审查,必要时邀请专家进行评审,形成会议纪要和专家意见。经修改完善后,形成报批成果。

(3) 拟定审批意见,报分管局领导审查同意后形成批复意见。

(4) 经市规划局批准后,将成果印制、公布、归档和组织宣传。

5. 法定图则的编制和报批

法定图则由市规划局组织编制。

(1) 拟定法定图则编制任务书,择优委托规划设计单位,签订项目合同书,提供相关基础资料。

(2) 公开展示法定图则草案,征求区政府、相关部门和公众的意见,修改完善后报市规划委员会审议。

(3) 经市规划委员会审议通过后,报市政府审批。

(4) 经市政府批准后,报市人大常委会备案,将成果印制、公布、归档和组织宣传。

6. 城市设计的编制和报批

城市重点地段城市设计由市规划局单独编制和审批;贯穿于城乡规划各阶段的城市设计,作为各阶段规划的组成部分,随各阶段规划一起编制和审批。

(1) 拟定城市设计编制任务书,择优委托规划设计单位,签订项目合同书,提供相关基础资料。

(2) 组织相关部门对规划设计单位提交的城市设计方案进行初审,形成初审意见。修改完善后形成中间成果。

(3) 经审核,组织专家及相关部门对中间成果进行评审,形成专家意见和会议纪要。经修改完善后,形成报批成果。

(4) 报批成果经市规划局审查通过后,拟定上报文件,报市规划委员会审议;经市规划委员会审议通过后,报市政府审批。

(5) 经市政府批准后,将成果印制、公布、归档和组织宣传。

7. 市政专项规划的编制和报批

市政专项规划由市规划局组织编制。

(1) 拟定市政专项规划编制任务书,择优委托规划设计单位,签订项目合同书,提供相关基础资料。

(2) 组织相关部门对规划设计单位提交的市政专项规划方案进行初审,形成初审意见。修改完善后形成中间成果。

(3) 经审核,组织专家及相关部门对规划中间成果进行评审,形成专家意见和会议纪要。经修改完善后,形成报批成果。

(4) 报批成果经市规划局审查通过后,拟定上报文件,报市规划委员会审议;经市规划委员会审议通过后,报市政府审批。

(5) 经市政府批准后,将成果印制、公布、归档和组织宣传。

8. 村庄规划的编制和报批

建制镇和村庄规划由所在地区人民政府组织编制。

(1) 下达区政府确定的村庄规划编制项目的规划设计条件。

(2) 组织相关部门对规划设计单位提交的村庄规划方案进行审查,必要时邀请专家进行评审。在此基础上形成村庄规划报批成果。

(3) 建制镇总体规划由市规划局拟定上报文件,报市规划委员会审议;经市规划委员会审议通过后,报市政府审批。建制镇其他村庄规划由市规划局审查和审批,村庄规划由规划分局审查和审批。

(4) 经批准后,将成果印制、公布、归档和组织宣传。

9. 专业规划的综合协调和报批

(1) 单独编制的各专业规划应在城市总体规划的指导下进行,不得违反城市总体规划确定的基本原则。由各业务部门编制的各专项规划,应经市规划局综合协调,报市规划委员会审议通过后,由市政府审批。

(2) 市级以上层次规划协调项目,拟定意见报市政府,由市政府报上级来文部门;市一级规划协调项目,拟定意见发送来函单位,抄送市政府。

4.3 城乡规划的实施管理

城乡规划的实施管理,主要是指按照由法定程序编制和批准的城乡规划,依据国家和各级政府颁布的城市规则法规和具体规定,采用行政的、社会的、法制的、经济的、科学的管理方法,对城市的各项建设用地和建设活动进行统一的安排和控制,引导和调节城市的各项建设事业进行有计划、有秩序、有步骤的协调发展,保证城乡规划实施。通俗地讲,就是通过有效手段,按照城乡规划,依法安排各项建设用地和各项建设活动,把城乡规划落实在城市土地上,变为现实。

4.3.1 相关法律依据

国务院城乡规划行政主管部门,组织起草拟定城乡规划管理的有关法律、法规和政策性文件,经国务院和全国人大常委会审议通过后实施;国务院城乡规划行政主管部门同时制定部门规章和政策性文件。这些法律、法规、部门规章和政策性文件构成城乡规划行政管理的法律法规体系,为城乡规划的编制、审批、实施和监督管理提供法律依据(详见本章4.4 城乡规划的法规体系)。

4.3.2 城乡规划实施管理的内容

《城乡规划法》第三十六条、第三十七条、第三十八条、第四十条、第四十一条规定了在城乡规划实施管理中,由城乡规划主管部门核发选址意见书、建设用地规划许可证、建设工程规划许可证或者乡村建设规划许可证的法律制度,也就是规划行政审批许可证制度。它是城乡规划实施管理的主要法律手段和法定形式。

在城市、镇规划区范围内的建设项目选址、使用土地和进行各项工程建设,须由城乡规划主管部门实施规划管理，核发选址意见书、建设用地规划许可证和建设工程规划许可证。

(1) 建设项目选址。在城乡规划区内的建设工程的选址和布局必须符合城乡规划。设计任务书报请批准时，必须附有城乡规划行政主管部门的选址意见书。

(2) 建设用地规划管理。规划主管部门依据城乡规划确定的不同地段的土地使用性质和总体布局，决定建设工程可以使用哪些土地，不可以使用哪些土地，以及在满足建设项目功能和使用要求的前提下，如何经济、合理地使用土地。城乡规划行政主管部门对城市用地实行严格的规划控制，是实施城乡规划的基本保证。

(3) 建设工程管理。能否对城市各项建设工程实施有效的规划管理，是保证城乡规划顺利实施的关键。因此，依法对建筑工程实行统一的规划管理，是城乡规划行政主管部门的重要职能之一，也是城乡规划管理日常业务中工作量最大的主要工作。

在乡、村庄规划区范围内使用土地进行各项建设，须由城乡规划管理部门核发乡村建设许可证。建设单位或者个人在取得乡村建设规划许可证后方可办理用地审批手续和开展建设活动。

4.3.3 城乡规划的监督检查

城乡规划的监督检查是指对城乡规划的执行情况实施监督检查，是确保城乡规划得到执行的重要措施，也是城乡规划行政主管部门的重要职责。

监督检查贯穿于城乡规划实施的全过程，它是城乡规划实施管理工作的重要组成部分。在《城乡规划法》中，明确规定了实施城乡规划监督检查的具体内容主要包括：对建设活动的监督检查；行政监督与监察；立法机构的监督检查；社会监督。

城乡规划监督检查的内容还应包括违法建设的处罚、行政复议。在城乡规划区占用土地和进行建设的一切单位、单位的有关责任人员及居民，只要违反《城乡规划法》的有关规定，构成违法行为的，就必须承担行政责任。它的具体形式是由法律规定的国家行政机关给有关责任者以行政处罚或行政处分，对处罚不服的可以提请行政复议，国家行政机关应当予以受理，并及时做出处理。

4.3.4 我国城乡规划的实施管理体制

根据《城乡规划法》规定，住房和城乡建设部作为国务院的城乡规划行政主管部门，主管全国的城乡规划工作。

省级人民政府一般设建设厅(局)，作为省级人民政府的城乡规划行政主管部门，主管省域内的城乡规划工作。市、县级人民政府一般设规划局或建设局，作为市、县人民政府的城乡规划行政主管部门，主管市、县行政区域内的城乡规划工作。有些县(市)在镇(乡)还设有规划所，负责镇(乡)范围内的村庄规划与建设工作。全国基本形成了从中央到县(市)或镇(乡)四至五级的城乡规划管理体系，为全国城乡规划管理奠定了组织保障。

4.4 城乡规划的法规体系

作为城乡规划行政依据的城市法律规范体系，应当包括纵向法规体系和横向法规体系两部分。

4.4.1 纵向法规体系

1. 宪法

《中华人民共和国宪法》是中华人民共和国的根本大法，拥有最高法律效力。任何法律法规不得与宪法相抵触。

2. 法律

法律是指统治者为了实现统治并管理国家的目的，经过一定立法程序，所颁布的基本法律和普通法律。在我国由享有立法权的立法机关是全国人民代表大会及其常务委员会。法律是从属于宪法的强制性规范，是宪法的具体化。如《中华人民共和国城乡规划法》是城乡规划的核心法律。

知识链接

中华人民共和国城乡规划法

为了加强城乡规划管理，协调城乡空间布局，改善人居环境，促进城乡经济社会全面协调可持续发展，由中华人民共和国第十届全国人民代表大会常务委员会第三十次会议于2007年10月28日通过，自2008年1月1日起施行。共计七章七十条。

3. 行政法规

城乡规划行政法规主要是根据国家城乡规划法建立国家整体的城乡规划编制和实施的行政组织机制及相应的行政措施。其中应当包括：国家和地方政府的各级城乡规划行政主管部门的职责、权利和义务；中央和地方各级行政部门之间的相互关系及在城乡规划实施过程中的相互分工和协作；制定城乡规划和城乡规划实施管理的基本程序和主要原则；明确政府城乡规划管理的操作过程及与运作机制的互动关系，如原建设部发布的《城市规划编制办法》，原建设部、国家文物局发布的《历史文化名城保护规划编制要求》《风景名胜区条例》《历史文化名镇保护条例》等。

4. 地方性法规

省、自治区、直辖市的人民代表大会及其常务委员会可以制定地方性法规。较大的市的人民代表大会及其常务委员会可以制定地方性法规，报省、自治区的人民代表大会常务委员会批准后施行。如《北京市城乡规划条例》《上海市城乡规划条例》《深圳市城乡规划条例》。它们由地方立法部门根据国家城乡规划法和相关的法律法规，结合地方社会、政治、经济、文化等方面的具体情况，明确地方城乡规划制度的具体框架，划分地方立法、行政、司法等部门之间的分工和相互协作，确定地方城乡规划行政管理部门的基本组织和相应的职责权限，明确当地城乡规划编制、实施的具体程序和原则，建立城乡规划法规与地方法规之间的相互协同关系，对违法行为处置的主体和相应的量度原则等。

【参考案例】

5. 部门规章

城乡规划部门规章包括国家和地方城乡规划行政主管部门制定的、有关保证城乡规划顺利开展的规章制度。该类法规应当能够覆盖城乡规划过程中所涉及的城乡规划部门内部、城乡规划部门与社会各部门及个人与城乡规划直接相关的所有行为。确立这些行为合法化的途径、界限、组织机制和相应的原则，对违法行为进行处置的程序和量度标准等；同时也应当包括城乡规划编制和城乡规划实施的依据、决策途径和相应的行政措施，如原建设部颁布的《城市规划编制办法》《城市规划强制性内容暂行规定》。

6. 地方政府规章

省、自治区、直辖市和较大的市的人民政府，可以根据法律、行政法规和本省、自治区、直辖市的地方性法规，制定规章。

4.4.2 横向法律体系

城乡规划与城市建设和发展过程中的其他所有行为密切相关，城乡规划既受到规范这些行为的法律法规的制约，同时也对这些行为进行规范。与城乡规划相关的法律法规主要有《中华人民共和国土地管理法》《中华人民共和国建筑法》《中华人民共和国文物保护法》《中华人民共和国环境保护法》，以及《中华人民共和国城市道路管理条例》、《中华人民共和国城市绿化管理条例》等。这些法律法规的主要内容和相应的组织机制应当体现在城市的法律法规之中，同时，这些法律法规的实施也应当与城乡规划的原则、组织和管理的程序不相矛盾。同时，城乡规划作为政府行为，必须要符合国家的行政程序法律的有关规定。我国已经颁布的行政程序法有《中华人民共和国行政复议法》《中华人民共和国行政诉讼法》《中华人民共和国行政处罚法》与《中华人民共和国国家赔偿法》。

4.4.3　城乡规划的技术标准与技术规范

城乡规划的技术标准与技术规范是城乡规划行政的重要技术性依据，也是城乡规划行政管理具有合法性的客观基础。它所规范的主要是城乡规划内部的技术行为，它的内容应当能够覆盖城乡规划过程中所有的、一般化的技术性行为，也就是在城乡规划编制和实施过程中具有普遍规律性的技术依据。目前国家已经颁布的有《城市用地分类与规划建设用地标准》《城市居住区规划设计规范》，以及涉及城市道路、城乡规划基本术语、城市排水、城市给水、城市供电、城市园林、工程管线和建筑设计、消防防灾等方面的一系列技术标准与规范。技术标准与规范同样包括国家和地方两个层次。地方性的技术标准与规范可以与国家的技术标准与规范重叠，并根据地方条件做出相应的修正。

【参考资料】

4.4.4　城乡规划文本

城乡规划经法律程序获得审批之后具有法律效力，成为一种规范性文件，因此城乡规划文本同样具有法律规范的特征。城乡规划文本是根据国家和地方的各项法律法规，运用城乡规划的理论和技术标准，对特定地域范围内的城市建设和发展内容进行具体规定的法定文件。城乡规划文本应当包括两部分内容，即文字性的文本和对文本进行说明或具体化的图纸。根据原建设部《城市规划编制办法》，需要编制规划文本的主要是城市总体规划、分区规划，以及控制性详细规划。在实践中，城乡规划文本能否作为城乡规划行政法律规范的表现形式，真正具有法律效力，还有待于城乡规划法制建设的进一步发展，并有赖于规划编制方式的改进和技术水平的提高。

小　　结

通过对我国城乡规划的管理机构、编制与审批管理、实施管理等的学习，学生应掌握城乡规划管理机构的设置和机构权限，了解我国城乡规划管理机构权限的变革；熟悉城乡规划的编制与审批管理，包括总体规划、分区规划、控制性详细规划、修建性详细规划、法定图则、城市设计、市政专项规划、村庄规划、专业规划等的编制与审批管理；掌握城乡规划实施管理的主要内容、监督检查等；熟悉城乡规划的相关法律法规体系的教学目的。

本章具体内容包括：城乡规划的机构设置；城乡规划的机构权限；我国城乡规划机构权限的变革历程、城乡规划机构权限管理不当的后果、我国城乡规划机构权限改革的发展方向；城市总体规划、分区规划、控制性详细规划、修建性详细规划、法定图则、城市设计、市政专项规划、村庄规划、专业规划等的编制与审批管理；相关法律依据、城乡规划实施管理的主要内容；对建设活动的监督检查、行政监督与监察、立法机构的监督检查、社会监督；城乡规划法、城乡规划实施性行政法规、地方城乡规划法规、城乡规划行政规章、城乡规划相关的法律法规、城乡规划技术标准与技术规范、城乡规划文本等。

习 题

1. 我国的城乡规划管理机构是如何设置的？
2. 我国的城乡规划管理机构权限改革发展方向是什么？
3. 简述我国主要城乡规划类型的编制与审批程序。
4. 我国的城乡规划实施管理主要有哪些方法？
5. 简述我国的城乡规划法律法规体系。

第二篇

城乡规划类型

第 5 章

城镇体系规划

教学要求

通过对城镇体系规划的基本概念、城镇体系规划的编制内容与程序的学习，了解城镇体系规划的地位、主要作用及各层次城镇体系规划的主要内容；熟悉城镇体系规划编制与审批程序；具有编制城镇体系规划的能力。

教学目标

能力目标	知识要点	权重
了解城镇体系规划的基本概念	城镇体系规划的基本概念	10%
了解城镇体系规划的地位、主要作用	城镇体系规划的地位、主要作用	10%
了解各层次城镇体系规划的主要内容	城镇体系规划的层面与内容、城镇体系规划的强制性内容	30%
熟悉城镇体系规划的编制与审批程序	城镇体系规划的编制原则、编制内容、编制程序	50%

章节导读

我国已经形成一套由"国土规划→区域规划→城镇体系规划→城市总体规划→城市分区规划→城市详细规划"等组成的空间规划系列。城镇体系规划处于将国土规划和城市总体规划进行衔接的重要地位。城镇体系规划既是城乡规划的组成部分，又是区域国土规划的组成部分。

城镇体系规划一般分为全国城镇体系规划、省域(或自治区域)城镇体系规划、市域(包括直辖市、市和有中心城市依托的地区、自治州、盟域)城镇体系规划、县域(包括县、自治县、旗、自治旗域)城镇体系规划4个基本层次。城镇体系规划区域范围一般按行政区划定。规划期限一般为20年。

引例

梅河口市城市总体规划中的城镇体系规划

梅河口市位于吉林省东南部，地处长白山西麓辉发河(图 5.1)上游，东以一统河下游新河镇双胜村与辉南县毗邻，南与东南分水岭、新开镇、盘道岭、鸡冠砬子山与柳河县分界，西南白银河彼岸、杨树河上源及西部的大湾镇桦树村与辽宁省的清原县交界，西和西北与东丰县接壤，北与东北以亮子河与磐石市搭界，地理位置为东经 125°15′—126°03′，北纬 42°08′—43°02′。

图5.1 辉发河

(1) 市域城镇分布现状图如图 5.2 所示。
(2) 市域空间管制规划图如图 5.3 所示。
(3) 市域空间结构规划图如图 5.4 所示。
(4) 市域城镇等级规模结构规划图如图 5.5 所示。
(5) 市域城镇职能结构规划图如图 5.6 所示。
(6) 市域综合交通规划图如图 5.7 所示。
(7) 市域重大基础设施规划图如图 5.8 所示。
(8) 市域生态保护规划图如图 5.9 所示。
(9) 市域旅游发展规划图如图 5.10 所示。

【对应图集】

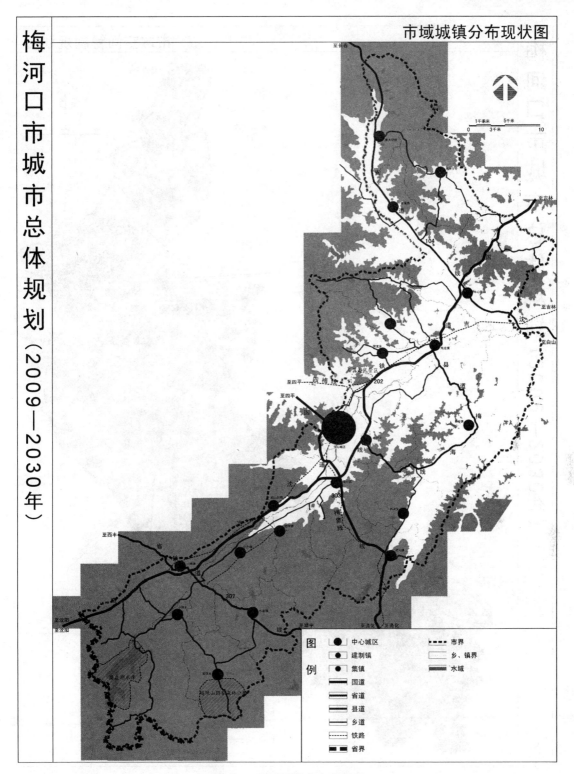

图 5.2 市域城镇分布现状图

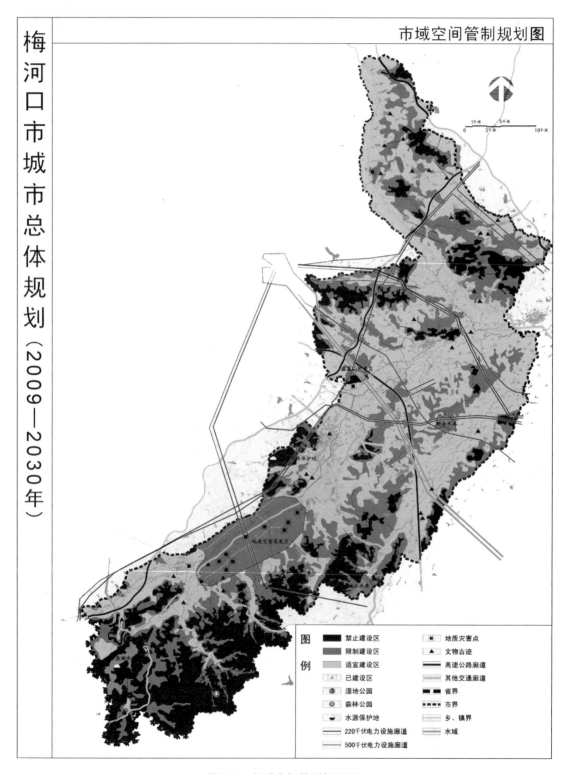

图 5.3 市域空间管制规划图

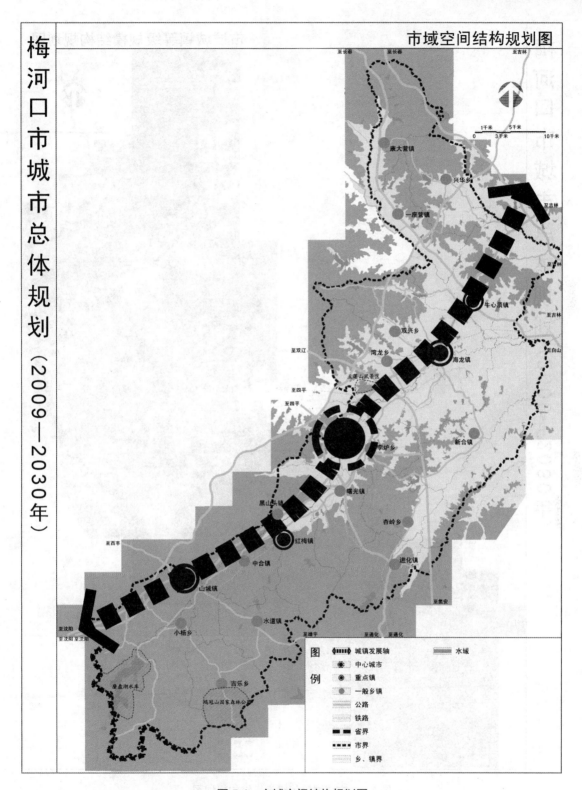

图 5.4 市域空间结构规划图

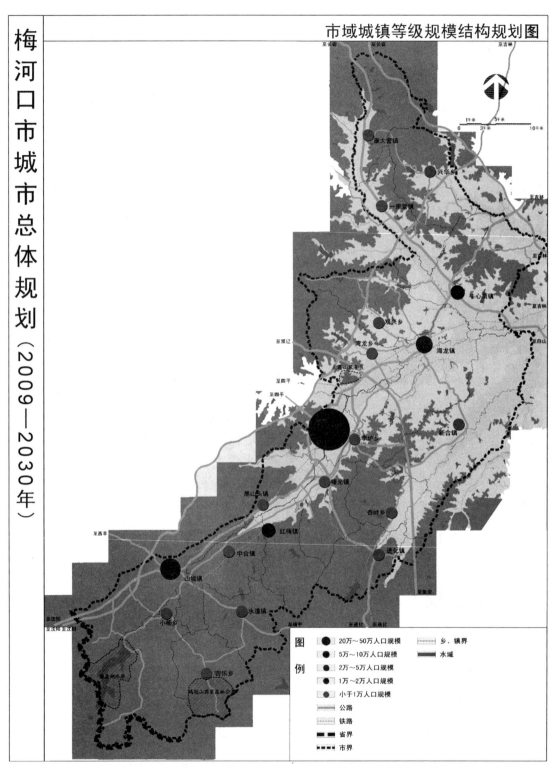

图 5.5 市域城镇等级规模结构规划图

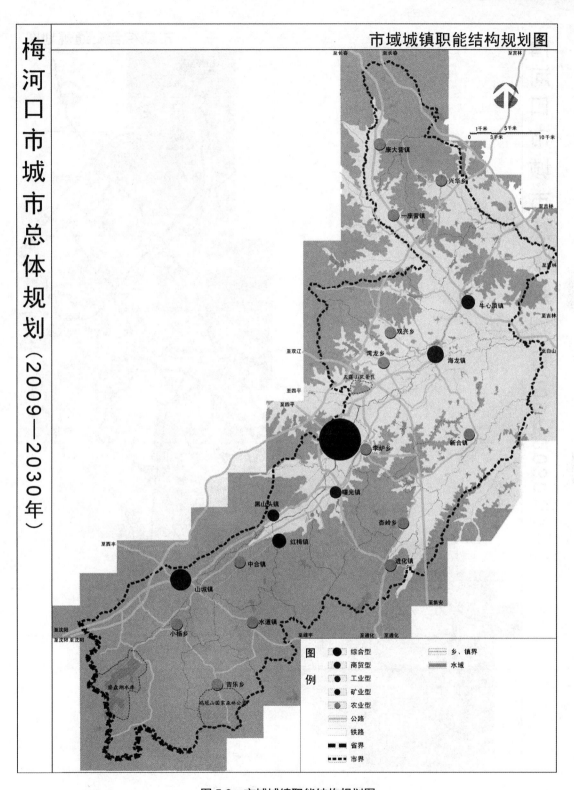

图 5.6 市域城镇职能结构规划图

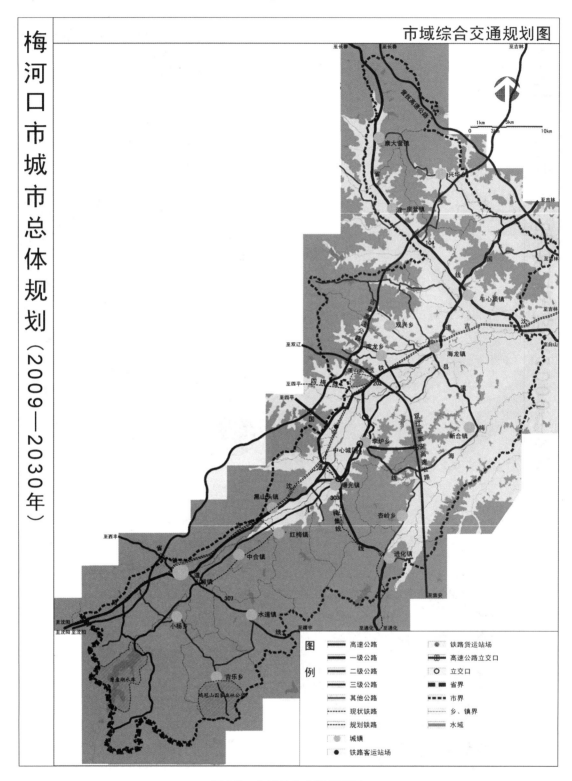

图 5.7 市域综合交通规划图

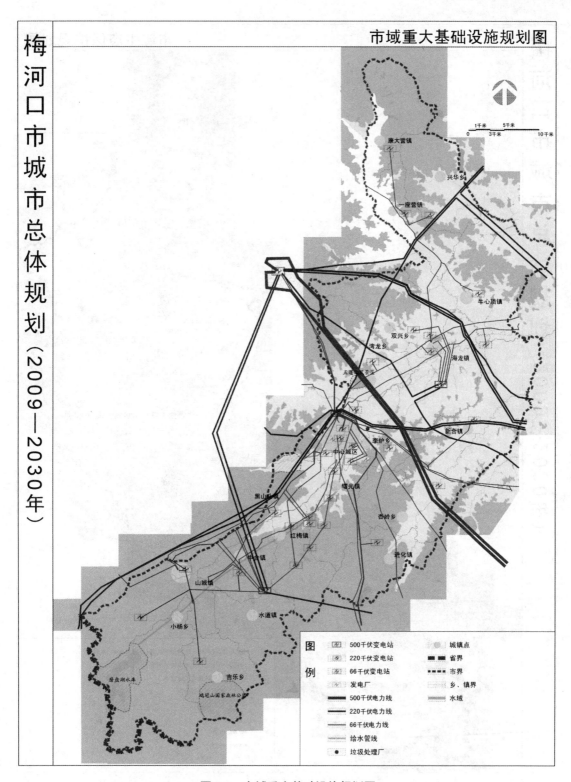

图 5.8 市域重大基础设施规划图

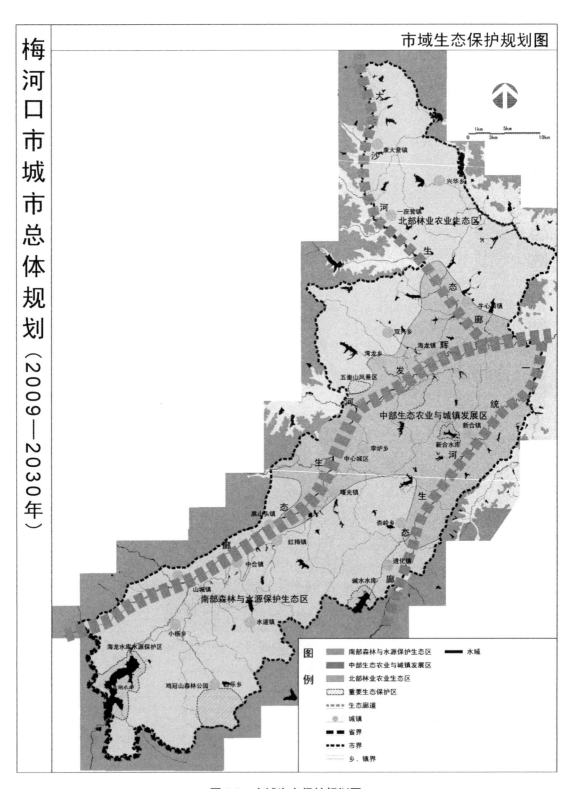

图 5.9 市域生态保护规划图

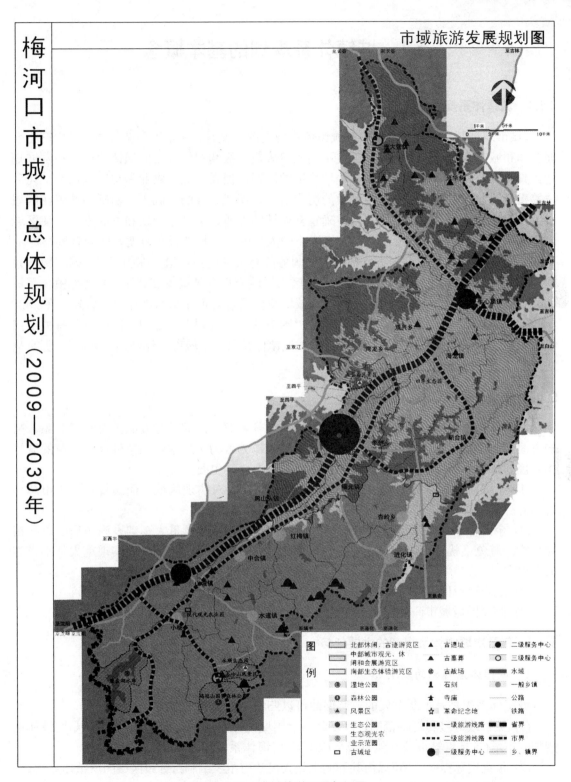

图 5.10 市域旅游发展规划图

5.1 城镇体系规划的基本概念

5.1.1 城镇体系规划的地位

《城市规划基本术语标准》中对城镇体系规划的定义是，一定区域范围内，以生产力合理布局和城镇职能分工为依据，确定不同人口规模等级和职能分工的城镇的分布和发展规划。具体说，城镇体系规划是根据地域分工的原则，根据工业、农业和交通运输及文化科技等事业的发展需要，在分析各城镇的历史沿革、现状条件的基础上，明确各城镇在区域城镇体系中的地位和分工协作关系，确定其城镇的性质、类型、级别和发展方向，使区域内各城镇形成一个既明确分工，又有机联系的大、中、小相结合和协调发展的有机结构。

2005年国务院城乡规划主管部门会同国务院有关部门首次组织编制了《全国城镇体系规划(2005—2020年)》。同时，各省、自治区人民政府根据《城乡规划法》和《城镇体系规划编制审批办法》的规定，组织编制的省域城镇体系规划也在全面进行中。另外，在2008年开始实施的《城乡规划法》中明确规定"国务院城乡规划主管部门会同国务院有关部门组织编制全国城镇体系规划，用于指导省域城镇体系规划、城市总体规划的编制"，更是从法律上明确了城镇体系的地位。

5.1.2 城镇体系规划的主要作用

城镇体系规划一方面需要合理地解决体系内部各要素之间的相互联系及相互关系，另一方面又需要协调体系与外部环境之间的关系。作为致力于追求体系整体最佳效益的城镇体系规划，其作用主要体现在区域统筹协调发展上。其主要作用如下。

(1) 指导总体规划的编制，发挥上下衔接的功能，对实现区域层面的规划与城市总体规划的有效衔接意义重大。

(2) 全面考察区域发展态势，发挥对重大开发建设项目及重大基础设施布局的总和指导功能。避免"就城市论城市"的思想，从区域整体效益最优化的角度实现重大基础设施的合理布局。

(3) 综合评价区域发展基础，发挥资源保护和利用的统筹功能。

(4) 协调区域城市间的发展，促进城市之间形成有序竞争与合作的关系。

5.1.3 各层次城镇体系规划的主要任务

1. 城镇体系规划的层次

城镇体系规划是不断发展的，其层面可以归纳为以下几个方面。

(1) 按行政等级和管辖范围，可以分为全国城镇体系规划、省域(或自治区域)城镇体系规划、市域(包括直辖市及其他市级形成单元)城镇体系规划等。

(2) 根据实际需要，还可以由共同的上级人民政府组织编制跨行政区域的城镇体系规划。

(3) 随着城镇体系规划实践的发展，在一些地区也出现了衍生型城镇体系规划类型，如都市圈规划、城镇群规划等。

2. 城镇体系规划的主要任务

根据《城乡规划法》及《城市规划编制办法》的规定，全国城镇体系规划用于指导省域城镇体系规划；全国城镇体系规划和省域城镇体系规划是城市总体规划编制的法定依据。市域城镇体系规划则作为城市总体规划的一部分，为下层面各城镇总体规划的编制提供区域性依据，其重点是"从区域经济社会发展的角度研究城市定位和发展战略，按照人口与产业、就业岗位的协调发展要求，控制人口规模，提高人口素质，按照有效配置公共资源，改善人居环境的要求，充分发挥中心城市的辐射和带动作用，合理确定城乡空间布局，促进区域经济社会全面、协调和可持续发展"。

5.2 城镇体系规划的编制内容与程序

5.2.1 城镇体系规划编制的原则

城镇体系规划是一个综合的多目标的规划。在规划过程中应贯彻以空间整体协调发展为重点，促进社会、经济、环境的持续协调发展的原则，统筹兼顾以下原则：因地制宜的原则；经济社会发展与城镇化战略互相促进的原则；区域空间整体协调发展的原则；可持续发展的原则。

5.2.2 各层次城镇体系规划的编制内容

1. 全国城镇体系规划编制的主要内容

全国城镇体系规划是统筹安排全国城镇发展和城镇空间布局的宏观性、战略性法定规划，是国家制定城镇化政策、引导城镇化健康发展的重要依据，也是编制、审批省域城镇体系规划和城市总体规划的依据，有利于加强政府对城镇发展的宏观调控。

全国城镇规划体系的主要内容如下。

(1) 明确国家城镇化的总体战略与分期目标。根据不同发展时期，制定相应的城镇化发展目标和空间发展重点。

(2) 确立国家城镇化的道路与差别化战略。从多种资源环境要素的适宜性承载程度来分析城镇发展的可能，提出了不同区域差别化的城镇化战略。

(3) 规划全国城镇体系的总体空间格局。构筑全国城镇空间发展的总体格局，分省区或分大区域提出差别化的空间发展指引和控制要求，对全国不同等级的城镇与乡村空间重组提出引导。

(4) 构架全国重大基础设施支撑系统。根据城镇化总体目标，对交通、能源、环境等制约城镇发展的基础条件进行规划。

(5) 特定与重点地区的规划。

2. 省域城镇体系规划编制的主要内容

省域城镇体系规划是各省、自治区经济社会发展目标和发展战略的重要组成部分，引导区域城镇化和城市合理发展，对省域内各城市总体规划的编制具有重要的指导作用。

1) 编制省域城镇体系规划的原则

(1) 符合全国城镇体系规划，与全国城市发展政策相符，与国土规划、土地利用总体规划等其他相关法定规划相协调。

(2) 协调区域内各城市在城市规模、发展方向及基础设施布局等方面的矛盾，有利于城乡之间、产业之间的协调发展，避免重复建设。

(3) 体现国家关于可持续发展的战略要求，充分考虑水、土地资源和环境的制约因素和保护耕地的方针。

(4) 与周边省(区、市)的发展相协调。

2) 省域城镇体系规划的核心内容

(1) 制定全省(自治区)城镇化和城镇发展战略，包括确定城镇化方针和目标，确定城市发展与布局战略。

(2) 确立区域城镇发展用地规模的控制目标。

(3) 协调和部署影响省域城镇化与城市发展的全局性和整体性事项。

(4) 确立乡村地区非农业产业布局和居民点建设的原则。

(5) 确立区域开发管制区划。

(6) 按照规划提出的城镇化、城镇发展战略和整体部署，充分利用产业政策、税收和金融政策、土地开发政策等手段，制定相应的调控政策和措施，引导人口有序流动，促进经济活动和建设活动健康、合理、有序地发展。

3. 市域城镇体系规划编制的主要内容

编制市域城镇体系规划的目的主要是贯彻落实城镇化和城镇现代化发展战略，确定与市域社会经济发展相协调的城镇化发展途径和城镇体系网络；明确市域及各级城镇功能，优化产业结构和布局，对开发建设活动提出鼓励或限制措施；统筹安排和合理布局基础设施，实现区域基础设施的互利共享和有效利用；通过不同空间职能的分类和管制要求，优化空间布局结构，协调城乡发展，促进各类用地的空间聚集。市域城镇体系规划应当包括以下内容。

(1) 提出市域城乡统筹的发展战略。

(2) 确定生态环境、土地、水资源、能源、自然和历史文化遗产等方面的保护与利用的综合目标和要求，提出空间管制原则和措施。

(3) 预测市域总人口及城镇化水平，确定各城镇人口规模、职能分工、空间布局和建设标准。

(4) 提出重点城镇的发展定位、用地规模和建设用地控制范围。

(5) 确定市域交通发展策略、原则，确定市域交通、通信、能源、供水、排水、防洪、垃圾处理等重大基础设施，重要社会服务设施布局。

(6) 在城市管辖范围内，根据城市建设发展和资源管理的需要划定城乡规划区。

(7) 提出实施规划的措施和有关建议。

4. 城镇体系规划的强制性内容

(1) 区域内必须控制开发的区域，包括自然保护区、退耕还林(草)地区、大型湖泊、水源保护区、分滞洪地区、基本农田保护区、地下矿产资源分布地区及其他生态敏感区等。

(2) 区域内的区域性重大基础设施的布局，包括高速公路、干线公路、铁路、港口、机场、区域性电厂和高压输电网、天然气门站、天然气主干管、区域性防洪、滞洪骨干工程、水利枢纽工程、区域引水工程等。

(3) 涉及相邻城市、地区的重大基础设施布局，包括取水口、污水排放口、垃圾处理厂等。

【参考视频】

5.2.3 城镇体系规划的编制程序

城镇体系的编制与审批可以分为两种情况：一是配合城市总体规划的编制，即包括在城市总体规划中；二是单独编制的城镇体系规划，此种情况在内容与深度上都比前一种情况具有突破。但是两种情况的编制与审批程序如下。

(1) 组织编制机关对现有城镇体系规划实施情况进行评估，对原规划的实施情况进行总结，并向审批机关提出修编的申请报告。

(2) 经审批机关批准同意修编，开展规划编制的组织工作。

(3) 组织编制机关委托具有相应资质等级的单位承担具体编制工作。

(4) 规划草案公告30日以上，组织编制单位采取论证会、听证会或者其他方式征求专家和公共的意见。

(5) 规划方案的修改完善。

(6) 在政府审查基础上，报请本级人民代表大会常务委员会审议。

(7) 报上一级人民政府审批。

(8) 审批机关组织专家和有关部门进行审查。

(9) 组织编制机关及时公布经依法批准的城镇体系规划。

具体参见《城乡规划法》第十二条、第十三条、第十六条、第二十六条。

5.3 城镇体系规划实例

【参考案例】

城镇体系规划配合城市总体规划的编制，是城镇体系规划最常见的编制形式。城镇体系规划的编制成果由说明书、文本、资料汇编及图纸组成。

说明书是城镇体系规划成果的核心内容，其他部分都是围绕其展开的：文本是说明书中规划部分的法律规定；资料汇编是前期分析的资料综合；图纸是说明书的图面表达。本部分主要列举六安市市域城镇体系规划的部分图纸[本章中所涉及图片均来自《安徽省六安市城市总体规划(2008—2030)》]，以了解城镇体系编制的一般性内容。

【案例背景】

六安市位于安徽省西部，大别山北麓，俗称"皖西"。六安东邻省会合肥，北接阜阳和淮南，南靠安庆和湖北黄冈，西交河南信阳，地理位置为东经 115°20′—117°14′、北纬 31°01′—32°40′。

5.3.1 区位分析图

【对应图集】

图 5.11 主要反映的是城市(镇)在大区域、省(市)域环境中的交通、经济等方面的联系性。这是确定城市空间发展模式和发展方向的重要依托，也是城市定位的重要依据。

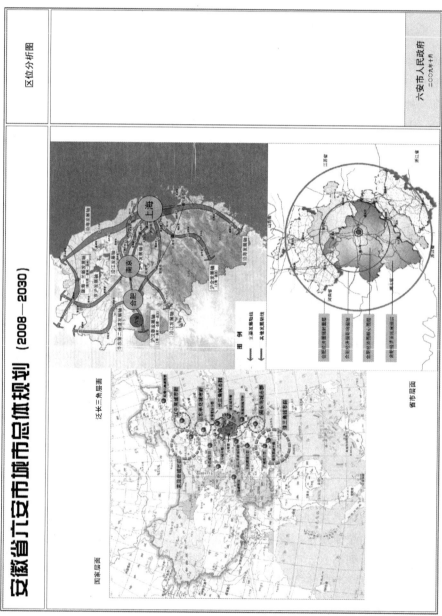

图 5.11 区位分析图

5.3.2 城镇体系现状图

图 5.12 中主要反映城市内各城镇、乡的基本状况(如人口规模、人口密度、经济地位及建制情况等)。

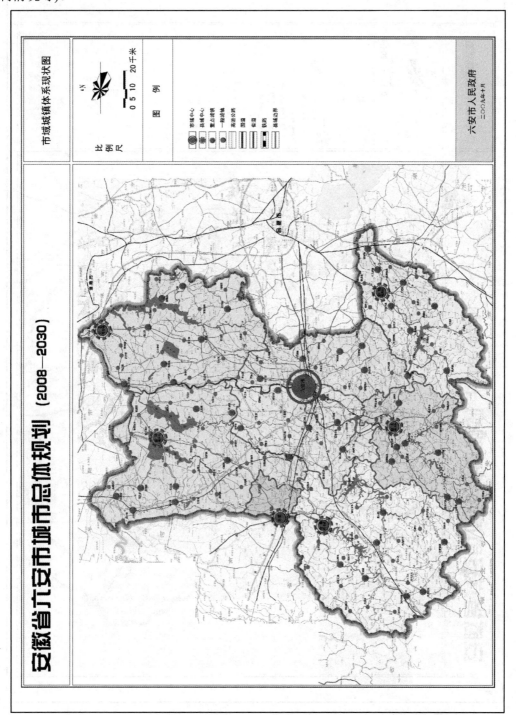

图 5.12 市域城镇体系现状图

其中图纸的具体情况和数量要根据实际情况的不同确定,如本案例中根据六安市的具体地理位置和区位增补了图 5.13 市域综合交通现状图和图 5.14 市域基础设施现状图,进一步阐明六安市交通区位的重要性和现状基础设施的建设情况。

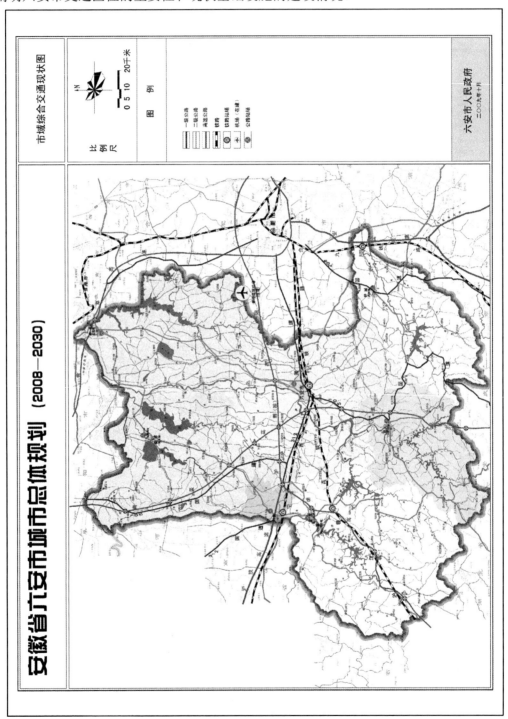

图 5.13 市域综合交通现状图

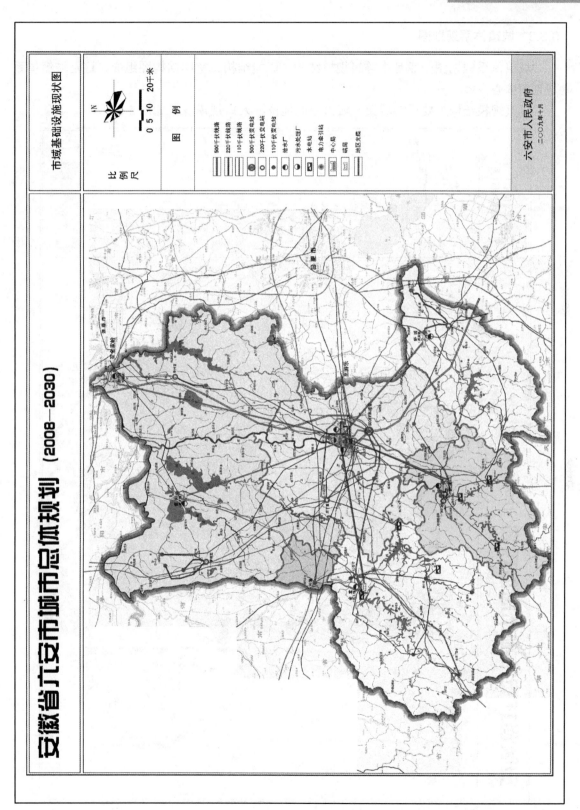

图 5.14 市域基础设施现状图

5.3.3 城镇体系规划图

城镇体系规划图一般是由等级规模结构、职能结构、空间结构图组成。这是城镇体系规划的核心内容。

等级规模结构主要反映城镇在城市中的地位、人口规模等，如图 5.15 所示。

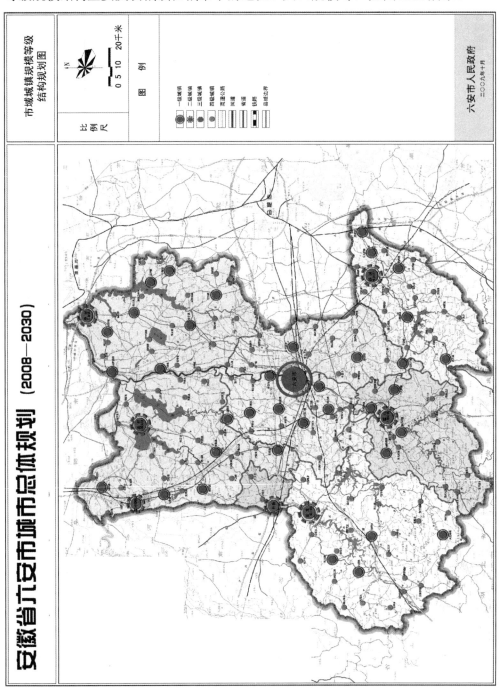

图 5.15 市域城镇规模等级结构规划图

城镇体系规划的等级规模结构的确定应建立在现状城镇规模及分布的基础上，通过城镇人口规模变动趋势和相对地位的变化分析，以及确定规划期内可能出现的新城镇和乡改镇，对新老城镇做出规模预测，制定出合理的城镇等级规模结构。城镇规模发展及各个城镇在规模和数量上的组合，首先取决于区域城市化进程的速度、分布及差异，其次受各个城镇职能结构发展条件的影响和制约。因此城镇体系的规模等级结构必须建立在地域城镇化水平的预测及各个城镇合理发展规模预测的基础之上。

职能结构主要反映各城镇在城市中的性质，即确定城镇的主导产业。城镇职能结构的规划首先要建立在现状城镇职能分析的基础上。通常情况下，可以收集区域内各个城镇经济结构的统计资料，通过定量和定性相结合的分析，明确各城镇之间职能的相似性和差异性，实现城镇的职能分类。另外，对重点城镇还应该具体确定其规划性质，其表述不宜过于简单抽象，力求把它们的主要职能特征准确表达出来，使城市总体规划的编制有所依循。

空间结构主要反映各个城镇在地域空间中的位置分布、组合形式及城市发展轴线、发展方向等，如图 5.16 所示。它是职能类型结构和规模等级结构在区域内的空间组合和表现形式。它将不同职能和规模的城镇落实到空间，综合考虑城镇与城镇之间、城镇与交通网之间、城镇与区域之间的合理结合，重点设计区域不同等级的城镇发展轴线(或走廊)。

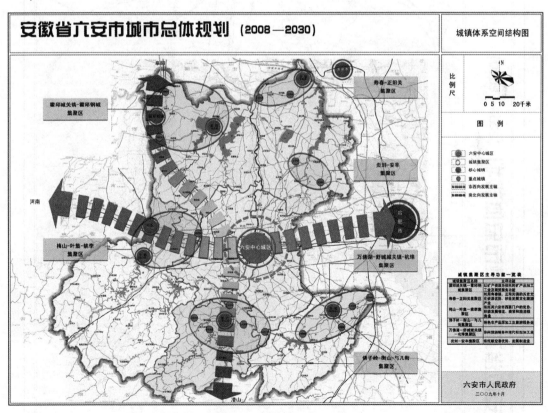

图 5.16 城镇体系空间结构图

5.3.4 市域基础设施和社会服务设施规划图

市域基础设施是区域和城镇赖以生存和发展的基础条件，包括区域交通运输、水资源、给水排水、电力供应、邮电通信及区域防灾等，如图 5.17 和图 5.18 所示。

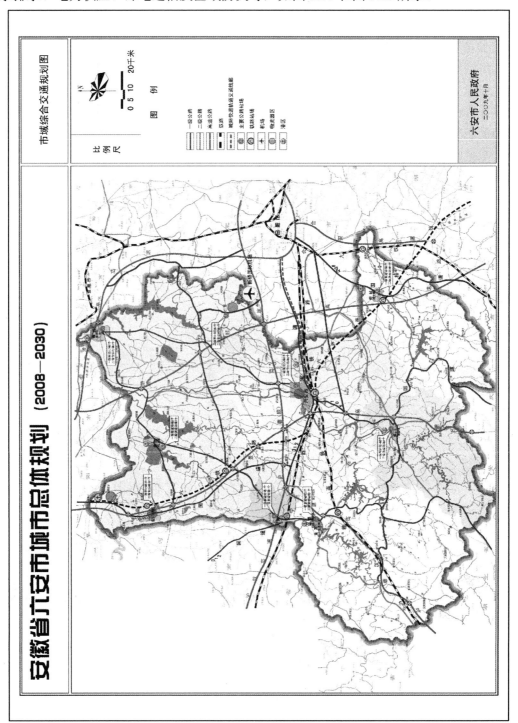

图 5.17 市域综合交通规划图

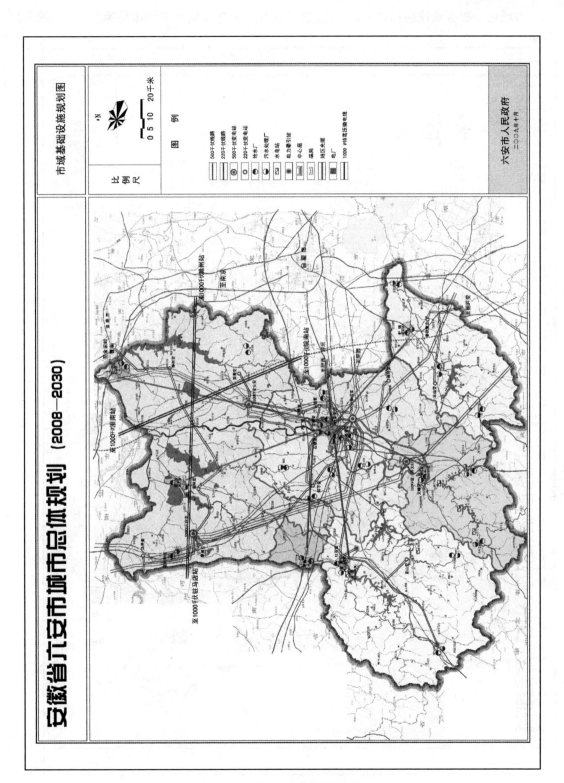

图 5.18 市域基础设施规划图

市域社会服务设施包括教育、文化、医疗卫生、体育设施及市场体系等内容，如图5.19所示。

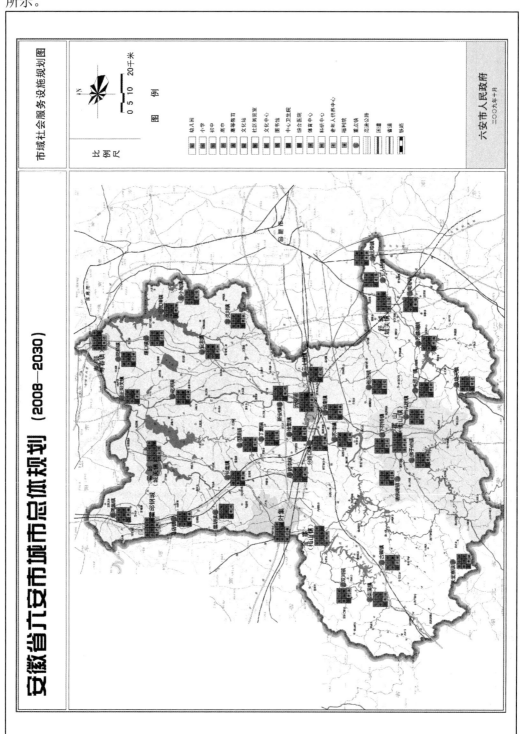

图 5.19　市域社会服务设施规划图

5.3.5 市域空间管制规划图

根据城市空间格局、资源环境的特点，对城市用地与空间资源进行分区管制，按照各区担负的主要功能，一般将城市用地划分为生态保护区、历史文物保护区、区域性交通通道及重大市政基础设施用地等空间管制区域。针对各区提出适宜建设、限制建设和禁止建设等相应的空间管制措施和要求，尤其是对脆弱的资源保护明确提出强制性的管制规定，如图 5.20 所示。

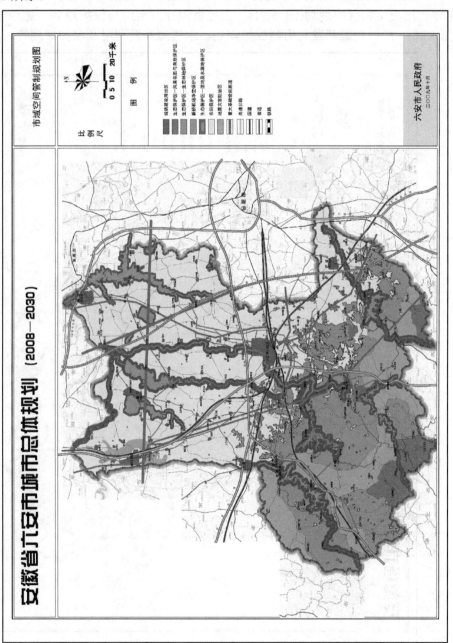

图 5.20　市域空间管制规划图

5.3.6 资源开发利用与保护规划图

【参考视频】

城市的发展离不开城市的资源，同时，城市的发展和各种社会、经济、文化活动的存在又会直接影响到城市资源的质量与总量。良性的资源开发利用是保障城市持续发展的必要条件。城镇体系规划中确定的资源开发利用与保护的原则和措施为城乡规划和资源开发利用的专项规划的编制提供了依据。

一般情况下，市域资源开发利用与保护规划一般包括环境保护与生态建设保护规划、历史文物保护规划(图 5.21)、土地资源开发利用与保护规划、旅游发展规划(图 5.22)、矿产资源开发利用与保护规划、水资源开发利用及保护规划等。

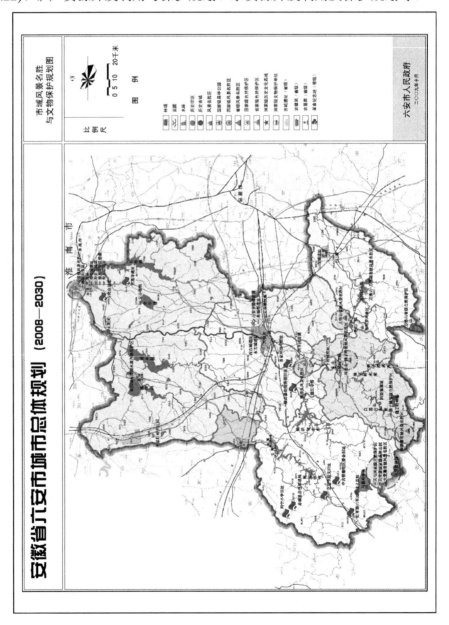

图 5.21 市域风景名胜与文物保护规划图

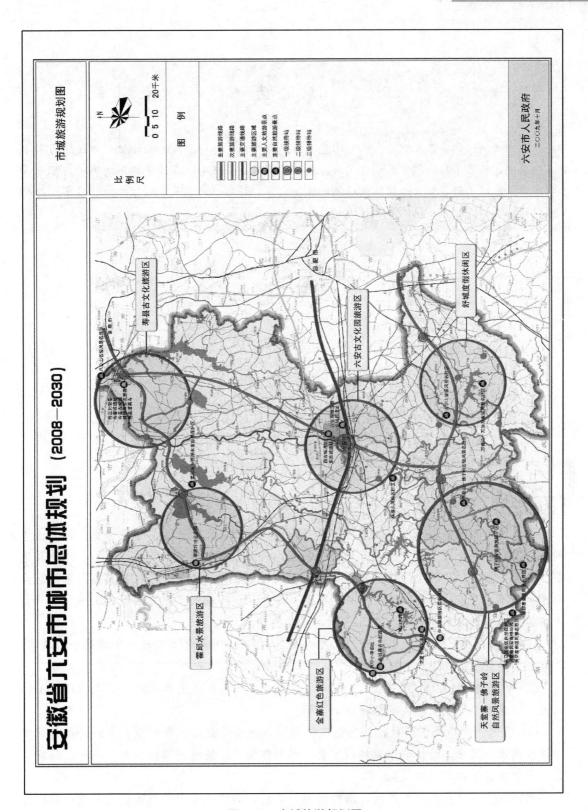

图 5.22 市域旅游规划图

小　结

本章由城镇体系基本概念、编制内容与程序及实例三部分组成。在城镇体系规划的基本概念中，应该掌握城镇体系的含义、地位、作用及主要任务；在城镇体系的编制内容与程序中，应该了解各层次城镇体系规划的主要内容、强制性内容及一般性的审批程序；并通过列举实例，理解城镇体系规划的编制过程与主要内容。

习　题

1. 城镇体系规划的概念是什么？
2. 城镇体系规划的主要作用有哪些？
3. 简述城镇体系规划的层次。
4. 市域城镇体系规划有哪些编制内容？
5. 简述城镇体系规划的强制性内容。
6. 城镇体系规划的审批程序有哪些？

【能力拓展】

某市位于我国南部沿海丘陵地区，盛产水果、海产品，风景旅游资源丰富，部分山体列入国家自然保护区。东湾为水产资源保护区，沿海分布大量的红树林、湿地、沙滩及礁石。外商根据东、西两个海湾均具有建深水港的良好条件和市场、区位等其他因素的综合考虑，计划在该市投巨资兴建大型石化项目。据此，该市编制了以发展石化工业和旅游业为主的市域城镇体系规划，如图 5.23 所示，其要点如下。

(1) 等级结构：分为 A、B、C、D 共 4 级。A 为市域中心城市；B 为市域副中心城市；C 为重点发展城镇；D 为一般城镇。

(2) 职能结构：C1、C2、C3、C4、C5 以发展石化工业为主要职能；D13、D14、D15 以发展旅游业为主要职能；其他均为综合职能。

(3) 交通：考虑到东湾现状基础设施和城镇依托条件较好，规划拟在东湾进行局部填海建设深水港码头。为促进市域协调发展，规划建设环状高速公路网和若干条一、二级公路，以加强各城镇之间的联系。

根据以上说明及规划示意图，请指出港口选址、石化工业布局及高速公路选线存在什么问题，并说明主要理由和提出改进意见。

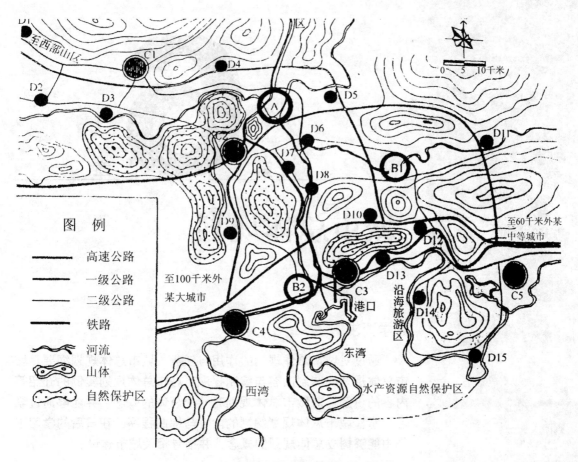

图 5.23 某市市域城镇体系规划示意图

第6章

城市总体规划

教学要求

通过对城市总体规划的作用与任务、城市总体规划纲要、城市总体规划的编制内容与编制程序、城市总体规划实例的介绍等内容的讲解，对城市总体规划有一个总体的概念，并能够通过学习，掌握城市总体规划编制的内容与编制程序，在日后的学习工作中能够树立总体规划的概念，并指导相关城市建设。

教学目标

能力目标	知识要点	权重
了解城市总体规划的作用与任务	城市总体规划的作用与任务	15%
熟悉城市总体规划纲要	城市总体规划纲要的内容、编制、作用	20%
掌握城市总体规划的编制内容及强制性内容	城市总体规划的编制内容、强制性内容	20%
熟悉城市总体规划的编制程序	城市总体规划的编制程序、方法	30%
熟悉城市总体规划的调整与修改	城市总体规划的调整与修改	15%

第6章 城市总体规划

 章节导读

城市总体规划是为一个城市设计美好的未来,给城市一个准确的定位、一个正确的发展方向,注重个性张扬,是一个城市建设发展的美好蓝图。

城市总体规划是指城市人民政府依据国民经济和社会发展规划,以及当地的自然环境、资源条件、历史情况、现状特点,统筹兼顾、综合部署,为确定城市的规模和发展方向,实现城市的经济和社会发展目标,合理利用城市土地,协调城市空间布局等所做的一定期限内的综合部署和具体安排。城市总体规划是城乡规划编制工作的第一阶段,也是城市建设和管理的依据。

城市总体规划要因地制宜、合理地安排和组织城市各建设项目,采取适当的城市布局结构,并落实到土地的划分上;要妥善处理中心城市与周围地区及城镇、生产与生活、局部与整体、新建与改建、当前与长远、平时与战时、需要与可能等关系,使城市建设与社会经济的发展方向、步骤、内容相协调,以取得经济效益、社会效益和环境效益的统一;要注意城市景观的布局,体现城市特色。

6.1 城市总体规划的作用与任务

6.1.1 城市总体规划的作用

城市总体规划是指导与调控城市发展建设的重要手段。经法定程序批准的城市总体规划是编制城市近期建设规划、详细规划、专项规划和实施城乡规划行政管理的法定依据。同时,城市总体规划是引导和调控城市建设,保护和管理城市空间资源的重要依据和手段,也是城乡规划参与城市综合型战略部署的工作平台。

6.1.2 城市总体规划的任务

城市总体规划的期限一般为20年,同时应当对城市远景发展做出轮廓性的规划安排。近期建设规划是总体规划的一个组成部分,应当对城市近期的发展布局和主要建设项目做出安排,近期建设规划期限一般为5年。建制镇总体规划的期限可以为10~20年,近期建设规划可以为3~5年。其主要任务包括以下方面。

(1) 根据城市经济社会发展需求和人口、资源情况及环境承载能力,合理确定城市的性质、规模。

(2) 综合确定土地、水、能源等各类资源的使用标准和控制指标,节约和集约利用资源。

(3) 划定禁止建设区、限制区和适宜建设区,统筹安排城乡各类建设用地。

(4) 合理配置城乡各项基础设施和公共服务设施,完善城市功能。

(5) 贯彻公交优先原则,提升城市综合交通服务水平。

(6) 健全城市综合防灾体系,保证城市安全。

(7) 保护自然生态环境和整体景观风貌。

(8) 保护历史文化资源，延续城市历史文脉。
(9) 合理确定分阶段发展方向、目标、重点和时序，促进城市健康有序发展。

6.2 城市总体规划纲要

　　城市总体规划应根据城市经济、社会发展规划纲要，将其战略目标在城市物质空间上加以落实、具体化。为了使两者更好地衔接，在城市总体规划具体方案着手之前，先制定城乡规划纲要。

　　城乡规划纲要的任务是研究确立总体规划的重大原则，结合城市的经济、社会发展长远规划、国土规划、土地利用总体规划、区域规划，根据当地的自然、历史、现状情况，确立城市化地域发展的战略部署。规划纲要经城市人民政府同意后，作为编制城乡规划的依据。

　　城乡规划纲要有以下主要内容。
(1) 论证城市国民经济发展条件，确定城市发展目标。
(2) 论证城市在区域中的地位，确定市(县)域城镇体系的结构与布局。
(3) 确定城市性质、规模、总体布局，选择城市发展用地，提出城乡规划区范围的初步意见。
(4) 研究确定城市能源、交通、供水等城市基础设施开发建设的重大原则问题。
(5) 实施城乡规划的重要措施。

　　城市总体规划纲要是一项承上启下的重要工作。实际上就是将上层次各种有关的战略研究成果，根据城市总体规划的任务，将有关的内容进行综合，以指导城市总体规划工作。显然，城市总体规划纲要是城市建设战略性的规划构想。当然，由于城市经济社会发展规划、国土规划、区域规划、土地总体规划、城镇体系规划等不一定在时间上能与总体规划工作紧密地衔接，甚至由于这些工作目前还没能像城乡规划那样有法定的编制程序和要求，可能还无法得到这些方面的规划资料，因此，城乡规划者就难免多做一些工作，必须认真做好研究制定规划纲要的工作。

　　在规划纲要阶段，除了研究确定城市的性质、规模之外，对可能产生的多个战略方案也应加以研究分析，诸如城市发展的方向、空间布局结构及在时序关系上提出战略部署，如空间结构集中式，或组团式，或先集中后分散的战略、先开发新区后改造旧区的战略、先向某方向发展后再向什么方向发展等。因此规划纲要成果以文字为主，辅以必要的城市发展示意性图纸，比例一般为(1∶50 000)~(1∶25 000)。

6.3 城市总体规划的编制内容与编制程序

6.3.1 城市总体规划的编制内容

1. 城市总体规划的基本内容

(1) 设市城市应当编制市域城镇体系规划，县(自治县、旗)人民政府所在地的镇应当编制县域城镇体系规划。市域和县域城镇体系规划的内容包括：分析区域发展条件和因素，提出区域城镇发展战略，确定资源开发、产业配置和保护生态环境、历史文化遗产的综合目标；预测区域城镇化水平，调整现有城镇体系的规模结构、职能分工和空间布局，确定重点发展的城镇；原则确定区域交通、通信、能源、供水、排水、防洪等设施的布局；提出实施规划的措施和有关技术经济政策的建议。

(2) 确定城市性质和发展方向，划定城乡规划区范围。

(3) 提出规划期内城市人口及用地发展规模，确定城市建设与发展用地的空间布局、功能分区，以及市中心、区中心位置。

(4) 确定城市对外交通系统的布局，以及车站、铁路枢纽、港口、机场等主要交通设施的规模、位置，确定城市主、次干道系统的走向、断面、主要交叉口形式，确定主要广场、停车场的位置、容量。

(5) 综合协调并确定城市供水、排水、防洪、供电、通信、燃气、供热、消防、环卫等设施的发展目标和总体布局。

(6) 确定城市河湖水系的治理目标和总体布局，分配沿海、沿江岸线。

(7) 确定城市园林绿地系统的发展目标及总体布局。

(8) 确定城市环境保护目标，提出防治污染措施。

(9) 根据城市防灾要求，提出人防建设、抗震防灾规划目标和总体布局。

(10) 确定需要保护的风景名胜、文物古迹、传统街区，划定保护和控制范围，提出保护措施，历史文化名城要编制专门的保护规划。

(11) 确定旧区改建、用地调整的原则、方法和步骤，提出改善旧城区生产、生活环境的要求和措施。

(12) 综合协调市区与近郊区村庄、集镇的各项建设，统筹安排近郊区村庄、集镇的居住用地、公共服务设施、乡镇企业、基础设施和菜地、园地、牧草地、副食品基地，划定需要保留和控制的绿色空间。

(13) 进行综合技术经济论证，提出规划实施步骤、措施和方法的建议。

(14) 编制近期建设规划，确定近期建设目标、内容和实施部署。建制镇总体规划的内容可以根据其规模的实际需要适当简化。

城市总体规划的成果包括文件和图纸。

总体规划文件包括规划文本和附件，规划说明及基础资料收入附件。规划文本是对规划的各项目标和内容提出规定性要求的文件，规划说明是对规划文本的具体解释。

总体规划图纸包括市(县)域城镇布局现状图、城市现状图、用地评定图、市(县)域城镇体系规划图、城市总体规划图、道路交通规划图、各项规划图及近期建筑规划图。图纸比例：大、中城市为(1∶25 000)～(1∶10 000)，小城市为(1∶5 000)～(1∶1 000)，其中建制镇为1∶5 000；市(县)域城镇体系规划图的比例由编制部门根据实际需要确定。

2. 城市总体规划的强制性内容

(1) 城乡规划区范围。城乡规划区是指城市、镇和村庄的建成区，以及因城乡建设和发展需要，必须实行规划控制的区域。规划区的具体范围由有关人民政府在组织编制的城市总体规划、镇总体规划、乡规划和村庄规划中，根据城乡经济社会发展水平和统筹城乡发展的需要划定。

(2) 市域内应当控制开发的地域。包括基本农田保护区，自然保护区，风景名胜区，湿地、水源保护区和水系等生态敏感区，地下矿产资源分布地区等市域内必须严格控制的地域范围。

(3) 城市建设用地。包括规划期限内城市建设用地的发展规模，土地使用强度管制区划和相应的控制指标(建设用地面积、容积率、人口容量等)；城市各类绿地的具体布局；城市地下空间开发布局。

(4) 城市基础设施和公共服务设施。包括城市干道系统网络、城市轨道交通网络、交通枢纽布局；城市水源地及其保护区范围和其他重大市政基础设施；文化、教育、卫生、体育等方面主要公共服务设施的布局。

(5) 城市历史文化遗产保护。包括历史文化保护的具体控制指标和规定；历史文化街区、历史建筑、重要地下文物埋藏区的具体位置和界线。

(6) 生态环境保护与建设目标，污染控制与治理措施。

(7) 城市防灾工程。包括城市防洪标准、防洪堤走向；城市抗震与消防疏散通道；城市人防设施布局；地质灾害防护规定。

 知识链接

西方国家的城市总体规划

20 世纪 60 年代以来，西方国家的城市总体规划内容侧重于研究城市发展的战略性的原则问题，并对此做出长远性、轮廓性安排，另以分区规划指导局部的具体的建设。例如，英国自 20 世纪 60 年代后期起，以结构规划与局部规划代替传统的总体规划；美国在 60 年代后采用综合规划。这些规划主要是规定城市发展的目标和达到目标所采取的方针政策与途径，包含社会、经济、建设、环境等方面的内容，并以"区划"来指导土地使用。德国从 1976 年起则采用战略性的城市发展规划和较为具体的建设指导规划(包括城市土地利用规划和分区建设规划)相结合的规划体系。在方法上，系统工程等现代科学技术方法已开始应用于城市总体规划工作。

6.3.2 城市总体规划的编制程序和方法

根据我国有关规定，为使城乡规划编制工作有所依据，城市政府部门应先提出城市总体规划纲要，就城市性质、规模、发展方向、布局结构、规划标准、各项工程系统的规划等重大问题提出原则意见，再据以编制城市总体规划。

1. 资料调查

城市总体规划需要搜集、调查的主要基础资料：①城市的自然条件和历史资料，如地形、气象、水文、地质、地震、城市历史沿革等资料；②技术经济资料，如矿藏、水资源、燃料动力资源、农副产品等资料，城市人口资料，土地利用情况，工矿企业、对外交通运输、文化、教育、科学研究、卫生、金融、商业服务业等部门的现状和发展资料；③城市现有建筑物和工程设施、园林绿地、名胜古迹等资料；④城市环境及其他资料，如环境监测成果，废气、废水、废渣、城市垃圾等其他影响环境的因素(放射性污染、噪声、振动等)，地方病及其他有害居民健康的环境资料等。

2. 方案比较

在研究论证城市发展依据和选用适宜的各项城乡规划定额指标的基础上，从城市与区域的有机联系、城市干道系统和空间布局的协调合理等方面着手，结合工程系统和环境保护等方面的因素，对城市总体布局进行多方案的比较，以便就经济效益、社会效益和环境效益做出综合评价，选择符合实际条件的最优方案。

3. 征询意见

在编制规划过程中，可采取调查会、展览会、评议会等形式听取人民群众、专家和有关部门的意见，作为抉择的参考。

4. 审批

按照我国的有关规定，城市总体规划编制完成后，在上报审批之前，必须提请同级人民代表大会或其常务委员会审议通过。城市总体规划实行分级审批：直辖市的总体规划由直辖市人民政府报国务院审批；省和自治区人民政府所在地的城市，以及人口在 100 万人以上的城市的总体规划，由所在省、自治区人民政府审查同意后，报国务院审批；其他城市的总体规划，由所在省、自治区人民政府审批；市辖的县城、镇的总体规划，报市人民政府审批。城市总体规划一经批准，任何单位或个人不得任意改变。如确需修改，应报请原审批机关同意。

6.3.3 城市总体规划的调整和修改

城市总体规划的调整，是指城市人民政府根据城市经济建设和社会发展情况，按照实际需要对已经批准的总体规划做局部性变更。例如，由于城市人口规模的变更需要适当扩大城市用地，某些用地的功能或道路宽度、走向等在不违背总体布局基本原则的前提下进行调整，对近期建设规划的内容和开发程序的调整等。局部调整的决定由城市人民政府做出，并报同级人民代表大会常务委员会和原批准机关备案。

【参考案例】

城市总体规划的修改，是指城市人民政府在实施总体规划的过程中，发现总体规划的某些基本原则和框架已经不能适应城市经济建设和社会发展的要求，必须做出重大变更。例如，由于产业结构的重大调整或经济社会发展方向的重大变化造成城市性质的重大变更；由于城市机场、港口、铁路枢纽、大型工业等项目的调整或城市人口规模大幅度增长，造成城市空间发展方向和总体布局的重大变更等。修改城市总体规划由城市人民政府组织进行，并须经同级人民代表大会或其常务委员会审查同意后，报原批准机关审批。

6.4 城市总体规划实例

【参考案例】

以《梅河口市城市总体规划(2009—2030 年)》为例(中国城市规划设计研究院·梅河口市建设局·2011 年 4 月)。

6.4.1 梅河口市城市概况

1. 地貌特征

梅河口市地处长白山地向松辽平原过渡地带,属哈达岭与龙岗山脉之间,由于龙岗山脉呈北东、南西向逶迤,形成东北和西南两端稍高、中部较低的地形,地势由南向北逐渐倾斜,经过中部平原又逐渐升高。越往辉发河下游,河谷越宽、越平,形成辉发河冲积平原,呈低山、丘陵与台地,海拔高度300~900米,相对高度100~200米,西南方向最高峰为鸡冠砬子山,海拔969.1米,中部最低新河镇双胜村一统河口处300.4米。地貌表面呈半山、半丘陵地区。分出低山、台地、丘陵、河谷平原4种类型,这种地形有别于省内其他城市。境内南部和西南部为低山区,北部与东北部为丘陵区,中部为平原区。境内海拔超过400米的大山22座,500米以上的山3座,大山多分布于西南和北部,中部较少。境内主要名山有鸡冠砬子山、老虎顶子山、杏岭山、五奎顶子山。

2. 气候

梅河口市属中北温带大陆性季风气候区,冬冷夏热,雨热同季,四季分明。春季从3月中下旬起气候明显转暖,冷暖交替,多西南大风,是干燥季节;5月下旬以后雨量明显增加,是为夏季之始,7月气温最高,降雨最多,是为盛夏;8月下旬气温明显转凉,雨水相应减少,是为初秋,以及至9月温和晴朗,天高气爽,秋意盎然;11月起,大地封冻,常见积雪,北风频繁,至次年2月是漫长的冰封雪飘的严冬。气温差异不大,年平均气温5.1摄氏度,7月最暖,平均气温22.4摄氏度。1月最冷,平均气温-16.4摄氏度,极端最高气温36.1摄氏度,极端最低气温-38.4摄氏度。

按照地理纬度、海拔高度和地形,分3个不同的气候区;一区为中部温和沿河气候区,包括辉发河流域和一统河流域的各乡镇的一部或全部;二区为北部温和气候区,热量条件仅次于中部温和气候区;三区为西南部温凉气候半山区。

3. 水文

梅河口市境内共有大小河流50余条,均属辉发河水系。其中河长10千米以上的25条,5千米以上的31条。境内以辉发河流域为主。河流总长784.3千米,总流域面积2 174.6平方千米。

辉发河流域,主流辉发河,总流域面积14 830平方千米。梅河口市内10千米以上支流15条,流域内较大的白银河,发源于清源县水帘洞,总长为39.4千米,流域面积达513平方千米,平均坡降千分之一,于山城镇汇入辉发河。

一统河流域,主流一统河,是辉发河右岸较大的支流,发源于柳河县向阳乡金厂岭。全长147千米,境内流域面积1 464平方千米,与新河镇双胜村汇入辉发河,流域内10千米以上支流有咸水河、小杨树河。

大沙河流域,主流大沙河,是辉发河水系中辉发河左岸的较大支流,全流域面积为964平方千米。

4. 历史沿革

清初属盛京围场地，封禁达 200 余年，1878 年释禁；1880 年设抚民同知，1902 年升海龙府，1913 年改县。

1945 年东北光复建立人民政权后，属辽北省。1947 年，属辽宁省第四行政专员公署。1948 年属辽北省，1949 年属辽东省。

1954 年，划归吉林省，属通化行政专员公署。1985 年 2 月 4 日，国务院批准同意撤销海龙县，设立梅河口市(地级)，以原海龙县的行政区域为梅河口市的行政区域，并将通化地区的辉南、柳河两县划归梅河口市管辖。

1986 年梅河口市降格为县级市，由通化市代管，柳河、辉南两县随之划出，并撤销梅河、海龙两区。

5. 行政区划

梅河口市辖 13 个镇、7 个乡、5 个街道办事处、303 个行政村。

全市辖 5 个街道：新华街道、解放街道、和平街道、福民街道、光明街道。

13 个镇、6 个乡、1 个民族乡：山城镇、海龙镇、红梅镇、新合镇、曙光镇、中和镇、进化镇、一座营镇、水道镇、康大营镇、牛心顶镇、野猪河镇、黑山头镇、李炉乡、杏岭乡、双兴乡、兴华乡、吉乐乡、小杨满族朝鲜族乡、湾龙乡。

共有 27 个社区、303 个行政村。

6. 社会经济

梅河口市有汉族、满族、朝鲜族、回族、蒙古族等 15 个民族，2008 年梅河口市域户籍人口 62.3 万，其中户籍非农人口 26 万人；梅河口市总人口为 24 万人，其中城镇人口 23.1 万人。

2008 年梅河口市地区生产总值 135.2 亿元，其中第一产业为 14.9 亿元，第二产业为 61.2 亿元，第三产业 59.1 亿元。

6.4.2 梅河口市历次城市总体规划

梅河口市历史上经历过两次城市总体规划。

1. 1997 年版梅河口市总体规划

该规划很好地指导了"十一五"期间的城市建设，在此期间，梅河口市社会经济和城市建设取得了突飞猛进的发展，城市规模迅速扩张，市级中心区启动建设，城市绿化成就突出，基础设施水平极大改善，城市面貌得到巨大提升。在城市快速发展时期，大部分建设项目严格按总体规划实施，但也存在以下问题。

(1) 没有严格按市域城镇体系进行城镇职能分工和产业协调布局，造成中心城区工业比例偏小，外围比例高，同时，也存在各城镇产业布局雷同的现象。

(2) 中心城区工业集中区没有形成。

(3) 部分城市绿地、文教体育用地等公益性用地尚未形成。

(4) 人口增长慢，用地增长快。2005 年实际现状城市人口为 23.1 万人，规划 2005 年梅河口市区城市人口 24.8 万人；2005 年实际现状用地规模 21.1 平方千米，规划城市建设用地 18.8 平方千米。

2. 2005 年版梅河口市总体规划

本次规划内容基本延续了 1997 年版规划的主要内容。

以上两次规划所处的环境，正是东北经济体制转轨时期，东北地区的整体城市发展动力不足，导致城市发展相对缓慢。

另外，在 1997 年版《梅河口市城市总体规划(1997—2020 年)》的指导下，2005 年之后启动的河东新区政务、文化活动中心与河西老区商业中心的联系不甚紧密。

同时，两次规划均未考虑与周边地区城镇的协调发展，即缺少与东丰交界地区(环梅经济带)的协调规划思考。

6.4.3 《梅河口市城市总体规划(2009—2030 年)》的重点及依据

1. 修编重点

在 1997 年版规划实施评价的基础上，结合《吉林省城镇体系规划(2006—2020 年)》和《通化市城市总体规划》的要求，确定本次规划修编的重点内容，包括以下 7 个方面：①明确区域关系与定位；②合理组织区域交通和城市交通；③明确城乡统筹发展；④构建合理的空间结构；⑤营造城市新区空间特色；⑥合理布置大型公共设施；⑦确定产业园区的空间布局。

2. 规划依据

本次规划的依据为《中华人民共和国城乡规划法》(2008 年)、《城市规划编制办法》(建规[2005]146 号)、《吉林省城市规划条例》(2001 年)、《吉林省城镇体系规划(2006—2020 年)》《通化市城市总体规划(2009—2030 年)》《梅河口市国民经济和社会发展"十一五"规划》、国家、省、市相关的法律、法规、规章和规范性文件。

6.4.4 梅河口市规划期限与范围

1. 规划期限

近期为 2009—2015 年；中期为 2016—2020 年；远期为 2021—2030 年。

2. 规划范围与层次

规划包括城市市域、规划区和中心城区 3 个空间层次。
1) 市域
范围：为梅河口市市域行政辖区范围，包括梅河口市区及 19 个乡镇，规划总面积为 2 174.6 平方千米。
规划内容：市域城镇体系规划。
2) 规划区
范围：包括新华街道、解放街道、和平街道、福民街道、光明街道、湾龙乡 6 个村、李炉乡 7 个村、黑山头镇 7 个村及曙光镇 10 个村，以及海龙水源保护区，规划总面积为 253 平方千米。

规划内容：规划区范围界定与空间管制区划。

3) 中心城区

范围：包括城区 5 条街道，湾龙乡的莲荷村，李炉乡的凤城、邱凤、连山、李炉、三人班村，黑山头镇的丰收、建设、同心、幸福、团结村，以及曙光镇的张家、东太平、六八石、曙光、红星、莲花、永丰、汪家村。规划总面积为 157 平方千米。

规划内容：中心城区总体规划。

6.4.5 梅河口市的城市性质、职能与发展规模

1. 城市性质

沈阳、长吉都市圈交界的区域中心城市，吉林省南部重要的商贸物流中心，长白山门户地区健康产业基地。

2. 城市职能

(1) 长白山区综合性交通枢纽和门户职能。
(2) 东北地区专业市场及物流中心职能。
(3) 吉林省中南部区域性服务中心职能。
(4) 吉林省中南部健康产业基地职能。
(5) 市域公共行政管理中心、公共服务中心和信息服务中心职能。

3. 城市发展规模

1) 现状人口

现状中心城区范围包括新华、解放、和平、光明、福民 5 条街道。2008 年现状中心城区户籍人口 18.0 万人，其中非农户籍人口 15.6 万人。根据实地走访与资料分析，2008 年暂住一年以上的暂住人口为 5 万~6 万人，按照 6 万人进行计算。综合结论，2008 年梅河口现状中心城区总人口为 24.0 万人，其中城镇人口 23.1 万人，农村人口 0.9 万人(其中 1.5 万农业人口居住用地统计入城镇建设用地范围)。

2008 年梅河口中心城区总人口为 24 万人，其中户籍人口 18 万人(非农人口 15.6 万人)，暂住人口 6 万人。

现状建成区城镇人口 23.1 万人，农村人口 0.9 万人。

2) 人口规模预测

根据对规划区人口规模的预测结果，参考梅河口历史人口增长轨迹，每一次人口激增均与市域社会经济发展出现重大转型相关。规划期内，梅河口作为吉林省中南部的重要门户城市，将逐步由传统的交通型城镇点，向综合性的大中型城市转型，由此将会给梅河口带来较快的城市发展机遇。同时考虑到中心城区在规划期内仍作为市域主要的增长极核，将会有进一步的人口集聚可能。据此对梅河口中心城区及相关城镇点进行人口规模控制。

到 2015 年，中心城区人口规模 29 万人，城市建设用地 30 平方千米；到 2020 年，中心城区人口规模为 32 万~35 万人，城市建设用地为 34 平方千米；到 2030 年，中心城区

人口规模为 47 万～52 万人，城市建设用地总规模约为 48 平方千米，平均每年约增加 1.1 平方千米。

中心城区与规划区内其他乡镇城镇人口规模控制见表 6-1。

表 6-1　中心城区与规划区内其他乡镇城镇人口规模控制

项　目		年　份			
		2008 年	2015 年	2020 年	2030 年
规划区/万人		28	34	37～41	52～59
中心城区/万人		24	29	32～35	47～52
比重	中心城区	85.7%	85.3%	86%	90%
	其他城镇	1.0%	2.4%	3%	5%
	农村	13.3%	12.3%	11%	5%

结论：2015 年梅河口中心城区人口规模为 29 万人，2020 年为 32 万～35 万人，2030 年为 47 万～52 万人。

用地规模预测见表 6-2。

表 6-2　梅河口中心城区规划建设用地平衡表

序号	用地代号	用地性质		用地面积/公顷	占城市建设用地比重	人均用地面积/(平方米/人)
1	R	居住用地		1 210.32	25.01%	25.22
2	C	公共设施用地		575.03	11.88%	11.98
		其中	行政办公用地	33.11	0.68%	0.69
			商业金融业用地	339.93	7.03%	7.08
			文化娱乐用地	39.21	0.81%	0.82
			体育用地	30.68	0.63%	0.64
			医疗卫生用地	33.90	0.70%	0.71
			教育科研用地	79.45	1.64%	1.66
			文物古迹用地	1.82	0.04%	0.04
			其他公共设施	16.93	0.35%	0.35
3	M	工业用地		1 090.99	22.55%	22.73
4	W	仓储用地		125.93	2.60%	2.62
5	T	对外交通用地		274.49	5.67%	5.72
6	S	道路广场用地		675.08	13.95%	14.06
7	U	市政公用设施用地		131.82	2.72%	2.75
8	G	公共绿地		576.22	11.91%	12.00
		防护绿地		125.50	2.59%	2.61
9	D	特殊用地		53.48	1.11%	1.11
	合计	城市建设用地		4 838.86	100%	100.81

注：2030 年梅河口市建成区城镇人口按 48 万人计。

本规划是 2009 年制定的，执行的是《城市用地分类与规划建设用地标准》(GBJ 137—1990)，而自 2012 年 1 月 1 日起实施新版《城市用地分类与规划建设用地标准》编号为 GB 50137—2011，用地代码内容略有调整，如将公共设施用地(代码 C)分为公共管理与公共服务用地(代码 A)和商业服务业设施用地(代码 B)等，但基本规划原理相同，请留意。

6.4.6 梅河口市中心城区总体规划

梅河口市中心城区被铁路与河流分割成四大片区，其中铁西片区、中心片区、富民片区分布在铁路两侧，河东片区位于辉发河东侧，如图6.1和图6.2所示。

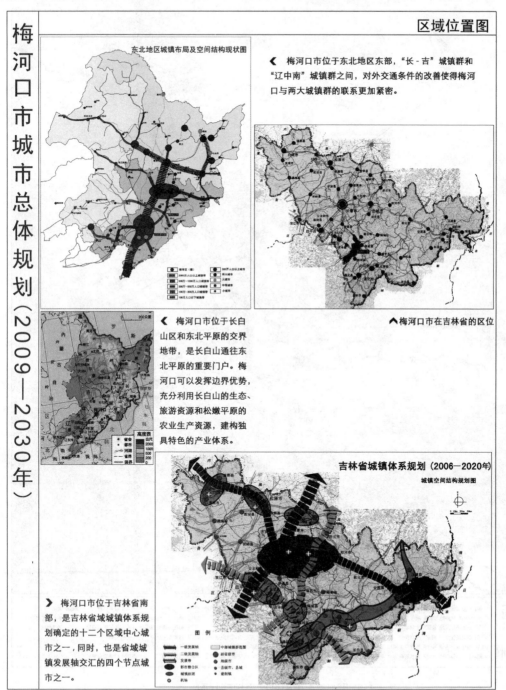

图 6.1 区域位置图

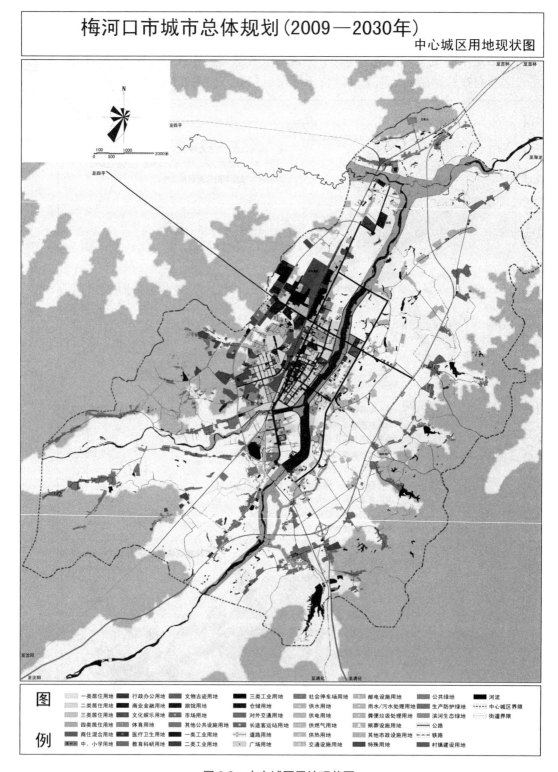

图 6.2 中心城区用地现状图

1. 总体布局

1) 强化"一河两岸"布局,构建新、老城良性关系

在初步形成的"一河两岸"布局基础上,强化城市新区的建设,拉开城市框架,保持两岸功能的相对完整,形成不同的特色,同时保持有机的道路交通、用地功能等方面的联系。

2) 构建城市公共服务中心的级配体系

规划形成三层级的公共服务中心布局结构,第一层级,即依托站前商业街地区的商业中心,以河东新区的政务中心为基础,拓展城市公共服务职能,构建市级综合公共服务中心;第二层级,即片区级公共中心;第三层级,即社区级公共中心,重点强化社区级设施建设。

3) 构建辉发河河东新区绿地水网公共空间体系

依托梅河口的"水稻田种植文化"在城市新区建设过程中找到城市的个性、灵魂和理念,塑造"城水相依"的关系。

在城市新区的片区间、片区内保持必要的公共绿化带,形成"绿地成网"的绿地系统格局。

4) 产业两翼布局,破解工业包围城市的格局

商贸产业和综合工业是梅河口发展的两大动力,中心城区工业集中布置在城市下风、下水方向,即中心城区北部的工业集中区;商贸产业结合国道布局在城市南部。形成南北两翼产业布局的集中区。同时,南部及西部尽量控制工业项目建设,并逐渐搬迁中心城区中部工业项目。

5) 构建客流、货流互不干扰交通支撑体系

建立"六纵九横一环"的道路交通构架,设置立体交叉互通设施。

中心城区用地规划图如图6.3所示。

2. 布局结构

中心城区规划形成"一心、三片、七区"的空间布局结构。其中:

"一心"是指以商业街为中心的老城公共服务中心加上以市政府为中心的新城公共服务中心,共同构筑形成一河两岸的市级公共服务主中心。

"三片"是将中心城区按照用地功能划分的3个片区,分别为北部的产业集中片区、中部的生活服务片区及南部的商贸物流片区。

"七区"在片区划分基础上,形成北部新兴产业区、北部综合产业区、中部铁西生活区、中部老城生活区、中部新城生活区、南部传统商贸物流区和南部新兴商贸物流区7个功能分区,如图6.4所示。

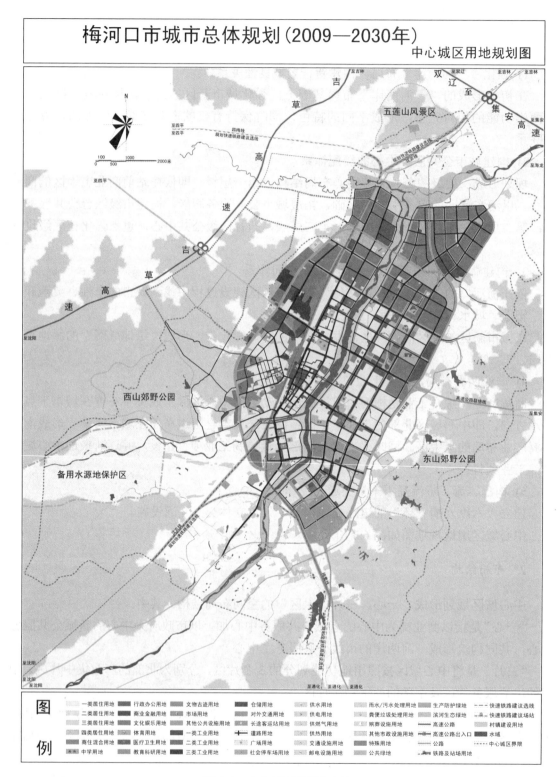

图6.3 中心城区用地规划图

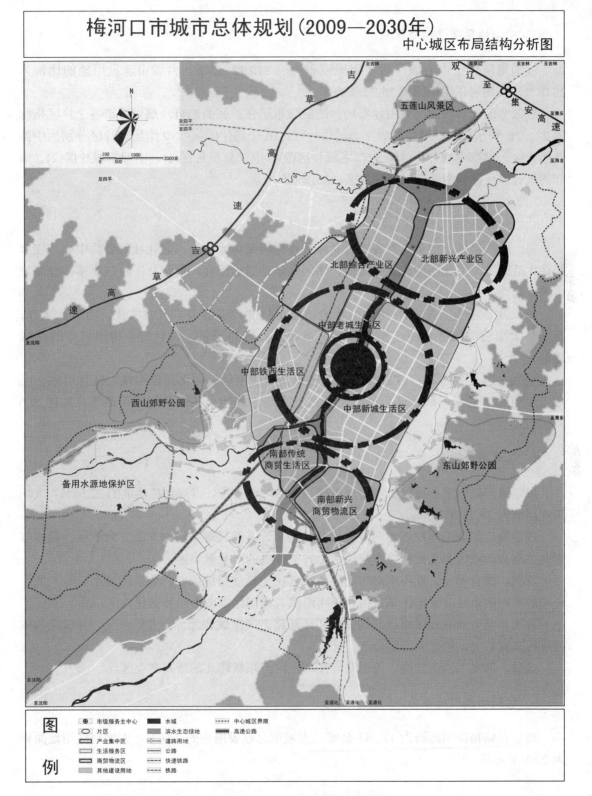

图 6.4 中心城区布局结构分析图

3. 中心城区居住用地规划

规划梅河口市中心城区居住用地面积为 1 210.32 公顷，占城市建设用地的比例为 25.01%，人均居住用地面积 25.22 平方米。

规划考虑配套城市产业用地布局，适应城市居住扩张的趋势，规划城市各个片区指标为 22～28 平方米/人。规划形成 7 个居住片区，16 个居住(小)区。7 个居住片区分别为中部铁西片区、中部老城片区(1)、中部老城片区(2)、中部新城片区(1)、中部新城片区(2)、南部传统商贸片区和南部新兴商贸片区，如图 6.5 所示。

4. 中心城区公共设施用地规划

第一层次目标：健全完善各类公共服务设施级配体系，重点强化社区公共中心，完善居住生活服务、文化活动、健身康体、休闲娱乐功能的配套，增强社区的归属感，提高城市的宜居性。

第二层次目标：配合梅河口市新的功能定位和产业提升，新建文化、商务、体育、会展等大型公共服务设施，塑造梅河口市城市品牌和形象，并且服务梅河口市的区域职能。

规划内容主要包括行政办公用地、商业金融业用地、文化娱乐用地、体育用地、医疗卫生用地、教育科研设计用地、文物古迹用地、其他公共服务设施用地等，如图 6.6 所示。

5. 工业用地规划

规划梅河口市中心城区工业用地规模为 1 090.99 公顷，占规划总用地的 22.55%，人均工业用地为 24.73 平方米。

规划确定工业用地发展方向主要以北扩为主，并跨过辉发河向东北方向扩展，最终打造北部综合产业区和北部新兴产业区两个齐头并进的产业聚集区。

首先，综合考量工业用地对周边环境和居民生活质量的影响，保留污染小、噪声低、环境影响低的企业。保留区域包括西环路沿线、建国路以南沿线和富民片区。

其次，整合原有建国路以北的铁路和西环路之间区域和北部工业集中区，并以此为依托进行充实扩大，构建北部综合产业区。

最后，落实"跨河发展"的思路，在辉发河河东新建北部新兴产业区。

6. 仓储物流用地布局

规划仓储物流用地约为 125.93 公顷，占城市总建设用地的 2.60%，人均仓储用地面积为 2.62 平方米。

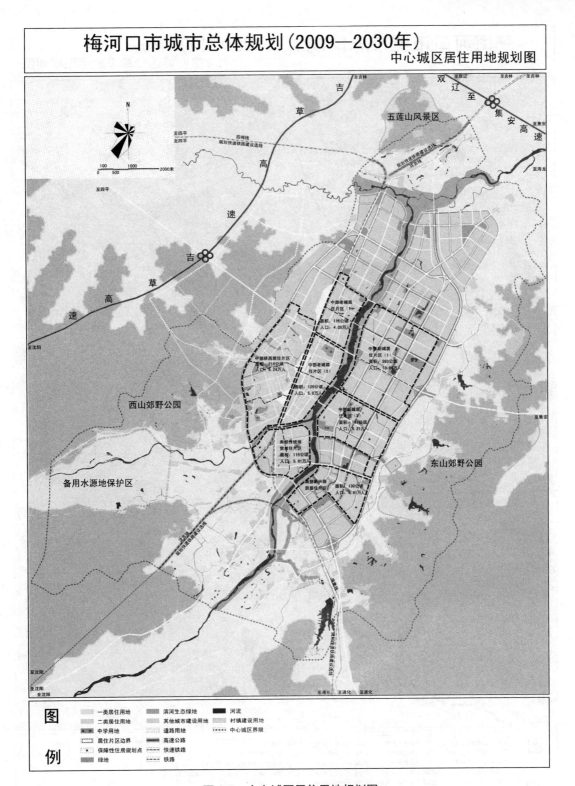

图 6.5 中心城区居住用地规划图

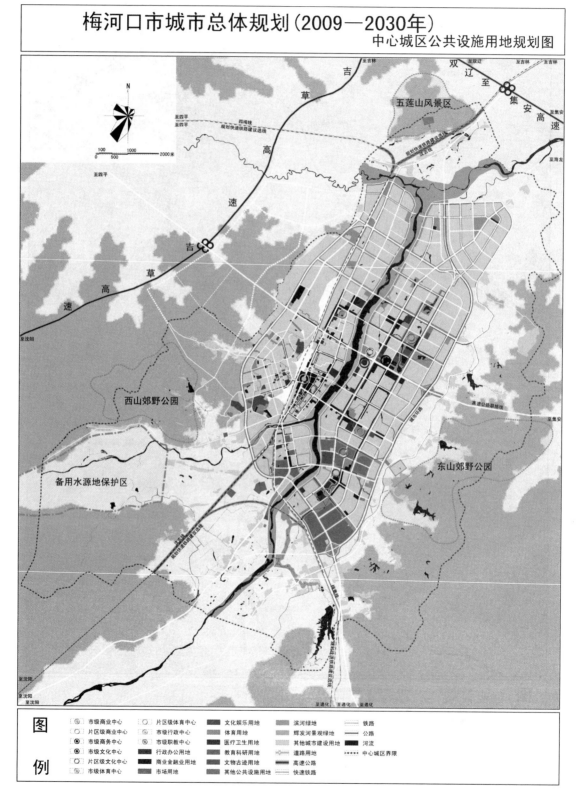

图 6.6 中心城区公共设施用地规划图

普通仓储物流用地在整合现有零散用地的基础上,根据服务对象、面向市场和所处位置的不同,可分为以下 3 类用地。

(1) 生产配套型。配合工业区布局,主要服务于工业的物流用地。共规划 4 处物流仓储用地,包括北部新兴产业区的专业物流产业园、产业区南侧的奶粉项目物流用地,以及北部综合产业区的两处仓储物流用地。

(2) 交通枢纽型。物流主要结合火车站、国道和快速路接口处布局,货物以梅河口为区域性物流仓储配送中心,主要依赖大型交通设施,以向区域内其他地区运输为主。围绕铁路、建国路和西环路节点处,共规划 5 处集中物流仓储用地。

(3) 商贸服务型。主要结合城市的重要市场布局,服务于梅河口市的大宗货物仓储物流。规划 1 处物流仓储用地,即长白山建材城物流仓储用地。

另需说明的是,危险品仓库用地规划中,除保留原有油库外,不再规划新增危险品仓库用地。堆场用地规划中,取消零散堆场,仅保留位于火车站附近的堆场用地。

7. 中心城区综合交通规划

1) 城市主干路

综合考虑梅河口市中心城区地形特点及城市空间布局的发展特点,在现状基础上改造、建设主干路,规划主干道路网密度达到 1.16 千米/平方千米。

2) 城市次干路

规划次干路设计车速为 40 千米/小时,道路红线宽度控制为 24~30 米,中心城区次干路道路网密度为 1.36 千米/平方千米。

3) 城市支路

规划保留现状支路;依据梅河口市中心城区地形特点,规划要求中心城区支路网密度应达到 3 千米/平方千米。

4) 城市环路

环路设置应根据城市地形、交通的流量流向确定,可采用半环或全环,宜设置在城市用地的边界内 1~2 千米处,当城市放射的干路与外环路相交时,应设置左转交通,并且其等级不应低于主干路。

5) 停车场

规划机动车公共停车场在中心城区占 50%,对外道路出入口地区占 10%,其他地区占 40%。

6) 广场

规划一处主要交通集散广场——梅河口站前广场。其余车站及交通节点等处的交通集散广场在下层次的规划进一步确定。

7) 道路红线

划定道路红线控制范围包括主干路、次干路道路用地范围。

依据《城市道路交通规划设计规范》,梅河口市道路红线宽度分为三种。

(1) 45～61.5 米路，适用于城市主干道。断面由机动车、非机动车分行 3 幅路面组成，其中机动车为双向四车道。

(2) 25～40 米路，适用于城市次干道，采用单幅路断面，达到机动车、非机动车混行四车道标准。

(3) 15～20 米路，为支路。

8) 道路广场

规划道路广场用地面积 675.08 公顷，占城市建设用地比例 19.95%，人均用地面积 14.06 平方米，如图 6.7 所示。

8. 中心城区绿地系统规划

规划绿地系统布局结构可概括为"一带、三区、多园、环网"，如图 6.8 所示。
(1) 一带：辉发河滨江生态休闲景观带。
(2) 三区：五奎山风景区、西山和东山郊野公园。
(3) 多园：规划形成 3 处市级大型公园和 4 处区级小型公园。
(4) 环网：结合街头绿地构建生态水系，形成"绿地成网，水系成环"的综合绿地水网系统。

9. 中心城区景观风貌规划

梅河口市自然条件独特，中心城区依山傍河，山清水秀，丘陵、河流、水稻田、湖泊等构成秀丽的"丘、河、绿、城"为一体的城市自然景观。通过对梅河口市中心城市自然条件、城市整体空间环境的分析，规划城市总体景观风貌可以体现为"绿脉绕城、城水相融"的丘、水、城、绿和谐交融的生态宜居之城，如图 6.9 所示。

10. 中心城区环境保护规划

总目标：至 2030 年，基本建设成为山川秀美，生态良好，环境优美，人与自然和谐，社会经济全面协调可持续发展的生态园林城市，如图 6.10 所示。

分两阶段实现目标。

第一阶段为控制和改善阶段。从源头上扭转经济发展致使环境恶化的趋势，加快辉发河水污染的全面整治，使重点区域环境污染得到初步控制，环境质量和城市生态景观有明显改善，生态环境恶化趋势得到初步控制和改善。

第二阶段为全面提高，步入良性循环阶段。环境污染与生态破坏得到全面控制，基本建成生态效益型经济体系，优美舒适的人居环境，发展繁荣的生态文化，达到生态市和国家生态园林城市建设标准要求。

中心城区环境保护规划主要包括水环境保护规划、大气环境保护规划、声环境保护规划、固体废弃物污染整治规划等。

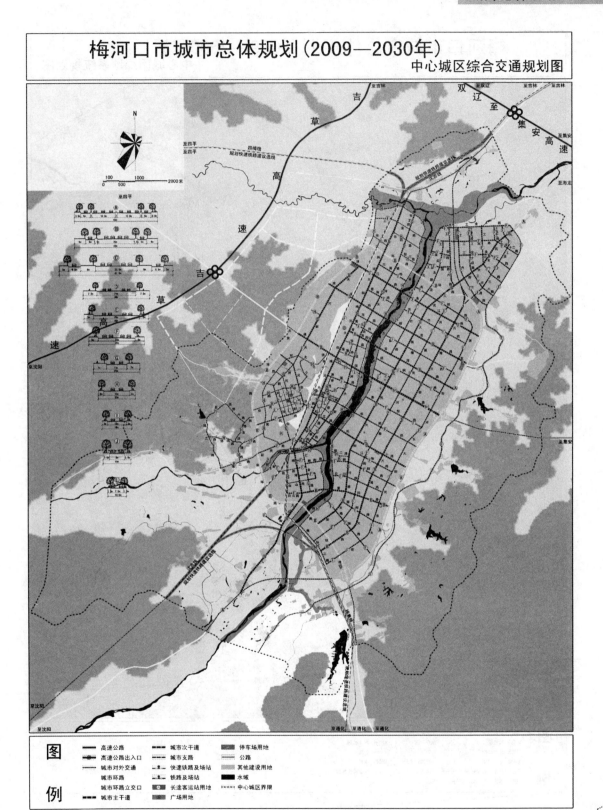

图6.7 中心城区综合交通规划图

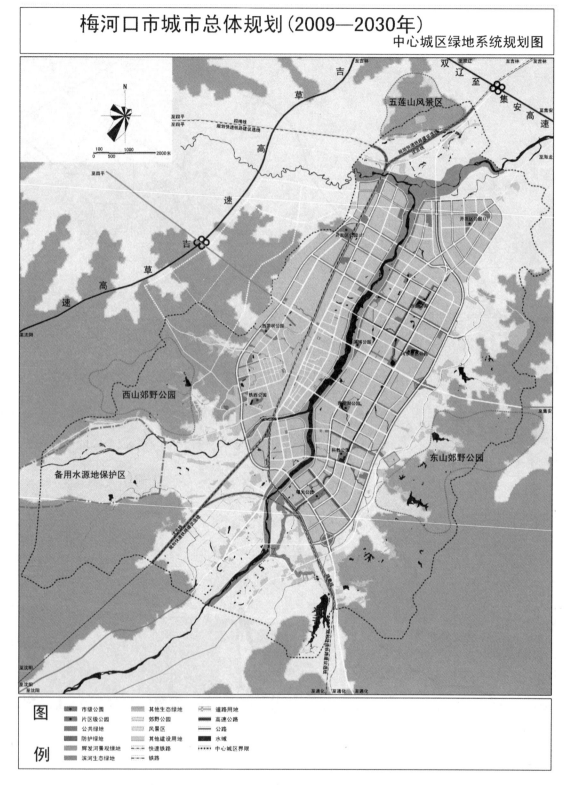

图 6.8 中心城区绿地系统规划图

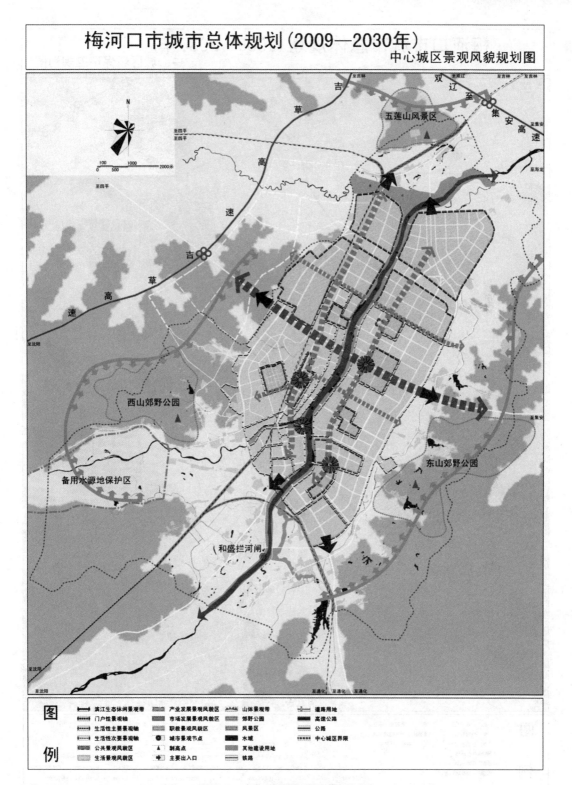

图 6.9 中心城区景观风貌规划图

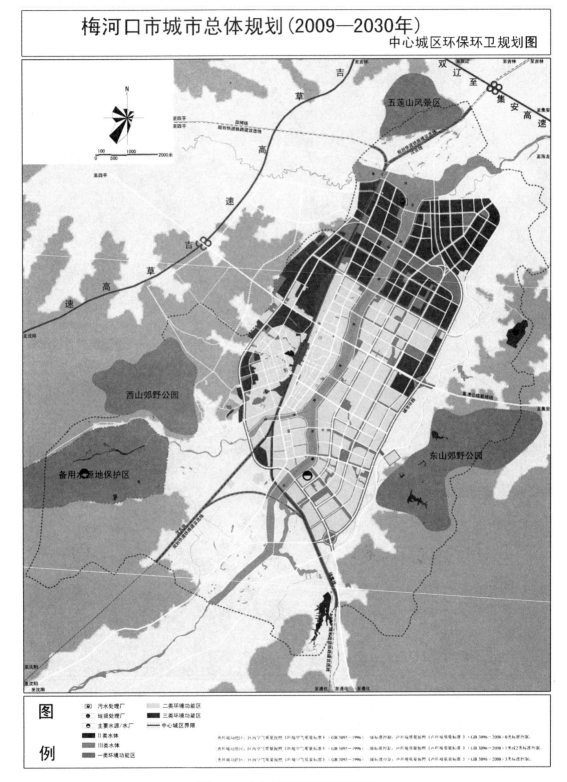

图 6.10 中心城区环保环卫规划图

11. 中心城区基础设施规划

中心城区基础设施规划主要包括给水工程规划、排水工程规划、雨水系统规划、电力工程规划、燃气工程规划、供热工程规划、环境卫生设施规划等。

12. 中心城区综合防灾规划

坚持"预防为主",按照"平战结合、平灾结合"的原则,运用科学的管理手段,依靠先进的科技水平及社会防范措施,加快建立和健全梅河口市综合防灾减灾体系,形成全市协调统一的综合防灾减灾体系,提高城市整体防灾抗毁和救助能力,确保城市安全,如图6.11所示。

中心城区综合防灾规划主要包括防洪规划、防震减灾规划、人防规划、消防规划等。

13. 旧区更新改造

(1) 合理控制旧城区的规模和旧城区改造的强度,着重旧城功能的完善。加快危旧平房的改造,保证旧城区的环境质量和配套设施建设,实现新旧城区的功能互补。

(2) 铁西片区的改造要突出旧城的特色,继承和体现原有的旧城结构肌理,并通过对其环境的重塑,商业形态的引导,从而形成具有优良环境品质的地区。

(3) 以辉发河西岸景观的改造和河东区行政中心的搬迁为切入点,实现旧城区用地功能结构的调整,优化用地结构,发挥土地区位效益。

(4) 处理好保护和发展的关系、新旧建筑的关系,创造和谐统一的整体空间环境景观。市区内的历史文物古迹主要集中在铁西区,因此在改造中要严格按照历史文化保护规划的要求进行开发建设,严格控制不适当的经济开发、旅游开发及不协调的人工景点建设。

(5) 旧城改建和新区的建设有机结合,采取多种方式开发建设。旧城建设应"肥瘦搭配,以新补旧",人口疏解和安置应与具体的新区住宅建设与土地开发有机结合,行政与经济手段并举。

(6) 要通过旧城改造,推进全市的"棚户区"改造。结合城市经济发展战略和城市化进程的实际情况,科学规划,使之符合城市化可持续发展的要求。

(7) 要加强交通等重要基础设施建设,完善公共服务设施配套,保证旧城发展的需要。完善道路交通系统,重点建设旧城区与城市西环路的主要联系通道,并结合"棚户区"的改造,优化旧城的西、南出入口的景观。

14. 中心城区城市空间发展时序规划

将规划发展时序划分为近期、中期和远期3个阶段(详见本书第7章),如图6.12所示。

(1) 近期(2009—2015年):人口规模达到29万人,用地规模达到30平方千米左右。

(2) 中期(2016—2020年):人口规模达到32万~35万人,用地规模达到34平方千米左右。

(3) 远期(2021—2030年):人口规模达到48万人,用地规模达到48平方千米左右。

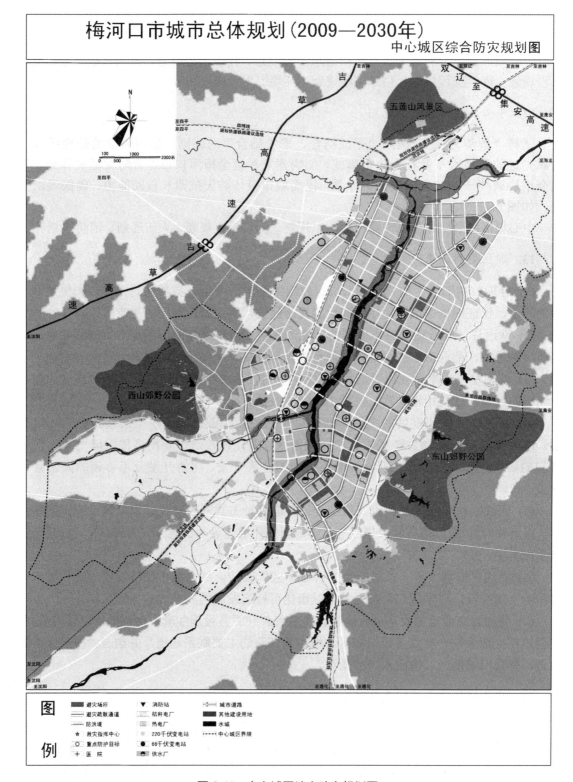

图 6.11 中心城区综合防灾规划图

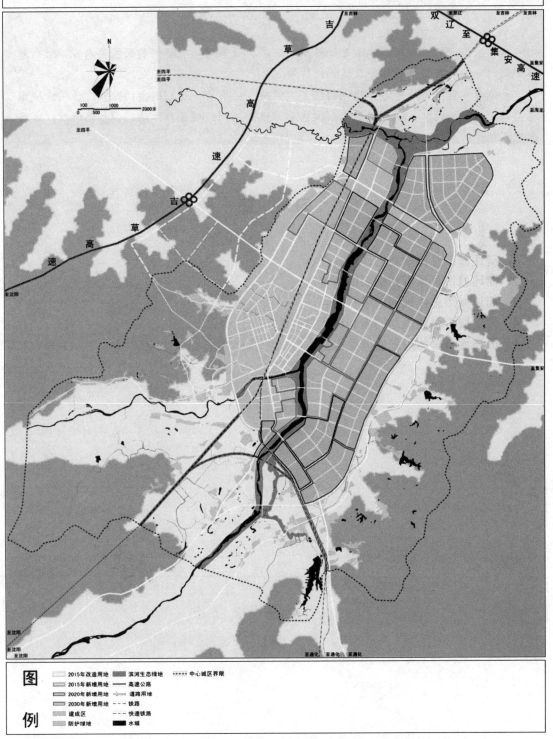

图 6.12 中心城区发展时序规划图

小　结

　　本章主要介绍了城市总体规划的作用与任务、城市总体规划纲要的主要内容、城市总体规划的编制内容与编制程序及实例讲解等。
　　具体内容包括：城市总体规划的任务、作用；城市总体规划纲要的内容、作用；城市总体规划编制的内容、强制性内容；城市总体规划编制的程序和方法、调整与修改；城乡规划实例讲解等。

习　题

1. 简述城市总体规划的作用、任务。
2. 简述城市总体规划纲要的内容。
3. 简述城市总体规划的编制内容。
4. 简述城市总体规划的编制程序与方法。
5. 简述城市总体规划的调整与修改。

第 7 章

城市近期建设规划

教学要求

通过对城市近期建设规划的作用与任务、城市近期建设规划的内容、城市近期建设规划的编制办法、城市近期建设规划的成果要求、城市近期建设规划实例分析的学习,掌握城市近期建设规划的基本内容和主要成果,能够根据总体规划、分区规划等上位规划指导城市近期建设规划。

教学目标

能力目标	知识要点	权重
了解城市近期建设规划的作用与任务	城市近期建设规划的作用、任务	10%
熟悉城市近期建设规划的内容	城市近期建设规划编制的原则、内容、强制性内容等	30%
熟悉城市近期建设规划的编制办法	城市近期建设规划的编制办法	30%
掌握城市近期建设规划的成果要求	近期建设规划的成果要求：图纸要求、文本要求	30%

> 章节导读
>
> 与城市总体规划、分区规划等上位规划相对应，还应该编制城市近期建设规划，以指导城市近期建设发展，切实贯彻落实城市总体规划、分区规划等上位规划的内容，并在实践过程中发现问题、解决问题，进一步补充和完善上位规划。

7.1 城市近期建设规划的编制内容与编制程序

7.1.1 城市近期建设规划的作用与任务

城市近期建设规划是城市总体规划的分阶段实施安排和行动计划，是落实城市总体规划最重要的步骤。只有通过近期建设规划，才有可能实事求是地安排具体的建设时序和重要的建设项目，保证城市总体规划的有效落实。近期建设规划是近期土地出让和开发建设的重要依据，土地储备、分年度计划的空间落实、各类近期建设项目的布局和建设时序，都必须符合近期建设规划，保证城镇发展和建设的健康有序进行。所以应适时组织编制近期建设规划。

城市近期建设规划的任务是根据城市总体规划、土地利用总体规划和年度计划、国民经济和社会发展规划，以及城镇的资源条件、自然资源、历史情况、现状特点，明确城镇建设的时序、发展方向和空间布局，明确自然资源、生态环境与历史文化遗产的保护目标，提出城镇近期重要基础设施、公共服务设施的建设时序和选址、廉租住房和经济适用住房的布局和用地、城镇生态环境建设安排等。

7.1.2 城市近期建设规划的内容

编制城市近期建设规划，必须坚持以科学发展观为指导。要按照加强和改善宏观调控的总要求，统一思想，深入研究，科学论证，坚持实施可持续发展战略，切实提高规划的科学性和严肃性。

城市近期建设规划的期限原则上应当与城市国民经济和社会发展规划的年限一致，并不得违背城市总体规划的强制性内容。近期建设规划到期时，应当依据城市总体规划组织编制新的近期建设规划。

1. 编制城市近期建设规划必须遵循的原则

(1) 处理好近期建设与长远发展、经济发展与资源环境条件的关系，注重生态环境与历史文化遗产的保护，实施可持续发展战略。

(2) 与城市国民经济和社会发展规划相协调，符合资源、环境、财力的实际条件，并能适应市场经济发展的要求。

(3) 坚持为最广大人民群众服务，维护公共利益，完善城市综合服务能力，改善人居环境。

(4) 严格依据城市总体规划，不得违背总体规划的强制性内容。

2. 城市近期建设规划的基本内容

(1) 确定近期人口和建设用地规模，确定近期建设用地范围和布局。
(2) 确定近期交通发展战略，确定主要对外交通设施和主要道路交通设施布局。
(3) 确定各项基础设施、公共服务和公益设施的建设规模和选址。
(4) 确定近期居住用地安排和布局。
(5) 确定历史文化名城、历史文化街、风景名胜区等的保护措施，以及城市河湖水系、绿化、环境等保护、整治和建设措施。
(6) 确定控制和引导城市近期发展的原则和措施。

城市人民政府可以根据本地区的实际，决定增加城市近期建设规划中的指导性内容。

3. 城市近期建设规划的强制性内容

(1) 确定城市近期建设重点和发展规模。
(2) 依据城市近期建设重点和发展规模，确定城市近期发展区域。
(3) 依据城市近期建设重点，提出对历史文化名城、历史文化保护区、风景名胜区、生态环境保护区等相应的保护措施。

7.1.3 城市近期建设规划的编制方法

《城市规划编制办法》和《近期建设规划工作暂行办法》中对近期建设规划的编制方法均未做具体要求，各个城市在具体实践中总结出了许多好的经验，可以概括成一个简单的框架图，如图7.1所示。

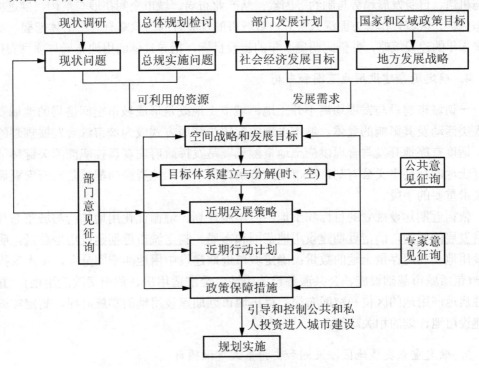

图 7.1 近期建设规划工作框架

1. 全面检讨总体规划及上一轮近期建设规划的实施情况

对总体规划及上一轮近期建设规划的实施情况进行全面客观的检讨与评价是至关重要的。一方面,应对总体规划实施绩效进行评价,特别是找出实施中存在的问题;另一方面,寻找这些问题的原因,为后续的工作打好基础。具体的内容包括对政府决策的作用、实施绩效及评价、总体规划实施中偏差出现的原因、在下一个近期规划中需要改进和加强的方面等。

2. 立足现状,切实解决当前城市发展面临的突出问题

近期规划必须从城市现状做起,改变从远期倒推的方法。因此要对现状进行充分的了解与认识,不仅要调查通常理解的城市建设现状,还要了解形成现状的条件和原因。因为现实情况是在现状的许多条件共同作用下形成的,如果不在条件的可能改变方面下工夫,所谓的规划理想便不可能成立;同时要改变以往仅凭简单事实就能归纳城市发展若干结论的草率判断法,改为从事物的多重关联性出发,对城市问题进行审慎的判断。这样才能较为正确地找出城市发展中的现实问题所在,从而有针对性地提出解决问题的办法。

3. 重点研究近期城市发展战略,对原有规划进行必要的调整和修正

在全国城市化加速发展的背景下,5年对于一个城市的发展并不是一个很短的周期。总体规划实施5年后,城市发展的环境可能有较大的变化。因此,编制第二个近期规划,必须对城市面临的许多重大问题重新进行思考和分析研究,对5年前确立的城市发展目标和策略进行必要的调整,而不仅仅是局部的微调或细节的深化。面对急剧变动中的内外部发展环境与机遇、自身发展趋势与制约等因素,从产业布局、城市空间拓展与重构、推进城市化、生态保护、区域合作等方面深入研究,对城市的发展方向与策略有一个总体把握,从而确定未来5年的建设策略,并借此明确5年的建设目标,指导具体的用地布局与项目安排。

4. 确定近期建设用地范围和布局

一切城市建设与发展均离不开土地,城市土地既是形成城市空间格局的地域要素,又是人类活动及其影响的载体。城市土地的配置与利用方式成为城市综合发展规划的核心内容,适度有序地开发与合理供应土地资源无疑是发挥政府宏观调控职能的关键环节。我国实行土地的社会主义公有制,在市场经济条件下,对土地资源的配置是政府宏观调控城市发展最重要的手段。

依据近期建设规划的目标和土地供应年度计划,遵循优化用地结构与城市布局,促进经济发展的原则,确定近期建设用地范围和布局。制定城市近期建设用地总量,明确新增建设用地和利用存量土地的数量;确定城市近期建设中用地的空间分布,重点安排公益性用地(包括城市基础设施、公共服务设施用地,经济适用房、危旧房改造用地),并确定经营性房地产用地的区位和空间布局;提出城市近期建设用地的实施时序,制定实施城市近期建设用地计划的相关政策。

5. 确定重点发展地区,策划和安排重大建设项目

要使政府公共投资真正能够形成合力,发挥乘数效应,拉动经济增长,必须从城市经

营角度出发,确定近期城市发展的重点地区;与此同时,要对那些对于城市长远发展具有重大影响的建设项目进行策划和安排。

确定重点发展地区是近期建设规划的工作重点,同时也是体现总体规划效用的重要方面。分散无序的投资方式既不能形成规模,又会造成同类设施重复建设,经济效益低下。城市近期建设规划的一个重要功能就是要确定城市总体规划实施的先后次序,要保证新建一片,就要建成一片,收益一片。

政府投资的重大建设项目,是城市政府通过财政和实体开发建设的手段影响城市开发和城市布局结构的重要方法,城市规划实际上是通过一个个项目的建设逐步实施的。因此,近期建设规划的工作重点,应当是在确定城市建设用地布局的基础上,提出城市近期用地项目和建设项目,明确这些项目的规模、建设方式、投资估算、筹资方式、实施时序等方面的要求。对于那些对城市发展可能造成重大影响的项目,还必须对其开发运作过程、经营方式进行周密的策划和仔细的安排,才能避免政府投资失败。

6. 研究规划实施的条件,提出相应的政策建议

近期建设规划本身的性质就应当是城市政策的总体纲要,是关于城市近期发展的政策陈述;近期建设规划的编制,也并非仅仅是城乡规划部门的工作,而是政府部门的实际操作,是政府行政和政策的依据,提出规划实施政策应是近期建设规划工作的一项内容。保障规划实施的政策体系,应由人口政策、产业政策、土地政策、交通政策、住房政策、环境政策、城市建设投融资政策和税收政策等组成;另外,根据城市发展中出现的突出问题,还应当制定具体的政策。在规划成果形式上,要以政策陈述为主要内容,所完成的文本应当是城市未来发展过程中所建议的政策框架,图、表等只是这些政策文本的说明。

7. 建立近期建设规划的工作体系

城市规划并非是单靠城乡规划部门来实施的,而是由城市的各个部门来共同运作的,尤其是作为城市总体规划组成部分的近期建设规划,就更加需要依靠社会各个组成要素之间的相互协同作用。要使近期建设规划真正能够发挥对城市建设活动的综合协调功能,必须从以下几个方面努力。

(1) 将规划成果转化为指导性和操作性很强的政府文件。尽管城市总体规划的法律地位要高于"五年计划"等政府文件,但事实上它的综合协调功能和对城市资源的配置能力仍不及政府文件那样有效。基于这一现实,近期建设规划的成果不应只作为专业部门的技术报告,还应将规划成果转化为操作性很强的政府文件,才能真正成为政府及其各部门统一的行动纲领。在规划程序上,应当符合基本的政策决定程序,并且与城市行政、立法和执法程序及其要求相结合。

(2) 建立城市建设的项目库并完善规划跟踪机制。要将近期建设规划提出的建设项目进行进一步深化,明确这些项目的规模、建设方式、投资估算、筹资方式、实施时序等方面的要求,建立近5年城市建设的项目库,并对实施情况进行跟踪反馈,根据变化随时进行调整修正,使得政府对于目前进行的和下一步将开展的项目做到心中有数。

(3) 建立建设项目审批的协调机制。未列入近期建设规划项目库的项目一般情况下不予审批,这样才能避免多头审批、政出多门的现象,有助于形成城市各部门在发展政策方

面的协调、在城市资源的使用上的协调、在城市公共资金分配上的协调以及在城市重大建设项目的确定和安排序列上的协调等。

(4) 建立规划执行的责任追究机制。近期建设规划所规定的内容应成为每年建设部检查城乡规划建设工作情况时对照审查的重要依据。凡是违反近期规划的项目，不仅要停止建设，而且要追究有关领导和人员的责任。

(5) 组织编制城市建设的年度计划或规划年度报告。在城市快速发展的背景下，以5年为周期的近期建设规划要对头一两年的城市建设活动安排进行较为周密的策划安排尚有可能性，但要对后四五年的城市建设进行安排并保证其科学合理性，既无必要，也不可能。因此，要真正建立起城市总体规划的动态管理和滚动调校机制，引导城市建设合理有序地进行，仅靠编制以5年为周期的近期建设规划是不够的。应该在近期建设规划完成后，加强对规划实施的跟踪与反馈，在此基础上组织编制城市建设的年度计划或城市规划年度报告(即年度的"城市规划白皮书")，这对城市建设具有更重要的现实指导意义。

7.1.4　城市近期建设规划的成果要求

《城市规划编制办法》第三十七条规定："近期建设规划的成果应当包括规划文本、图纸，以及包括相应说明的附件。在规划文本中应当明确表达规划的强制性内容。"

1. 作为总体规划组成部分的近期建设规划成果

作为总体规划组成部分的近期建设规划成果相对简单，一般应明确提出近期实施城市总体规划的发展重点和建设时序。以《北京城市总体规划(2004—2020年)》为例，文本第十五章"近期发展与建设"包括两条。第158条规定依据城市总体规划提出的城市发展目标和原则，编制城市近期建设专项规划并建立动态监控机制，明确近期实施城市总体规划的发展重点和建设时序，着重解决城市发展中的突出问题，按照集约紧凑的发展模式，逐步实施城市空间结构的调整与产业的整合，完善交通市政基础设施，提升公共服务设施水平，不断改善生态环境，保持良好发展态势，确保2008年夏季奥运会的成功举办，并为奥运会后北京经济社会的可持续发展奠定基础。第159条规定了近期建设重点：①加快推动城市空间结构调整，加强市域生态环境和交通市政基础设施建设；②全面启动实施通州、顺义、亦庄等重点新城的建设；③加快中心城调整优化；④积极推进村镇建设；⑤加强旧城保护与资源整合；⑥积极配合《北京奥运行动规划》的落实与调整，切实搞好奥运场馆及其配套设施的建设，为奥运场馆赛后的有效利用创造条件。

2. 独立编制的近期建设规划成果

1) 文本内容

规划文本是对规划的各项目标和内容提出规定性要求的文件。文本内容包括以下几项。

(1) 总则：制定规划的目的、依据、原则，规划范围，规划年限等。

(2) 目标与策略：对建设用地规模与结构、建设标准、产业发展、公共设施、交

【参考案例】

通、市政设施及生态环境等方面提出具体的目标与对策。

(3) 行动与计划：确定近期重点发展方向与区域，提出具体的土地与设施的规划建设计划。

(4) 政策与措施：制定保障近期建设实施的相关政策与措施。例如，《深圳市近期建设规划(2006—2010年)》提出了实行空间分区管制政策、实施高效集约的建设用地政策，制定加强重点开发地区建设的政策，完善以提升城市功能为主旨的城市更新政策，建立面向多层次需求的公共住房政策，制定推动循环经济发展和节约型城市建设的政策，完善规划实施和管理监督制度。

(5) 附则。

2) 说明和图纸

(1) 规划说明是对规划文本的具体解释，包括附表一项。附表包括近期建设一览表、近期建设用地平衡表、近期新增建设用地结构表、近期新增建设用地时序表、近期重大公共设施项目一览表、近期重大交通设施项目一览表、近期重大市政设施项目一览表。

(2) 规划图纸包括市域城镇布局现状图、城市现状图、市域城镇体系规划图、近期建设规划图、近期道路交通规划图、近期各项专业规划图。图纸比例如下：大、中城市为(1∶25 000)～(1∶10 000)，小城市为(1∶10 000)～(1∶5 000)；市(县)域城镇体系规划图的比例由编制部门根据实际确定。

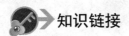

城市近期建设规划的内涵

城市近期建设规划是在城市总体规划中，对短期内建设目标、发展布局和主要建设项目的实施所做的安排，是实施城市总体规划的重要步骤，是衔接国民经济与社会发展规划的重要环节。依据批准的城市总体规划，明确近期发展重点、人口规模、空间布局、建设时序，安排城市重要建设项目，提出生态环境、自然与历史文化环境保护措施等。

7.2 城市近期建设规划实例

以《梅河口市城市总体规划(2009—2030年)》中的近期建设规划为例。

《梅河口市城市总体规划(2009—2030年)》(节选)

第十六节　中心城区城市空间发展时序规划

第116条　发展时序与规模引导

将规划发展时序划分为近期、中期和远期3个阶段，如图6.12所示。

(1) 近期(2009—2015年)：人口规模达到29万人，用地规模达到30平方千米左右。

(2) 中期(2016—2020年)：人口规模达到32万～35万人，用地规模达到34平方千米左右。

(3) 远期(2021—2030年)：人口规模达到48万人，用地规模达到48平方千米左右。

第 117 条 近期发展规划(图 7.2)

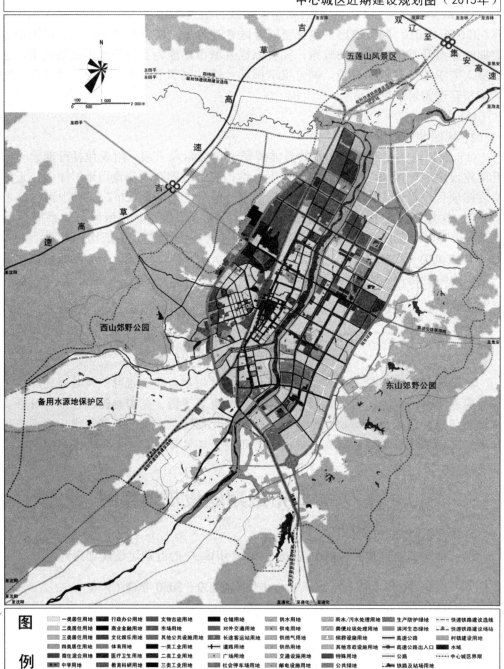

【对应图集】

图 7.2 梅河口市中心城区近期建设规划图

1. 城市发展策略

按照梅河口市确定的"工业强市，商贸活市，生态兴市"战略，加快梅河口市工业基地、商贸物流基地和生态环境建设，以园区为带动促进工业多元化发展，以专业市场及综合物流体系对经济的拉动作用，进一步增强城市竞争力，提高城镇化水平，提高人民生活质量，促进国民经济跨越式发展和社会全面进步。

2. 重点发展地区

近期以外延拓展、内涵调整并重。改造用地面积 3.2 平方千米，外延发展用地面积 10 平方千米。

1) 内涵调整地区

中部铁西生活区：继续推进棚户区改造，改善片区环境，改造用地面积约 1.7 平方千米。

南部传统商贸生活区：逐步推进棚户区改造，改造用地面积约 0.8 平方千米。

中部老城生活区：循序渐进地改造传统工业地区，改造用地面积约 0.4 平方千米。

2) 外延拓展地区

外延拓展地区共计面积 7.5 平方千米，年均新增用地规模 1.2 平方千米。

北部综合产业区：大力发展新兴、基础产业，带动中下游配套产业，如食品、医药包装、物流包装及食品包装产业，用地规模约 2 平方千米。

中部老城生活区：发展辉发路南侧地块为片区级中心功能，用地规模约 0.9 平方千米。

南部传统商贸生活区：发展滨河地块居住功能，用地规模约 0.7 平方千米。

中部新城生活区：重点发展人民大街两侧用地，打造新区中心功能，用地规模约 3.9 平方千米。

第118条 中期发展规划(图 7.3)

1. 城市发展策略

以把梅河口市建设成为"区域枢纽城市、活力创新城市、和谐宜居城市、生态园林城市"为目标，充分利用交通条件的改善，拉动城市工业化进程，强化与沈阳、长吉都市圈的联系，巩固区域中心城市地位。增强城市新区服务功能，强化道路交通对城市空间的引导作用，吸引中心城市人口和产业集聚，优化城市空间结构。

2. 重点发展地区

中期以外延发展为主，中期用地增长主要在河东新区，生活功能、商贸市场功能以及工业功能同步发展，新增发展用地规模 5.95 平方千米，年均新增建设用地规模 1 平方千米。

第119条 远期发展规划

1. 城市发展策略

以提升梅河口市区域地位、塑造城市特色为目标，通过外延拓展的空间发展策略，进一步提升梅河口市对人口和产业的集聚能力，支撑吉林省工业化、城镇化、国际化、信息化发展目标。

2. 重点发展地区

远期以外延拓展为主，生活功能继续向 202 国道方向推进，工业用地逐步跨越北环路，向莲荷方向拓展。发展用地规模约 13 平方千米，年均新增用地规模约 1.3 平方千米。

第十七节 远景发展构想(图 7.4)

第120条 远景发展规模

远景继续拓展中心城区范围，梅河口中心城区的可建设总面积约为 70 平方千米，根据人均建设用地 100 平方米匡算，梅河口中心城区远景规划人口将控制在 70 万人左右。

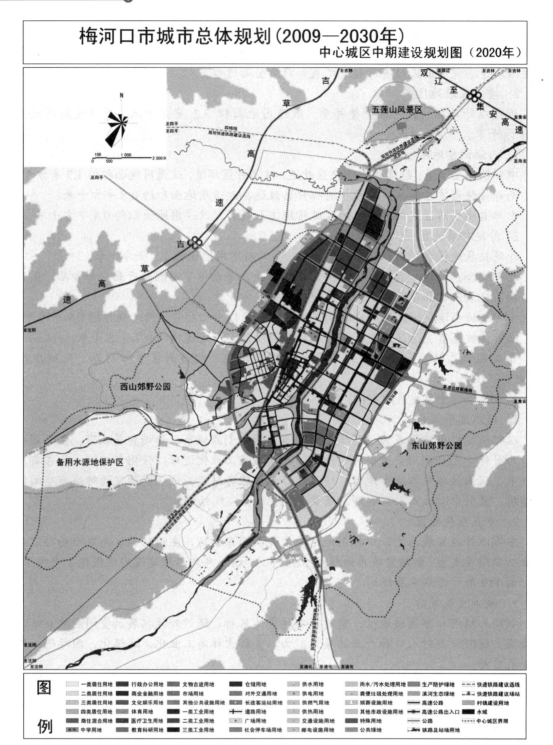

图7.3 梅河口市中心城区中期建设规划图

第121条 远景总体布局结构

强化"一心、三片、七区"空间结构,进一步完善中心城区各个片区的空间布局,优化布局结构,使中心城区建设的空间载体能有效促进经济的可持续发展。

城市近期建设规划

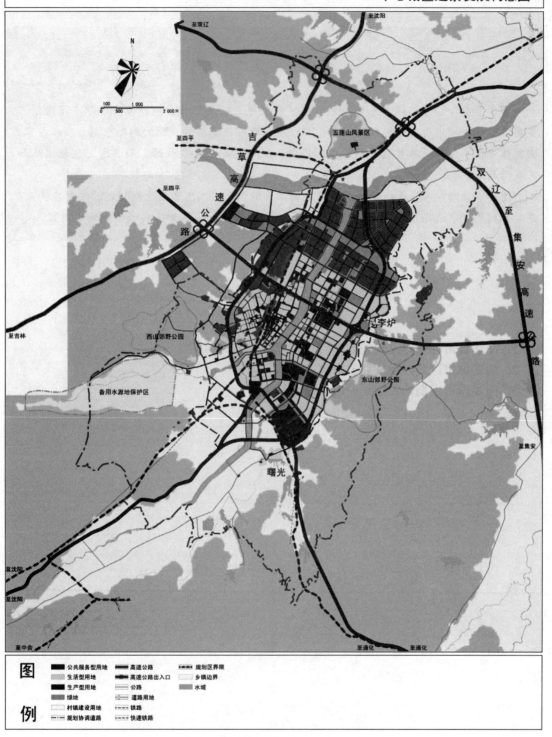

图 7.4 梅河口市中心城区远景发展构想图

积极与东丰县进行空间整合，随着产业升级，将城区内的部分工业职能进行转移。同时，强化区域服务中心职能以及市域综合服务与旅游服务等职能。

小　　结

本章主要介绍了与城市总体规划、分区规划等上位规划相对应的城市近期建设规划。主要内容包括城市近期建设规划的作用与任务；城市近期建设规划的编制原则、基本内容、强制性内容；城市近期建设规划的编制办法；城市近期建设规划的成果要求，包括图纸和文本两部分。

通过本章的学习，进一步明确城市规划体系的内容，熟悉各层次规划之间的对应关系，并学会利用城市近期建设规划来指导城市的近期建设，切实贯彻落实城市规划的内容。

习　　题

1. 简述城市近期建设规划的作用与任务。
2. 简述城市近期建设规划的内容。
3. 简述城市近期建设规划的编制办法与成果。

第 8 章

城市详细规划

教学要求

通过对控制性详细规划和修建性详细规划的作用与任务、编制内容、主要术语、编制要求、实施步骤、审批与修改等的详细描述和讲解，进一步熟悉城市规划的体系；了解城市规划的各种类型的关联性和不同之处。同时具备制定修建性详细规划的能力。

教学目标

能力目标	知识要点	权重
了解控制性详细规划的作用	控制性详细规划的作用	5%
熟悉控制性详细规划的基本内容	控制性详细规划的基本内容	10%
熟悉控制性详细规划的指标类型、有关术语概念等	控制性详细规划的指标类型、有关术语概念等	15%
掌握控制性详细规划的编制方法	控制性详细规划的编制方法	15%
熟悉控制性详细规划的成果内容	控制性详细规划的成果内容：图纸和文本	15%
了解控制性详细规划的相关要求	控制性详细规划的相关要求	5%
熟悉控制性详细规划的审批与修改	控制性详细规划的审批与修改流程	10%
熟悉修建性详细规划的主要内容	修建性详细规划的主要内容	10%
了解修建性详细规划编制的基本原则	修建性详细规划编制的基本原则	5%
了解修建性详细规划的编制要求	修建性详细规划的编制要求	5%
熟悉修建性详细规划的实施步骤	修建性详细规划的实施步骤	5%

> 章节导读

城市详细规划是与人们的日常生活关系最为密切的一种规划类型,是具体落实实施城市各种上位规划的重要途径。

城市规划的核心内容是城市土地及空间的利用。根据《城乡规划法》和城市规划工作的实践,城市规划编制的完整体系由两个阶段、5个层次组成。两个阶段即总体规划阶段和详细规划阶段。城市规划的5个层次:①城市总体规划纲要;②城市总体规划及专项规划;③城市分区规划;④控制性详细规划;⑤修建性详细规划。

与城市总体规划作为宏观层次的规划相对应,详细规划主要针对城市中某一地区、街区等局部范围中的未来发展建设,从土地使用、房屋建筑、道路交通、绿化与开敞空间及基础设施等方面做出统一的安排。由于详细规划着眼于城市局部地区,在空间范围上介于整个城市与单体建筑物之间,因此其规划内容通常依据城市总体规划或分区规划等上位规划的要求,对规划范围中的各个地块及单体建筑物做出具体的规划设计或提出规划上的要求。

详细规划分为控制性详细规划和修建性详细规划。

8.1 控制性详细规划

所谓控制性详细规划是指以城市总体规划或分区规划为依据,确定建设地区的土地使用性质和使用强度等控制指标、道路和工程管线控制性位置及空间环境控制的规划。根据《城市规划编制办法》第二十四条的规定,编制城市控制性详细规划,应当依据已经依法批准的城市总体规划或分区规划,考虑相关专项规划的要求,对具体地块的土地利用和建设提出控制指标,作为建设主管部门(城乡规划主管部门)做出建设项目规划许可的依据。编制城市修建性详细规划,应当依据已经依法批准的控制性详细规划,对所在地块的建设提出具体的安排和设计。

城市、县人民政府城乡规划主管部门组织编制城市、县人民政府所在地镇的控制性详细规划;其他镇的控制性详细规划由镇人民政府组织编制。

8.1.1 控制性详细规划在规划过程中的作用

1. 承上启下

在整个规划过程中,控制性详细规划上有总体规划或分区规划,下有修建性详细规划。控制性详细规划是两者之间有效的过渡与衔接,起着深化前者和控制后者的作用,确保规划体系的完善和连续。

2. 是管理的依据和建设的引导

"三分规划,七分管理"是城市建设的成功经验。总体规划、分区规划与传统的详细规划,均难以满足规划管理既要宏观又要微观,既要整体又要局部,既要对规划设计又要对开发建设进行管理的需求。控制性详细规划的层次、深度适宜，同时又是采用规划管理语言表述规划的原则和目标，因此它是规划管理的科学依据和城市建设的有效指导，有利于规划和管理及开发建设三者的有机衔接。

3. 是城市政策的载体

作为城市政策的载体，控制性详细规划通过传达城市政策方面的信息，在引导城市社会、经济、环境协调发展方面具有重要的影响力。市场运作过程中各类经济组织和个人可以通过规划所提供的政策，以及社会经过充分协调的关于城市未来发展的政策和相关信息来消除这些组织在决策时所面对的未来不确定性，从而促进资源的有效配置和合理利用。

4. 有利于稳定和调节地价

土地具有不可移动的特性，一块土地的价格与周围的用地性质密切相关。人们在决定土地的市场价格时，往往只考虑成交时周围用地对成交地块的影响，当土地买卖成交后，该地块对周围的用地有可能产生不良影响，因而反过来造成这块土地的价格下跌。因此，采用控制性规划对土地的用途进行合理的规定，从而提高地价的稳定程度，有利于土地市场的繁荣与稳定。

5. 有利于公共福利

借助于控制性详细规划来实现对城市各项功能的有机组织。假如没有控制性详细规划，就会造成某些用地供给不足，某些用地又供给过剩的失调状况。为了防止这一现象的出现，政府必须干预市场，对给水排水、道路、学校、图书馆等建设进行协调，为它们提供充足、合适的土地，保证某些土地用途的变化不会造成城市布局整体上的混乱。

6. 是体现城市设计构想的关键

控制性详细规划可将城市总体规划、分区规划的宏观的城市设计构想，以微观、具体的控制要求进行体现，并直接引导修建性详细规划及环境景观规划等的编制。

土地开发往往会给一些具有特色的地区(各传统文化地区)产生一定的压力，出于经济效益的考虑，这些特色往往在城市的新建与改建中逐渐丧失掉。为了从市场压力下将这些地区保护起来，有必要采取控制性详细规划措施，对这些地区进行临时性的保护，直到社会普遍认识到这一地区的价值，并在经济上有能力保护这些地区为止。控制性详细规划还可通过一些交换手段，达到对历史文化遗址等加以保护的目的。

7. 有利于对开发进行严格控制

实施控制性详细规划后，可将开发商置于公共当局的监督控制之下，有效地制止其仅出于自身经济利益而进行的种种不合理开发活动，从而保证城市开发在整体上符合全体市民的长远利益。此外，控制性详细规划可使政府拓宽融资渠道，加快城市建设的步伐。

8.1.2 控制性详细规划编制的主要内容及强制性内容

(1) 确定规划范围内不同性质用地的界线，确定各类用地内适建、不适建或者有条件地允许建设的建筑类型。

(2) 确定各地块建筑高度、建筑密度、容积率、绿地率等控制指标；确定公共设施配套要求、交通出入口方位、停车泊位、建筑后退红线距离等要求。

(3) 提出各地块的建筑体量、体型、色彩等城市设计指导原则。

(4) 根据交通需求分析，确定地块出入口位置、公共交通场站用地范围和站点位置、步行交通及其他交通设施。规定各级道路的红线、断面、交叉口形式及渠化措施、控制点坐标和标高。

(5) 根据规划建设容量，确定市政工程管线位置、管径和工程设施的用地界线，进行管线综合。确定地下空间开发利用具体要求。

(6) 制定相应的土地使用与建筑管理规定。

编制大城市和特大城市的控制性详细规划，可以根据本地实际情况，结合城市空间布局、规划管理要求，以及社区边界、城乡建设要求等，将建设地区划分为若干规划控制单元，组织编制单元规划。

镇控制性详细规划可以根据实际情况，适当调整或者减少控制要求和指标。规模较小的建制镇的控制性详细规划，可以与镇总体规划编制相结合，提出规划控制要求和指标。

8.1.3 控制性详细规划的指标类型及有关术语概念

控制性详细规划的指标可分为规定性指标和指导性指标两类。

1. 规定性指标

规定性指标是编制规划时必须遵照执行的指标，主要有以下几种。

(1) 用地性质。即城乡规划管理部门根据城市总体规划的需要，对某宗具体用地所规定的用途。用地性质可分为八大类：居住用地(R)、公共管理与公共服务用地(A)、商业服务业设施用地(B)、工业用地(M)、物流仓储用地(W)、交通设施用地(S)、公用设施用地(U)、绿地(G)。

(2) 建筑密度。即一定地块内所有建筑物的基底总面积占用地面积的比例。

(3) 建筑控制高度。

(4) 容积率。即一定地块内总建筑面积与建筑用地面积的比值。

(5) 交通出入口方位。

(6) 绿地率。即城市一定地区内各类绿化用地总面积占该地区总面积的比例。

(7) 停车泊位及其他需要配置的公共设施和市政设施。

2. 指导性指标

指导性指标即参照执行的指标，包括以下几项内容。

(1) 人口容量。是环境人口容量的简称，指一国或一地区在可以预见的时期内，利用该地的能源和其他自然资源及智力、技术等条件，在保证符合社会文化准则的物质生活水平条件下，所能持续供养的人口数量。

(2) 建筑形式。指对建筑风格和外在形象的控制。

(3) 建筑体量。指建筑在空间上的体积，包括建筑的横向尺度、竖向尺度和建筑形体控制等方面。

(4) 建筑风格要求。应符合城市设计的要求。

(5) 建筑色彩要求。应符合城市设计的要求。

(6) 其他环境要求。

其他相关术语如下。

(1) 道路红线。指规划的城市道路路幅的边界线。

(2) 建筑红线。指城市道路两侧控制沿街建筑物或构筑物(如外墙、台阶等)靠临街面的界线，又称建筑控制线。

(3) 紫线。指国家历史文化名城内的历史文化街区和省、自治区、直辖市人民政府公布的历史文化街区的保护范围界线，以及历史文化街区外经县级以上人民政府公布保护的历史建筑的保护范围界线。

(4) 黑线。指城市电力的用地规划控制线。

(5) 橙线。指为了降低城市中重大危险设施的风险水平，对其周边区域的土地利用和建设活动进行引导或限制的安全防护范围的界线。划定对象包括核电站、油气及其他化学危险品仓储区、超高压管道、化工园区及其他安委会认定须进行重点安全防护的重大危险设施。

(6) 蓝线。指规定城市水面，主要包括河流、湖泊及护堤的保护控制线。

(7) 绿线。指城市各类绿地范围的控制线。

(8) 黄线。指对城市发展全局有影响的、城市规划中确定的、必须控制的城市基础设施用地的控制界线。

(9) 建筑红线后退距离。指规定建筑物应距离城市道路或用地红线的程度。

(10) 建筑间距。指两栋建筑物或构筑物外墙之间的水平距离。

(11) 用地面积。指规划地块用地边界内的平面投影面积。

(12) 土地使用的相容性。指在确定地块主导用地属性下，在其中规定可以兼容、有条件兼容、不允许兼容的设施类型。

(13) 交通运行组织。是对街坊或地块提出的车行、人行等的交通组织要求。

(14) 装卸场地规定。以不影响其他交通活动为宜。

(15) 建筑高度。指地块内建筑地面上的最大高度限制，也称建筑限高。

(16) 建筑后退。指建筑控制线与规划地块边界之间的距离。

8.1.4 控制性详细规划的编制方法和成果内容

1. 编制控制性详细规划的工作步骤

控制性详细规划的编制通常划分为现状调研与前期研究、规划方案与用地划分、指标体系与指标确定和成果编制 4 个阶段，具体如下。

1) 现状调研与前期研究

现状调研与前期研究包括上一层次规划即城市总体规划或分区规划对控制性详细规划的要求、其他非法定规划提出的相关要求等，还应该包括各类专项研究，如城市设计研究，土地经济研究，交通影响研究，市政设施、公共服务设施、文物古迹保护，生态环境保护等，研究成果应该作为编制控制性详细规划的依据。

(1) 基础资料的收集的基本内容如下。

① 已经批准的城市总体规划或分区规划对本规划地段的规划要求，相邻地段已批准的规划资料。

② 地方法规、规划范围已经编制完成的各类详细规划及专项规划的技术文件。

③ 准确反映近期现状的地形图[(1∶2 000)~(1∶1 000)]。

④ 规范范围现状人口详细资料，包括人口密度、人口分布、人口构成等。

⑤ 土地使用现状资料[(1∶2 000)~(1∶1 000)]，规划范围及周边用地情况，土地产权与地籍资料，包括城市中划拨用地、已批在建用地等资料，现有重要公共设施、城市基础设施、重要企事业单位、历史保护单位、风景名胜等资料。

⑥ 建筑物现状，包括各类建筑类型与分布、建筑面积、密度、质量、层数、性质、体量及建筑特色等。

⑦ 道路交通(道路定线、交通设施、交通流量调查、公共交通、步行交通等)现状资料及相关规划资料。

⑧ 市政工程管线(市政源点、现状管网、路由等)现状资料及相关规划资料。

⑨ 公共安全及地下空间利用现状资料。

⑩ 公共设施规模及分布。

⑪ 土地经济分析资料(土地级差、地价等级、开发方式、房地产指数等)。

⑫ 所在城市及地区历史文化传统、建筑特色等资料。

⑬ 其他相关(城市环境、自然条件、历史人文、地质灾害等)现状资料。

(2) 分析研究的基本要求。在详尽的现状调研基础上，梳理地区现状特征和规划建设情况，发现存在问题并分析其成因，提出解决问题的思路和相关规划建议。从内因、外因两方面分析地区发展的优势条件与制约因素，分析可能存在的威胁与机遇。对现有重要城市公共设施、基础设施、重要企事业单位等用地进行分析论证，提出可能的规划调整动因、机会和方式。

基本分析内容应包括区位分析、人口分布与密度分析、用地现状分析、建筑现状分析、交通条件与影响分析、城市设计系统分析、现状场地要素分析、土地经济分析等，根据规划地区的建设特点可适当增减分析内容，并根据地方实际需求，在必要的条件下针对重点内容进行专题研究。

2) 规划方案与用地划分

通过深化研究和综合，对编制范围的功能布局、规划结构、公共设施、道路交通、历史文化环境、建筑空间体型环境、绿地景观系统、城市设计及市政工程等方面，依据规划原理和相关专业设计要求做出统筹安排，形成规划方案。将城市总体规划或分区规划思路具体落实，并在不破坏总体系统的情况下做出适当的调整，成为控制性详细规划的总体性控制内容和控制要求。

在规划方案的基础上进行用地细分，一般控制性详细规划的用地应分至小类，细分到地块。划分地块的目的是为了便于规划管理分块批租、分块开发、分期建设，成为控制性详细规划实施具体控制的基本单位。划分地块应考虑用地现状、产权划分和土地使用调整意向、专业规划要求，如城市"五线"、开发模式、土地价值区位级差、自然或人为边界、行政管辖界限等因素，还应根据用地功能性质不同、用地产权或使用权边界的区别进行划分等。经过划分后的地块是编写控制性详细规划技术文件的载体。

3) 指标体系与指标确定

按照规划编制办法，选取符合规划要求和规划意图的若干规划控制指标组成综合指标体系，并根据研究分析分别赋值。综合控制指标体系是控制性详细规划编制的核心内容之一。综合控制指标体系中必须包括编制办法中规定的强制性内容。

指标确定的方法：①测算法——由研究计算得出；②标准法——根据规范和经验确定；③类比法——借鉴同类型城市和地段的相关案例比较总结；④反算法——通过试做修建规划和形体设想方案估算。指标确定的方法依据实际情况决定，也可采用多种方法相互印证。基本原则是先确定基本控制指标，再进一步确定其他控制指标。

4) 成果编制

按照编制办法的相关规定编制规划图纸、分图控制图则、文本和管理技术规定，形成规划成果。

2. 控制性详细规划的控制方式

在编制控制性详细规划中可针对具体建设情况采取不同的控制手段和方式。

(1) 指标量化。是指通过一系列控制指标对用地的开发建设进行定量控制，如容积率、建筑密度、建筑高度、绿地率等。这种方法适用于城市一般建设用地的规划控制。量化指标应有一定的依据，采用科学的量化方法。

(2) 条文规定。是通过对控制要素和实施要求的阐述，对建设用地实行的定性或定量控制，如用地性质、用地实用相容性和一些规划要求说明等。这种方法适用于规划用地的使用说明、开发建设的系统性控制要求及规划地段的特殊要求。

(3) 图则标定。是在规划图纸上通过一系列的控制线和控制点对用地、设施和建设要求进行的定位控制，如用地边界、"五线"(即道路红线、绿地绿线、河湖蓝线、保护紫线、设施黄线)、建筑后退红线、控制点及控制范围等。这种方法适用于对规划建设提出具体的定位的控制。

(4) 城市设计引导。是通过一系列指导性的综合设计要求和建议，甚至具体的形体空间设计示意，为开发控制提供管理准则和设计框架，如建筑色彩、形式、体量、空间组合及建筑轮廓线示意图等。这种方法宜于在城市重要的景观地带和历史保护地带，为获得高质量的城市空间环境和保护城市特色时采用。

(5) 规定性与指导性。控制性详细规划的控制内容分为规定性和指导性两大类。规定性是在实施规划控制和管理时必须遵守执行的，体现为一定的"刚性"原则，如用地界限、用地性质、建筑密度、限高、容积率、绿地率、配建设施等。指导性内容是在实施规划控制和管理时需要参照执行的内容，这部分内容多为引导性和建议性，体现为一定的弹性和灵活性，如人口容量、城市设计引导等内容。

3. 控制性详细规划的成果要求

控制性详细规划的成果分为规划文本、图件和附件。图件由图纸和图则两部分组成，规划说明、基础资料和研究报告收入附件。

【参考案例】

1）文本

控制性详细规划的文本包括土地使用与建设管理细则，以条文形式重点反映规划地段的各类用地控制和管理原则及技术规定，经批准后纳入规划管理法规体系。具体内容如下。

(1) 总则。阐明制定规划的目的、依据、原则、适用范围、主管部门和管理权限等。

① 编制目的。简要说明规划编制的目的、规划的背景情况及编制的必要性和重要性，明确经济、社会、环境目标。

② 规划的依据与原则。简要说明与规划相关的上位规划，各级法律、法规、行政规章、政府文件和相关技术规定，提出规划的原则，明确规划的指导思想、技术手段和价值取向。

③ 规划的范围与概况。简要说明规划自然地理边界、规划面积、现状区位条件、自然、人文、景观、建设等条件及对规划产生重大影响的基本情况。

④ 适用范围。简要说明规划控制的适用范围，说明在规划范围内哪些行为活动需要遵循本规划。

⑤ 主管部门与管理权限。明确在规划实施过程中，执行规划的行政主体，并简要说明管理权限及管理内容。

(2) 土地使用和建筑规划管理通则。主要包括用地分类标准、原则与说明，用地细分标准、原则与说明，控制指标系统说明；各类适用性质用地的一般控制要求，道路交通系统的一般控制规定，配套设施的一般控制规定和其他通用性规定等。

(3) 城市设计引导。根据城市设计研究，提出城市设计总体构思、整体结构框架，落实上位规划的相关控制内容；阐明规划格局、城市风貌特征、城市景观、城市设计系统控制的相关要求和一般性管理规定。

(4) 关于规划调整的相关规定。主要包括调整范畴、调整程序、调整的技术规范等。

(5) 奖励与补偿的相关措施与规定。对老城区公共资源缺乏的地段，以及有特殊附加控制与引导内容的地区，提出规划控制与奖励的原则、标准和相关管理规定。

(6) 附则。阐明规划成果组成、使用方式、规划生效、解释权、相关名词解释等。

(7) 附表。一般应包括《用地分类一览表》《现状与规划用地平衡表》《土地兼容控制表》《地块控制指标一览表》《公共服务设施规划控制表》《市政公用设施规划控制表》《各类用地与设施规划建筑面积汇总表》及其他控制与引导内容或执行标准的控制表。

2) 图件

以《A市****编制单元控制性详细规划》为例说明(详细图纸文本见资料库)。

本编制单元位于A市主城区西部,南侧紧靠开发区,东侧为A市老城区的核心区,西侧为乡镇,是A市传统意义上的城西区域,规划范围占地面积为717.27公顷。

该编制单元作为A市主城区西部对外联系窗口和城市门户,交通便捷,有广阔的发展空间,功能定位为A市城西生活居住区和区域商贸物流中心。

(1) 图纸部分。

① 规划用地位置(区位)图(比例不限)。标明规划用地在城市中的地理位置,与周边主要功能区的关系,以及规划用地周边重要的道路交通设施、线路及地区可达性状况。

② 规划用地现状图[(1∶5 000)~(1∶2 000)]。标明土地利用现状(图8.1)、人口状况、建筑物现状公共服务设施、市政用地设施现状。

土地利用现状包括规划区域内各类现状用地的范围界限、权属、性质等,用地分至小类。

人口现状包括规划区域内各行政辖区边界人口数量、密度、分布及构成情况等。

建筑物现状包括规划区域内各类现状建筑的分布、性质、质量、高度等。

公共服务设施、市政用地设施现状包括规划区内及对规划区域有重大影响的周边地区现有公共服务设施(包括行政办公、商业金融、科学教育、体育卫生、文化娱乐等建筑)的类型、位置、登记、规模、道路交通网络、给水电力等市政工程设施、管线的分布情况等。

③ 土地使用规划图[(1∶5 000)~(1∶2 000)],如图8.2所示。规划各类用地的界线,规划用地的分类、性质、道路网络布局和公共设施位置;须在现状地形图上标明各类用地的性质、界线和地块编号,道路用地的规划布局结构,表明市政设施、公用设施的位置、登记、规模,以及主要规划控制指标。

④ 道路交通及竖向规划图[(1∶5 000)~(1∶2 000)]。确定道路走向、线性、横断面,各支路交叉口坐标、标高,停车场和其他交通设施用地界线、各地块室外地坪规划标高。

a. 道路交通规划图。在现状地形图上,标明规划区内道路系统与区外道路系统的衔接关系,确定区内各级道路红线宽度、道路线形、走向,标明道路控制点坐标和标高、坡度、缘石半径、曲线半径,重要交叉口渠化设计,轨道交通,铁路走向和控制范围,道路交通设施(包括社会停车场、公共交通及轨道交通站场等)的位置、规模与用地范围,如图8.3所示。

b. 竖向规划图。在现状地形图上标明规划区域内各级道路为何地块的排水方向,各级道路交叉点、转折点的标高、坡度、坡长,标明各地块规划控制标高,如图8.4所示。

⑤ 公共服务设施规划图[(1∶5 000)～(1∶2 000)]。标明公共服务设施位置、类别、等级、规模、分布、服务半径，以及相应建设要求，如图8.5所示。

⑥ 工程管线规划图[(1∶5 000)～(1∶2 000)]。各类工程管网平面布置、管径、控制点坐标和标高，具体分为给排水、电力电信、热力燃气、管线综合等。必要时，可分别绘制。

a．给水规划图(图8.6)。标明规划区供水来源，水厂、加压泵站等供水设施的容量、平面的位置及供水标高、供水管线走向和管径。

b．排水规划图。标明规划区雨水泵站的规模和平面位置，雨水管渠的走向、管径及控制标高和出水口位置；标明污水处理厂、污水泵站的规模和平面位置，污水管线的走向、管径、控制标高和出水口的位置。

c．电力规划图。标明规划区电源来源，各级变电站、变电所、开闭所平面位置和容量规模，高压线走廊平面位置和控制高度。

d．电信规划图。标明规划区内电信来源，电信局所的平面位置和容量，电信管道的走向、管孔数，确定微波通道的走向、宽度和起始点限高要求。

e．燃气规划图。标明规划区气源来源，储配气站的平面位置、容量规模，燃气管道等级、走向、管径。

f．供热规划图。标明规划区热源来源，供热及转换设施的平面布置、规模容量，供热管网等级、走向、管径。

⑦ 其他相关规划图纸[(1∶5 000)～(1∶2 000)]。根据具体项目要求和控制必要性，可增加绘制其他相关图纸，如开发强度区划图、建筑高度区划图、历史保护规划图、地下空间利用规划图等。

(2) 规划图则。

① 地块划分编号图[(1∶5 000)～(1∶2 000)]。标明地块划分具体界线和地块编号，作为地块图则索引。

② 总图则[(1∶5 000)～(1∶2 000)]。各项控制要求汇总图，一般应包括地块控制总图则、设施控制总图则、"五线"控制总图则。总图则应重点体现控制性详细规划的强制性内容。

③ 分图图则[(1∶2 000)～(1∶500)]。规划范围内针对街坊或地块分别绘制的规划控制图则，应全面系统地反映规划控制内容，并明确区分强制性内容。

此外，控制性详细规划图根据具体项目编制需要，可增加规划结构图(图8.7)、绿化结构图、总平面示意图等。

3) 附件

(1) 规划说明书。对规划背景、规划依据原则与指导思想、工作方法与技术路线、现状分析与结论、规划构思、规划设计要点、规划实施建议等内容进行系统详尽的阐述。

(2) 相关专题研究报告。针对规划重点问题、重点区段、重点专项进行必要的专题分析，提出解决问题的思路、方法和建议，并形成专题报告研究。

(3) 相关分析图纸。包括规划分析、构思、设计过程中必要的分析图纸，比例不限。

(4) 基础资料汇编。包括规划编制过程中所采用的基础资料整理与汇总。

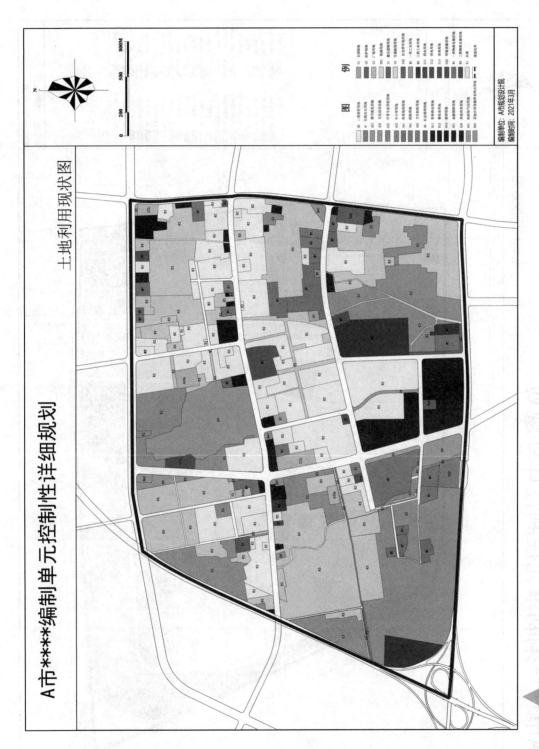

图 8.1 土地利用现状图

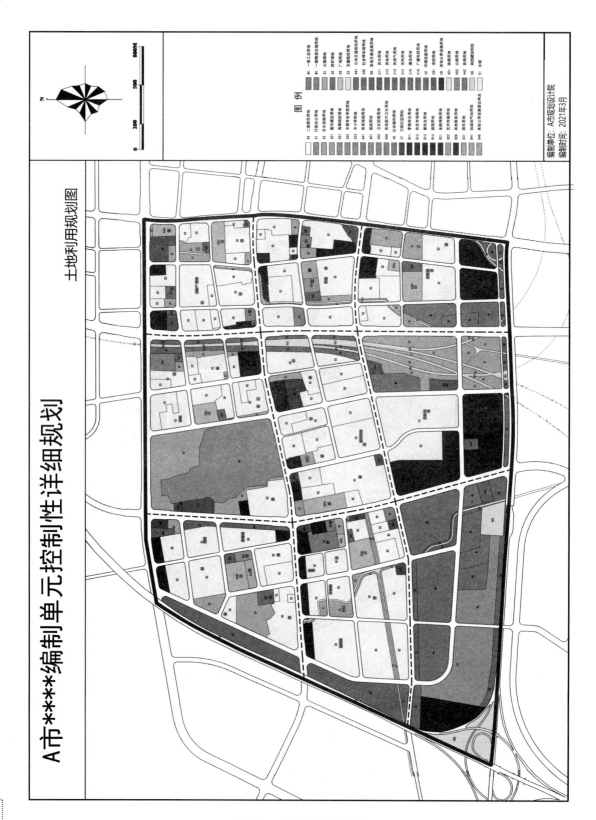

图 8.2　土地使用规划图

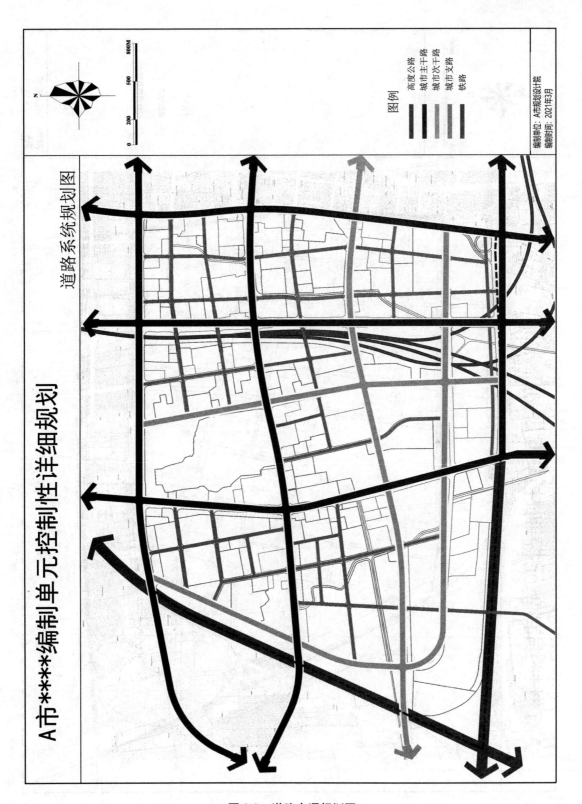

图 8.3 道路交通规划图

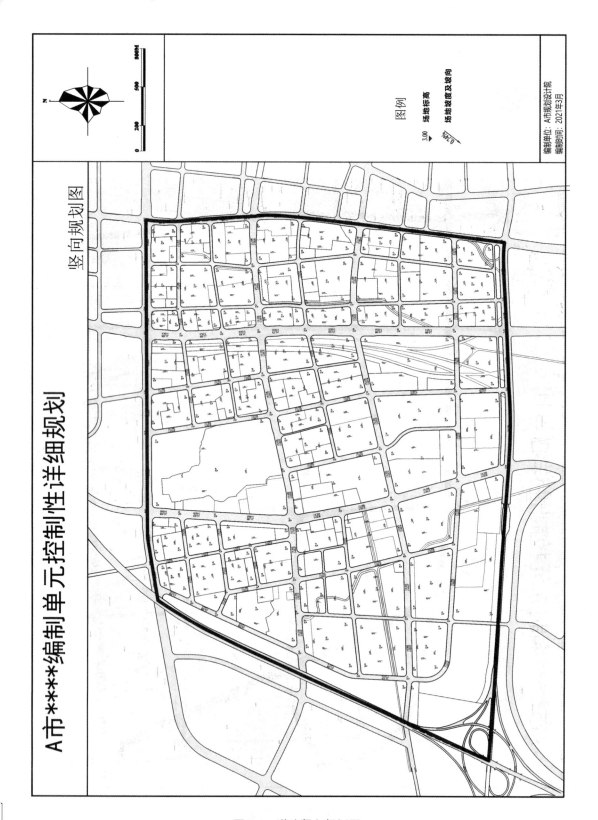

图 8.4 道路竖向规划图

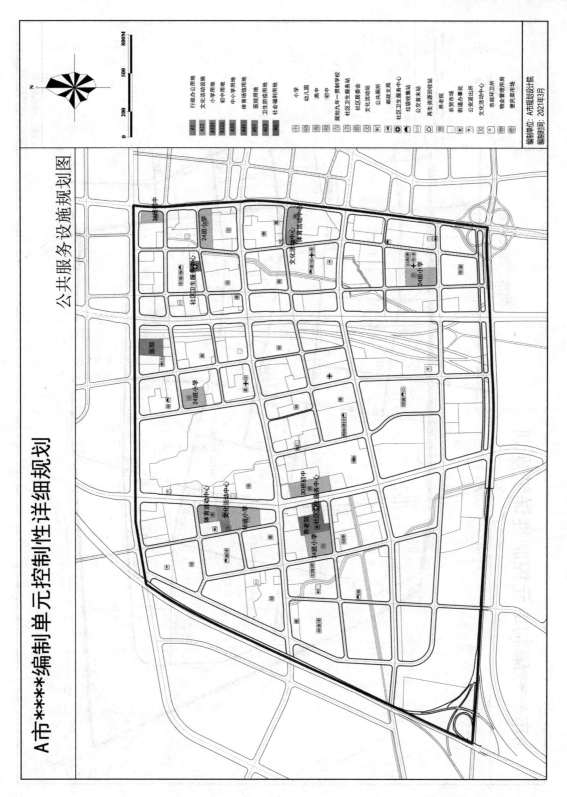

图 8.5 公共服务设施规划图

图 8.6　给水系统规划图

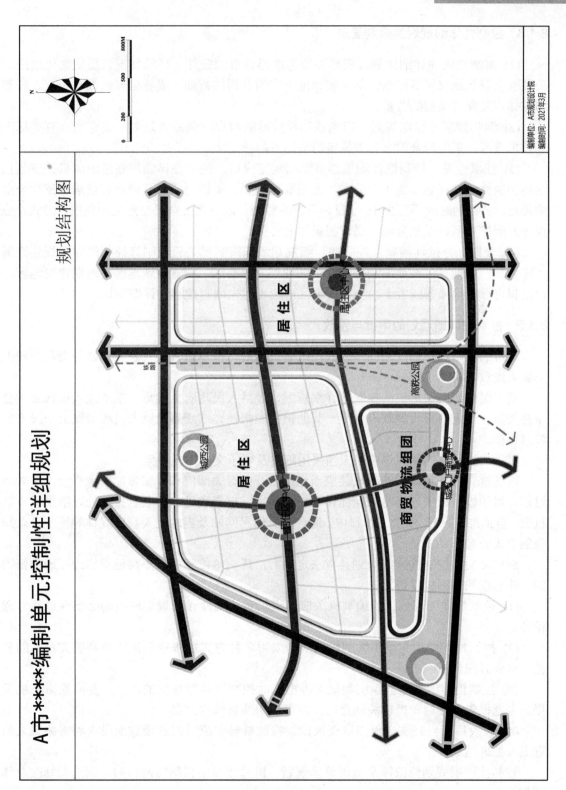

图 8.7 规划结构图

8.1.5 控制性详细规划的编制要求

(1) 编制控制性详细规划，应当综合考虑当地资源条件、环境状况、历史文化遗产、公共安全及土地权属等因素，满足城市地下空间利用的需要，妥善处理近期与长远、局部与整体、发展与保护的关系。

(2) 编制控制性详细规划，应当依据经批准的城市、镇总体规划，遵守国家有关标准和技术规范，采用符合国家有关规定的基础资料。

(3) 征求意见。控制性详细规划草案编制完成后，控制性详细规划组织编机关应当依法将控制性详细规划草案予以公告，并采取论证会、听证会或者其他方式征求专家和公众的意见。公告的时间不得少于 30 日。公告的时间、地点及公众提交意见的期限、方式，应当在政府信息网站以及当地主要新闻媒体上公告。

(4) 分期、分批地编制。控制性详细规划组织编制机关应当制订控制性详细规划编制工作计划，分期、分批地编制控制性详细规划。中心区、旧城改造地区、近期建设地区，以及拟进行土地储备或者土地出让的地区，应当优先编制控制性详细规划。

8.1.6 控制性详细规划的审批与修改

城市的控制性详细规划经本级人民政府批准后，报本级人民代表大会常务委员会和上一级人民政府备案。

县人民政府所在地镇的控制性详细规划，经县人民政府批准后，报本级人民代表大会常务委员会和上一级人民政府备案。其他镇的控制性详细规划由镇人民政府报上一级人民政府审批。

城市的控制性详细规划成果应当采用纸质及电子文档形式备案。

控制性详细规划组织编制机关应当组织召开由有关部门和专家参加的审查会。审查通过后，组织编制机关应当将控制性详细规划草案、审查意见、公众意见及处理结果报审批机关。自批准之日起 20 个工作日内，通过政府信息网站及当地主要新闻媒体等便于公众知晓的方式公布。

经批准后的控制性详细规划具有法定效力，任何单位和个人不得随意修改；确需修改的，应当按照下列程序进行。

(1) 控制性详细规划组织编制机关应当组织对控制性详细规划修改的必要性进行专题论证。

(2) 控制性详细规划组织编制机关应当采用多种方式征求规划地段内利害关系人的意见，必要时应当组织听证。

(3) 控制性详细规划组织编制机关提出修改控制性详细规划的建议，并向原审批机关提出专题报告，经原审批机关同意后，方可组织编制修改方案。

(4) 修改后应当按法定程序审查报批。报批材料中应当附具规划地段内利害关系人的意见及处理结果。

控制性详细规划修改涉及城市总体规划、镇总体规划强制性内容的，应当先修改总体规划。

8.2 修建性详细规划

所谓修建性详细规划是指市和区、县人民政府根据城市总体规划、分区规划或控制性详细规划，对实施开发地区的各类用地、建筑空间、绿化配置、交通组织、市政基础设施、公共服务设施，以及建筑保护等做出具体安排的规划，用以指导各项建筑和工程设施的设计和施工，是城市详细规划的一种。

编制修建性详细规划的主要任务是满足上一层次规划的要求，直接对建设项目做出具体的安排和规划设计，并为下一层次建筑、园林和市政工程设计提供依据。相对于控制性详细规划侧重于对城市开发建设活动的管理与控制，修建性详细规划侧重于具体开发建设项目的安排和直观表达，同时也受控制性详细规划的控制和指导。

8.2.1 修建性详细规划的主要内容

根据《城市规划编制办法》第四十三条的规定，修建性详细规划应当包括下列内容。
(1) 建设条件分析及综合技术经济论证。
(2) 做出建筑、道路和绿地等的空间布局和景观规划设计，布置总平面图。
(3) 对住宅、医院、学校和托幼等建筑进行日照分析。
(4) 根据交通影响分析，提出交通组织方案和设计。
(5) 市政工程管线规划设计和管线综合。
(6) 竖向规划设计。
(7) 估算工程量、拆迁量和总造价，分析投资效益。

8.2.2 修建性详细规划编制的基本原则

(1) 要贯彻我国城市建设中一直坚持的"实用、经济、在可能条件下注意美观"的方针。
(2) 坚持以人为本、因地制宜的原则，要时刻考虑人是环境的使用主体，并且要结合当地的民族特色、风俗习惯、文化特点和社会经济发展水平，为构建社会主义和谐社会创造出良好的物质环境。
(3) 注意协调的原则，包括人与自然环境之间的协调、新建项目与城市历史文脉的协调、建设场地与周边环境的协调等。

8.2.3 修建性详细规划编制的要求

根据《城乡规划法》和《城市规划编制办法》的规定，编制城市修建性详细规划应当依据已经依法批准的控制性详细规划，对所在地块的建设提出具体的安排和设计。组织编制城市详细规划，应当充分听取政府有关部门的意见，保证有关专业规划的空间落实。在城市详细规划编制过程中，应当采取公示、征询等方式，充分听取规划涉及的单位、公众的意见。对有关意见采纳结果应当公布。城市详细规划调整应当取得规划批准机关的同意。规划调整方案，应当向社会公开，提取有关单位和公众的意见，并将有关意见采纳结果公示。

8.2.4 修建性详细规划的实施步骤

(1) 成立组织机构。
(2) 收集必要的规划资料：
① 本地区城市总体规划、分区规划或控制性详细规划资料；
② 现行规划相应规范、要求；
③ 现有场地测量和水文地质资料调查；
④ 人口资料及本区经济发展情况调查；
⑤ 供水、供电、排污等情况调查；
⑥ 居民消费水平调查。
(3) 根据规范计算出本小区各项规划指标。
(4) 确定路网和排水排污体系。
(5) 确定需拆除及改造的项目，并议定赔偿搬迁方案。
(6) 确定活动中心与绿化位置。
(7) 绘制总平面和竖向设计。
(8) 各基本原则经济指标分析。
(9) 编制文本说明。
(10) 组织相关专业人员评审。
(11) 报规划主管部审批。

8.2.5 修建性详细规划的成果

修建性详细规划的成果包括文件和图纸两部分。

1. 修建性详细规划文件

修建性详细规划文件为规划设计说明书，主要包括：①现状条件分析；②规划原则和总体构思；③用地布局；④空间组织和景观特色要求；⑤道路和绿地系统规划；⑥各项专业工程规划及管网综合；⑦竖向规划；⑧主要技术经济指标(一般应包括以下各项：总用地面积；总建筑面积；住宅建筑总面积，平均层数；容积率；建筑密度；住宅建筑容积率；建筑密度；绿地率；工程量及投资估算)。

2. 修建性详细规划图纸

修建性详细规划图纸包括以下内容。
(1) 规划地段位置图。标明规划地段在城市的位置及其与周围地区的关系。
(2) 规划地段现状图。图纸比例为(1∶2 000)～(1∶500)，标明自然地形地貌、道路、绿化、工程管线，以及各类用地和建筑的范围、性质、层数、质量等。
(3) 规划总平面图。比例尺同上，图上应标明规划建筑、绿地、道路、广场、停车场、河湖水面的位置和范围。
(4) 道路交通规划图。比例尺同上，图上应标明道路的红线位置、横断面，道路交叉点坐标、标高，停车场用地界线。

(5) 竖向规划图。比例尺同上，图上标明道路交叉点、变坡点控制高程，室外地坪规划标高。

(6) 单项或综合工程管网规划图。比例尺同上，图上应标明各类市政公用设施管线的平面位置、管径、主要控制点标高，以及有关设施和构筑物位置。

(7) 表达规划设计意图的模型或鸟瞰图。

具体实例参考本书第 10 章。

小　　结

本章通过对控制性详细规划和修建性详细规划的编制原则、编制办法、编制程序及其相关要求、术语等的讲解，旨在使学生了解具体详细规划应包括的主要内容和编制方法，并通过与第 10 章的结合学习，使学生具备进行修建性详细规划的能力。

习　　题

1. 简述控制性详细规划的编制内容与编制程序。
2. 简述修建性详细规划的编制内容与编制程序。

第 9 章

城市历史文化遗产保护与再利用

教学要求

通过对城市历史文化遗产保护的定义、评价标准、保护原则与方法、保护的意义，世界城市历史遗产文化保护的历程、主要遗产保护宪章、世界各国的保护概况，我国历史文化遗产保护概况等知识点的讲解，熟悉世界及我国的城市历史文化遗产保护与再利用的概况；了解目前世界其他国家历史文化遗产保护的方法；了解我国历史文化遗产保护存在的问题；具备遗产保护的意识，并且能够身体力行地宣传遗产保护的重要性，普及历史文化遗产保护的理念，并为日后有机会从事遗产保护设计做好准备。

教学目标

能力目标	知识要点	权重
了解城市历史文化遗产保护总体概况	历史文化遗产的定义、评价标准，保护的原则、方法及意义	20%
了解世界历史文化遗产保护概况	城市历史文化遗产保护的历程、主要遗产保护宪章、世界各国的保护概况	45%
了解我国历史文化遗产保护概况	我国历史文化遗产保护概况、存在的问题等	35%

第9章 城市历史文化遗产保护与再利用

章节导读

龚自珍说过:"灭人之国,必先去其史;隳人之枋,败人之纲纪,必先去其史;绝人之材,湮塞人之教,必先去其史;夷人之祖宗,必先去其史。"

古代圣贤的话警示我们"史"的重要性:如果没有"史",国将灭、才将灭、纲纪将乱。而历史遗产保护就是保护人类的"史"。留住历史,留住人类情感的渊源,是我们的责任。

引例

图 9.1 为福斯特等大师设计的布鲁日"设计师阁楼"的客厅,保留和展现了原工业建筑的美学特征,成为历史文化遗产保护的典范。

图9.1 "设计师阁楼"的客厅

9.1 城市历史文化遗产保护概述

引语

党的二十大报告中指出要推进文化自信自强,铸就社会主义文化新辉煌。使人民精神文化生活更加丰富,中华民族凝聚力和中华文化影响力不断增强。这就要求我们不断传承中华优秀传统文化,巩固全党全国各族人民团结奋斗的共同思想基础,不断提升国家文化软实力和中华文化影响力。而历史文化遗产就是中华民族传统文化的载体,城市里保存着大量的历史文化遗产,需要我们去传承、保护、发扬光大。城市历史遗产保护正式肩负着这样的历史使命。刘易斯·芒福德指出:"城市从其起源时代开始便是一种特殊的构造,它专门用来储存并流传人类文明的成果;这种构造致密而紧凑,足以用最小的空间容纳最多的设施;同时又能扩大自身的结构,以适应不断变化的需求和社会发展更加复杂的形式,从而保存不断积累起来的社会遗产。"

保护历史文化遗产是人类社会进步、文明发展的必然要求。人们对保护历史文化遗产的认识有一个逐渐提高的过程。起初是保护器物、典籍,后来发展到保护建筑物、遗址。就建筑物来讲,开始保护的是宫殿、府邸、教堂、寺庙等建筑艺术的精品,后来扩展到民居、作坊、酒馆等见证平民生产、生活的一般建筑物的保护,再由保护单个的文物古迹发展到保护成片的历史街区,甚至一个完整的历史古城,内容越来越广泛,内涵越来越丰富。主张保护的社会群体也从学者、社会贤达发展到官员、民众。保护的法律也越来越完善,方法越来越周全。这种变化是和社会经济的发展、社会文明程度的提高同步的。在一个国家,社会越是进步,历史文化遗产的保护越受到重视;一国的文化越发达,保护历史文化遗产就越成为那里的社会共识。

9.1.1 城市历史文化遗产的含义

文化遗产保护包括物质文化遗产保护和非物质文化遗产保护。物质文化遗产是具有历史、艺术和科学价值的文物;非物质文化遗产是指各种以非物质形态存在的与群众生活密切相关、世代相承的传统文化表现形式。具体包括以下内容。

(1) 纪念性建筑:从历史、艺术或科学角度看,具有突出的普遍价值的建筑物、碑刻、绘画,具有考古意义的构筑物、铭文、洞窟及各类文物的综合体。

(2) 建筑群:从历史、艺术或科学的角度看,在建筑样式、分布或与环境景观结合方面具有突出的普遍价值的单体建筑的组合或完整的建筑群。

(3) 遗址:从历史、审美、人种学或人类学的角度看,具有突出的普遍价值的人类工程或自然与人类工程相结合的地点或考古遗址。

(4) 文化景观:人工构筑物与自然环境的完美结合。

(5) 历史城镇:包括已没有人居住的城镇、仍有人生活的城镇和20世纪新兴的城镇。

(6) 非物质文化遗产:指被各群体、团体或有时被个人视为其文化遗产的各种实践、表演、表现形式、知识和技能及有关的工具、实物、工艺品和文化场所。它包括口头传说和表述，还包括作为非物质文化遗产媒介的语言，表演艺术，社会风俗、礼仪、节庆，有关自然界和宇宙的知识及实践，以及传统的手工艺技能等。

9.1.2 世界文化遗产的评价标准

1. 自然遗产

《保护世界文化和自然遗产公约》规定，属于下列各类内容之一者，可列为自然遗产。

(1) 从美学或科学角度看，具有突出、普遍价值的由地质和生物结构或这类结构群组成的自然面貌。

(2) 从科学或保护角度看，具有突出、普遍价值的地质和自然地理结构及明确划定的濒危动植物物种生态区。

(3) 从科学、保护或自然美角度看，具有突出、普遍价值的天然名胜或明确划定的自然地带。

提名列入《世界遗产名录》的自然遗产项目，必须符合下列 4 项中的一项或几项标准。

(1) 构成代表地球演化史中重要阶段的突出例证。

(2) 构成代表进行中的重要地质过程、生物演化过程及人类与自然环境相互关系的突出例证。

(3) 独特、稀有或绝妙的自然现象、地貌或具有罕见自然美的地带。

(4) 尚存的珍稀或濒危动植物种的栖息地。

【参考资料】

2. 文化遗产

《保护世界文化和自然遗产公约》规定，属于下列各类内容之一者，可列为文化遗产。

(1) 文物：从历史、艺术或科学角度看，具有突出、普遍价值的建筑物、雕刻和绘画，具有考古意义的成分或结构，铭文、洞穴、住区及各类文物的综合体。

(2) 建筑群：见本章 9.1.1 节。

(3) 遗址：见本章 9.1.1 节。

提名列入《世界遗产名录》的文化遗产项目，必须符合下列 6 项中的一项或几项标准。

(1) 代表一种独特的艺术成就，一种创造性的天才杰作。

(2) 能在一定时期内或世界某一文化区域内，对建筑艺术、纪念物艺术、城镇规划或景观设计方面的发展产生极大影响。

(3) 能为一种已消逝的文明或文化传统提供一种独特的至少是特殊的见证。

(4) 可作为一种建筑或建筑群或景观的杰出范例，展示出人类历史上一个或几个重要阶段。

(5) 可作为传统的人类居住地或使用地的杰出范例，代表一种(或几种)文化，尤其在不可逆转之变化的影响下变得易于损坏。

(6) 与具特殊普遍意义的事件或现行传统或思想或信仰或文学艺术作品有直接或实质的联系。只有在某些特殊情况下或该项标准与其他标准一起作用时，此款才能成为列入《世界遗产名录》的理由。

3. 文化与自然双重遗产

文化和自然双重遗产必须分别符合前文关于文化遗产和自然遗产的评定标准中的一项或几项。同时，作为文化遗产还必须满足以下要求。

(1) 符合真实性的要求，包括设计、材料、工艺和布局的真实性。
(2) 有足够的法律和/或传统的保护和管理机制作为保障。

4. 文化景观

文化景观这一概念是 1992 年 12 月在美国新墨西哥州圣菲召开的联合国教科文组织世界遗产委员会第 16 届会议时提出并纳入《世界遗产名录》中的。文化景观代表《保护世界文化和自然遗产公约》第一条所表述的"自然与人类的共同作品"。文化景观的选择应基于它们自身的突出、普遍的价值，其明确划定的地理-文化区域的代表性及其体现此类区域的基本而具有独特文化因素的能力。它通常体现持久的土地使用的现代化技术及保持或提高景观的自然价值，保护文化景观有助于保护生物多样性。文化景观可分为以下 3 个主要类型。

(1) 由人类有意设计和建筑的景观。包括出于美学原因建造的园林和公园景观，它们经常(但并不总是)与宗教或其他纪念性建筑物或建筑群有联系。

(2) 有机进化的景观。它产生于最初始的一种社会、经济、行政及宗教需要，并通过与周围自然环境相联系或相适应而发展到目前的形式。它又包括两种次类别：一是残遗物(或化石)景观，代表过去某段时间已经完结的进化过程，无论是突发的或是渐进的。它们之所以具有突出、普遍价值，还在于显著特点依然体现在实物上。二是持续性景观，它在当今与传统生活方式相联系的社会中，保持一种积极的社会作用，而且其自身演变过程仍在进行之中，同时又展示了历史上其演变发展的物证。

(3) 关联性文化景观。这类景观列入《世界遗产名录》，以与自然因素、强烈的宗教、艺术或文化相联系为特征，而不是以文化物证为特征。

另外，列入《世界遗产名录》的文化古迹遗址、自然景观一旦受到某种严重威胁，经过世界遗产委员会调查和审议，可列入《濒危世界遗产名录》，以待采取紧急抢救措施。

9.1.3 城市历史文化遗产保护的方法与原则

【参考视频】

(1) 原封不动地保存(冻结保存)，保持历史文化的原真性。这是联合国提倡的标准。一般对文物古迹应原封不动地保存。

(2) 整旧如故，谨慎修复。对于残缺的建筑(古遗迹)，修复应"整旧如故，以存其真"。《威尼斯宪章》提出了世界各国公认的两个修复原则：修复和补缺的部分必须跟原有部分形成整体，保持景观上的和谐一致；有助于恢复而不能降低它的艺术价值、历史价值、科学价值、信息价值。

(3) 增添部分必须与有部分有所区别，使人能辨别历史和当代增添物，以保持文物建筑的历史性。此外，加固、维护应尽可能地少，即必要性原则。

(4) 慎重重建。一些十分重要的历史建筑物因故被毁。由于它们是地方重要的特征、象征，因此，在条件允许的情况下，有必要重建。重建有纪念意义。但是，重建必须慎重，必须经专家论证，因为重建必然失去了历史的真实性，又耗资巨大，还破坏了遗迹。在更多情况下保存残迹更有价值。

(5) 利用以不损坏遗产为前提。对历史文化遗产的利用以不损坏遗产为前提，以继续原有使用方式为最佳，也可以作为博物馆。但作为参观旅游景点时要慎重，防止遗产再被破坏。

(6) 保持历史街区和古城的格局特征。重点保护好历史街区和古城的平面布局、方位轴线、道路骨架、河网水系等。

(7) 保护特色建筑风格。包括建筑的式样、高度、体量、材料、颜色、平面布局、与周围建筑的关系等。控制适当的建筑尺度高度、体量非常重要，切记今古不同，不要求高、求大。

(8) 保护历史环境。事物与其存在环境是密不可分的，不可以脱离环境而存在。保护历史文化遗产环境的意义更重要，重要的、特色的、与重要历史有关的地形、地貌、原野、水体、花木及其特征都要保护。

(9) 不确定的古镇、古村、古街、古建筑应暂不拆除。许多偏远的地方，尤其是山区农村的古镇、古村、古街、古建筑虽然不是重点文物保护单位，但是也是历史文化遗产，有相当高的价值。当地人不知道，又没有财力和机会请专家鉴定。在这种情况下，最好暂不拆除，以免造成遗憾，待专家论证后再根据情况处理。

做好历史文化古城和历史文化地段保护规划。规划是龙头，保护必须以规划为前提，规划必须先行。有了规划，才能按规划进行保护。

9.1.4 城市历史文化遗产保护的意义

城市历史文化遗产保护具有重要的意义，国务院下发的《关于加强文化遗产保护工作的通知》规定从 2006 年起每年 6 月的第二个星期六为我国的"文化遗产日"。这意味着文化遗产保护工作开始进入政府和社会关注的视野。

保护历史文化遗产，保持民族文化的传承，是连接民族情感纽带、增进民族团结和维护国家统一及社会稳定的重要文化基础，也是维护世界文化多样性和创造性，促进人类共同发展的前提。一个民族文化的根基，一种精神文明的传承，需要载体。悠久的文化，是承载于千年文化遗产，如风俗、习惯、传统表演艺术、古遗址、古建筑等之上的。城市历史文化遗产保护的意义如下。

(1) 历史研究——历史文化价值。城市文化遗产是城市历史发展的见证，是城市历史研究的重要依据。研究城市、人类发展历史，借古明今，有利于促进城市发展。

(2) 科学研究——科学价值。在历史科学研究进程中人们发现，历史古城、建筑、构筑物(如中国的赵州桥、都江堰，埃及的金字塔)等有很深奥的科学道理，有的甚至是目前人们还不清楚的科学理论。保护历史文化遗产，尤其是保护凝聚了 3 000 多年历史文化的中国历史文化遗产，对科学研究有重要的意义。

(3) 发展旅游——经济价值。正是这些人类前进中创造的城市文化遗产，为我们的城市发展提供了良好的条件——发展城市旅游业，用经济价值去直观地表现城市历史文化的独特魅力，有利于更好地发展城市。中国 5 000 多年的历史文化遗产丰富而迷人，它吸引着无数的中国人，更让外国人向往，这些都是发展城市旅游业的重要资源，也是人们游憩、观光、获得美的享受的重要场所。小小的周庄(小镇)，年旅游收入达 2 亿元，增长率也是惊人的。

(4) 可持续性。留存文化遗产，其意义也关乎未来。理解文化遗产，应该理解遗产背后蕴含着的深刻历史文化含义，更要在传统的基础上培育出新的现代文化。这种萌发于历史文化传统之上的"新"文化，才更具有根基、底蕴、特色和生命力。社会文明需要新陈代谢，但更新不能摈弃历史，而是在历史基础上发展，是从旧环境中滋生出新的东西。

总之，保护历史文化遗产意义重大。城市历史文化遗产保护能够体现城市个性与特征，体现城市丰富的建筑物和构筑及其类型、城市空间、界面，以及其中的社会生活。城市历史文化遗产保护的意义不仅仅在于保存城市历史发展的轨迹，以留存城市的记忆，也不只是继承传统文化，以延续民族发展的脉络，它同时还是城市进一步发展的重要基础和契机。

9.2　世界城市历史文化遗产保护概况

引例

城市历史遗产保护在西方国家受到普遍的关注和财政支持。

英国用于新建和改建的国家资金，从 20 世纪 70 年代的 75∶25 提高到 90 年代的 50∶50。

1985 年，美国所有的建筑工程中，一半属于改建或复原的项目，当代美国建筑师 70% 在从事老建筑再利用的工作，我们国家未来建筑行业的发展也必然会倾向于历史遗产保护方面。

9.2.1　历史文化遗产保护立法历程及国际宪章

城市历史文化遗产的保护起源于文物建筑的保护。自 19 世纪末起，世界各国陆续开始通过立法保护文物建筑。法国 1810 年颁布了《历史性建筑法案》，1887 年颁布了《纪念物保护法》，1913 年颁布了《历史古迹法》，1930 年颁布了《景观地保护法》；英国 1882 年颁布了《历史纪念物保护法》，1900 年颁布了《纪念物保护法》修正案，1913 年颁布了《古建筑加固和改善法》，1931 年颁布了《古建筑加固和改善法》修正案，1953 年颁布了《历史建筑与古纪念物法》；日本 1897 年制定了《古社寺保存法》，1919 年制定了《古迹名胜天然纪念物保护法》，1929 年制定了《国宝保护法》，1950 年制定了《文化财保护法》；美国 1906 年制定了《古物保护法》等。

1961 年 5 月，联合国教科文组织在威尼斯召开的第一届历史古迹建筑师及技师国际会议上，通过了著名的《国际古迹保护与修复宪章》，即通常所称的《威尼斯宪章》。《威尼斯宪章》的制定是国际历史文化遗产保护发展中的一个重要事件，这是关于保护文物建筑的第一个国际宪章。它确定了文物建筑的定义及保护、修复与发掘的宗旨与原则，其指导意义延续至今。

1933年，国际现代建筑协会制定了第一个获国际公认的城市规划纲领性文件《雅典宪章》，其中有一节专门论述"有历史价值的建筑和地区"，指出了保护的意义与基本原则。自20世纪60年代起，城市历史文化遗产保护的实践开始从文物建筑扩大到历史地段；1962年，法国颁布了保护历史地段的《马尔罗法令》，又称《历史街区保护法》。之后，很多国家也陆续制定了自己国家历史地段的保护法规。例如，丹麦、比利时、荷兰分别于1962年、1962年和1965年在各国《城市规划法》中规定了保护区；日本1966年颁布了《古都保存法》，并于1975年在《文物保护法》的修改中增加"传统建筑群保存地区"的内容；英国于1967年颁布的《城市文明法》将有特别建筑和历史意义的地段划定为保护区；美国于1935年制定了《历史地段与历史建筑法》，并于1966年制定了《国家历史保护法》等。

1976年11月，联合国教科文组织大会第19届会议提出《关于历史地区的保护及其当代作用的建议》，简称《内罗毕建议》。《内罗毕建议》重点提出了历史地区在立法、行政、技术、经济和社会方面的保护措施，并将研究、教育和信息工作作为历史地区保护的重要工作之一。

1987年10月，国际古迹遗址理事会在美国首都华盛顿通过的《保护历史城镇与城区宪章》(或称《华盛顿宪章》)，是继《威尼斯宪章》之后又一个关于历史文化遗产保护的重要国际性法规文件。这一文件总结了20世纪70年代以来各国在保护的理论与实践方面的经验，明确了历史地段及更大范围的历史城镇、城区的保护意义和保护原则。《华盛顿宪章》再次提到保护与现代生活的关系，并明确指出，城市的保护必须纳入城市发展政策与规划之中。

9.2.2 世界各国的历史文化遗产保护概况

1. 法国的历史文化遗产保护概况

法国的历史文化遗产行政管理体系如图9.2所示。

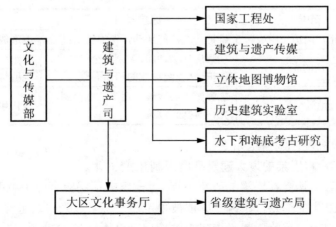

图9.2 法国的历史文化遗产行政管理体系

法国的历史文化遗产保护突出的特点是其相关行政管理体系，体现了较强的集权与专家治理色彩。在中央政府层面，与旧城保护和更新有关的政府部门主要有文化部的建筑与文化遗产管理局、环境与国土治理部的自然与风景管理局，以及建设、交通与住宅部的城市规划总局。建筑与文化遗产管理局负责确定保护对象及其重要性排序，并与行政总局共同管理"国家建筑师"驻省代表处的工作。自然与风景管理局负责重点风景区的保护。城市规划总局负责空间规划与建设治理立法。这里需要特别加以介绍的是法国特有的"国家建筑师"制度。"国家建筑师"是专为保护历史遗产设立的，它从有一定工作经验的建筑师、规划师中招考，经过两年的专门培训，再通过国家考试后正式任命。现在全法国共有国家建筑师360人，其中200人从事建筑遗产保护，160人从事空间规划。国家建筑师驻省代表处代表国家利益关注地方保护工作的实施，其重要工作之一是对建设项目参与意见，核查建设项目是否符合保护的法规和要求。对保护建筑的维修、《马尔罗法》规定的历史保护区范围内的建设活动，包括新建、维修、拆除等都需要国家建筑师的评估和同意。

划定历史街区保护也是法国遗产保护的重要手段，1962年法国颁布的《历史街区保护法》是将城市历史文化遗产保护的实践从单体建筑扩大到历史街区的先行之作。该法首次确立了"保护区"的概念。保护区是城市中同时具有审美和历史价值，同时也仍有城市活动的区域。该法规定："保护一个历史街区需要同时保护其外立面和更新其室内。修复的具体实施方法包括保护街区特有的风格，并且对建筑物进行整治，使得建筑物居住起来更加现代更加舒适。修复工作需要达到如下两个方面的目的：保护我们的历史文化遗产和改善法国人民的生活和工作环境。"政府具有建立保护区的决定权，但同时要承担向公众公布详细保护规划的责任。到1999年为止，全法国共有91个保护区，大约覆盖60平方千米的土地，其中有大约80万居民生活在保护区中。

另外，在法国，国家对列入"国家保护名录"的建筑，补贴维修经费的50%，以保障遗产保护的顺利实施。

巴黎城市分区保护控制措施见表9-1。

表9-1 巴黎城市分区保护控制措施

序号	范围	保护原则	交通控制
1	18世纪形成的历史中心区	维持传统职能活动，保护历史风貌	改造成若干步行区
2	19世纪形成的老区	加强居住区功能,限制办公楼建造,保护19世纪形成的和谐面貌	改组各种交通方式依文物建筑的价值与完整性分区对待
3	城市周边地区	加强区中心建设，适当放宽控制，允许一些新设施	现代化交通模式

巴黎的建筑高度控制措施如下。

(1) 1667年，将巴黎的最大建筑高度限制在15.6米。

(2) 1859年，奥斯曼在巴黎的改建中规定，建筑的顶层应有一个坡度为45度的坡屋顶；对于宽度小于10米的道路，建筑的屋顶被限定在一个半径为建筑进深一半的1/4圆内。对于宽度在20米以上的道路，其沿街建筑的檐口高度不能超过20米。

(3) 1902年的"美丽时代"，建筑的檐口高度限制在20米，将建筑的最大高度提高到

30 米，也就是说，只要沿街建筑的进深达到 10 米以上，建筑就可能有一个 3 层高的逐渐退让的屋顶。

(4) 1967 年，巴黎的建设管理规定将位于市中心的建筑限高规定为 31 米，在城市环线地区提高到 37 米。

(5) 1977 年，将建筑在市中心的最大限高降低为 25 米，在城市环线地区降低为 31 米。这一建筑高度的规定一直使用至今。严格管理和建筑高度控制下的巴黎城区和谐美景如图 9.3 所示。

(a) 巴黎马德莱娜教堂及周边　　　　　　　　(b) 巴黎旺多姆广场

图 9.3　巴黎城区和谐美丽景观

 知识链接

奥赛火车站遗产保护与再利用

奥赛博物馆(图 9.4 和图 9.5)是由废弃多年不用的奥赛火车站改建而成，1986 年年底建成开馆。改建后的博物馆长 140 米、宽 40 米、高 32 米，馆顶使用了 3.5 万平方米的玻璃天棚。博物馆实用面积 5.7 万多平方米，共拥有展厅或陈列室 80 个，展览面积 4.7 万平方米，其中长期展厅 1.6 万平方米。

图 9.4　奥赛博物馆外部　　　　　　　　图 9.5　奥赛博物馆内部

2. 英国的历史文化遗产保护概况

在英国，国家环境保护部和地方规划部门分别是中央和地方的历史建筑和旧城保护的

行政机构。环境保护部负责有关保护法规、政策的制定,以及就保护问题向国家、地方和公众提供咨询意见。地方规划部门负责辖区内保护法规的落实及日常管理工作。此外还设有专门委员会及公共保护团体组织论坛进行意见交流、商讨对策。

1997年以来,英国遗产保护工作由"文化、传媒和体育部"主持,负责注册古迹和登录建筑,管理皇家公园、世界遗产和国家艺术收藏品,制定艺术、体育、国家彩票、旅游、历史环境保护和博物馆发展方面的国家政策。

英国遗产管理机构有1 600名雇员,并承担以下职能。

(1) 管理英格兰410处古迹、历史建筑。
(2) 倡导遗产保护的公众宣传和教育。
(3) 提供遗产保护的法律咨询。
(4) 为个人、慈善团体和地方政府提供部分保护基金。
(5) 通过调查,向中央政府提供登录建筑、古迹名录和法律建议。
(6) 向国家遗产彩票基金建议合适的资助项目。
(7) 负责Ⅱ类以上的登录建筑、历史园林的变更管理。

英国政府于1980年组建了"英国城市开发公司",负责全国内城废弃用地的再利用和旧住房的改造开发。中央政府财政预算是该机构的主要资金来源,仅1990—1991年,中央政府拨款达5.4亿英镑。1982—1990年的13项与旧城保护相关的重要法令或法规中,有一半以上明确规定了保护资助费用的来源,而且对中央和地方政府的资助比例也有明确规定。

3. 美国的历史文化遗产保护概况

美国的相关立法工作起步比欧洲要晚。1916年,美国颁布了《文物法》,1933年开始建立历史建筑登录制度。1966年颁布了《国家历史保护法》,开始对历史文化遗产进行登记,由国家公园管理局负责。其标准是具有国家历史性的标志建筑,有历史意义的地区、遗址、建筑物和房屋,军事设施、军营、战场遗址,还有美国历史上伟人的住所与工作场所、杰出的设计和建筑物、体现民族生活特征的地方,考古遗址和不同民族崇拜的圣像和雕塑等。迄今,全国登记在册的历史文化遗址达8万多处,其中500处历史文化遗产是整个小区或城镇。凡被列入的历史文化遗址,政府承认其历史文物的地位,享受"联邦政府财政优惠的荣誉地位"。列入历史遗址的私人财产并不影响其拥有者的使用。企业、开发商及个人对所拥有的被登记的历史遗址进行修缮,可以享受免除国家20%税收的优惠政策。此外,政府对1936年以前建造的建筑物,无论是否登记在册,都给予10%的免税优惠。

4. 日本的历史文化遗产保护概况

日本采用国家与地方立法相结合的方式,国家立法保护的对象一般只是确定由中央政府负责的全国历史文化遗产最重要的部分,而更广大的地区则由地方政府通过地方立法确立保护。以1996年颁布的《古都保护法》为例,其保护的对象限定为京都市、镰仓市及奈良县的奈良市、天理市、樱井市、檀原市、班町和明日香村,京都市的非历史风土保存区域则不受《古都保护法》的保护，由京都市地方政府另行制定的法规如《京都风貌地区条例》进行补充。同样，其他城市的类似地区通过城市自己制定的《历史环境保护条例》《传统美观保存条例》等进行立法保护。这些被保护地区的名称、范围、保护方法、资金来源等都是由地方政府自行制定的地方法规予以确定。日本《文物保护法》中传统建筑群保存地区的情况也如此，地方政府可以自己设立传统建筑群保存地区，制定保护条例、编制保护规划，而国家在此基础上通过选择重要地区作为重要传统建筑群保存地区纳入中央政府的保护范畴。因此，日本的立法体系实质上是以地方立法为核心的，这是其重要特色之一。

在日本，与历史建筑和旧城保护密切相关的行政管理主要由文物保护行政管理部门和城市规划管理部门两个相对独立、平行的组织机构体系负责。与文物保护直接相关的法律制度及管理事务主要由中央政府的文化厅负责，地方政府及下设的教育委员会主管行政辖区范围内的文物保护管理工作。与城市规划相关(《古都保存法》《城市规划法》及地方法规中确定的保护内容)的法律制定及管理事务主要由中央政府的国土交通省城市局、住宅局负责，地方政府下设的城市规划局主管行政辖区范围内的保护规划管理工作。日本在地方政府机构中还设立法定的常设咨询机构——审议会，其作用是提供技术与监督，为政府决策提供咨询意见，使行政与学术有效地结合起来，如城市规划地方审议会、城市美观风致审议会、市町村传统建筑保存审议会等。

资金保障方面，日本的相关法律规定，对传统建筑群保存地区的补助费用，中央和都道府县(相当于我国的省级)地方政府各承担50%，对《古都保存法》所确定的保护区域，中央政府出资80%，地方政府负担20%。而由地方政府制定的城市景观条例所确定的保存地区，保护经费一般由地方政府自行解决。

9.3 我国历史文化遗产保护现状

 引例

在北京有一处以20世纪50年代建成的工厂命名的艺术区，这就是798艺术区。它位于北京朝阳区酒仙桥街道大山子地区，故又称大山子艺术区，原为国营798厂等电子工业的老厂区所在地。此区域西起酒仙桥路，东至京包铁路，北起酒仙桥北路，南至将台路，面积60多万平方米。

从2001年开始，来自北京周边和北京以外的艺术家开始集聚798，他们以艺术家独有的眼光发现了此处对从事艺术工作的独特优势。他们充分利用原有厂房的风格(德国包豪斯建筑风格)，稍做装修和修饰，一变而成为富有特色的艺术展示和创作空间。现今798已经引起了国内外媒体和大众的广泛关注，并已成为了北京都市文化的新地标，如图9.6所示。

【参考视频】

(a) 入口标志

(b) 建筑内部一角

图 9.6　798 艺术区

　　我国是一个具有 5 000 年历史的文明古国，有着悠久的历史和灿烂的文化，自成体系的文化延续至今，从未间断，在许多领域都反映出历史的传统。城市是社会文明的集中体现，历史城市以其深厚的历史渊源，反映了社会发展的脉络，是人类的宝贵财富。在中国广阔的疆域内，保存了许多历史城市，这是先人给我们留下的宝贵遗产，保护好这些遗产是我们的神圣职责。《中华人民共和国文物保护法》第四条指出："文物工作贯彻保护为主、抢救第一、合理利用、加强管理的方针。"

　　我国现代意义上的历史文化遗产保护工作始于 20 世纪 20 年代的考古科学研究和文物保护。1930 年 6 月，国民政府颁布了《古物保存法》，1931 年 7 月又颁布了《古物保存法细则》，1932 年国民政府设立了"中央古物保管委员会"，并制定了《中央古物保管委员会组织条例》。

　　新中国成立后，1961 年 3 月 4 日国务院颁布了《文物保护管理暂行条例》。这是新中国关于文物保护的概括性法规，同时公布了 180 个第一批全国重点文物保护单位，建立了重点文物保护单位制度。以后又逐步制定了《文物保护单位保护管理暂行办法》《关于革命纪念建筑、历史纪念建筑、古建筑、石窟寺修缮暂行管理办法》和《文物保护管理暂行条例实施办法》。

　　1980 年国务院批准并公布了《关于强化保护历史文物的通知》，1982 年 11 月 19 日，全国人大常委会通过了《中华人民共和国文物保护法》。

【参考资料】

　　1982 年 2 月，国务院转批了原国家建委、原国家城建总局、国家文物局《关于保护我国历史文化名城的请示的通知》，将北京、苏州、西安等 24 个城市确定为首批国家历史文化名城。随后于 1986 年和 1994 年又公布了第二批 38 个、第三批 37 个国家历史文化名城，后又增补了 20 座。各地也陆续确定了一批省级历史文化名城和历史文化名镇。这是国家保护历史文化遗产政策的重要发展，也是中国独特的一项政策。

　　公布历史文化名城不只是赋予荣誉，更重要的是明确保护的责任。在这里，保护的要求是严格的，同时，发展也是必不可少的。要处理好保护与发展的关系，既要使历史遗产得到很好的保护，又要使城市经济社会得到发展，不断改善居民的工作和生活环境，促进城市的现代化。

　　历史文化名城保护的内容是保护文物古迹和历史地段，保护和延续古城的传统格局和风貌特色，继承和发扬优秀历史文化传统。即不但有单体的文物保护，还要有整体的街区或风貌的保护；不但要保护有形的建筑、街区等实体内容，还要保护无形的民间艺术、民俗精华等文化内容，把历代的精神财富流传下去。

在保护方法上，要通过城市规划确定保护的内容、范围和要求，还可以从城市总体的角度采取综合性、全局性的保护措施，如调整用地布局，开辟新区，缓解古城压力，分区控制建筑高度，保护古城空间秩序，做好城市设计，处理好新老建筑的关系等，这些措施为保护一个个具体的文物创造了外部条件。为此，历史文化名城要做专门的保护规划，作为城市总体规划的一部分，报上级政府审查批准。

9.4 我国历史遗产保护实例分析

【参考视频】

历史遗产保护规划是城乡规划中的一个重要的规划分类，同其他规划一样，历史遗产保护也包括总体规划、详细规划两个层次，具体规划成果同其他规划相同，包括说明书、文本、资料汇编和图纸等。

本节以《四川广元昭化古城修建性详细规划》为例介绍历史遗产保护规划。

知识链接

昭化古城(图 9.7)位于四川广元市元坝区，距成都约 270 千米。古城面积约为 20 公顷，人口 3 468 人。昭化，古称葭萌。三国时期，刘备以昭化为根据地，建立蜀汉政权，因此昭化也被称为"巴蜀第一县，蜀国第二都"。昭化古城完整保存了古驿道、古关隘、古城墙等众多文物古迹以及风貌完整的民居建筑群，具有很高的历史文化价值。

【对应图集】

图 9.7 昭化古城规划鸟瞰图

四川广元昭化古城修建性详细规划,以《中华人民共和国文物保护法》《中华人民共和国城乡规划法》《风景名胜区管理暂行条例》为指导,通过对现状古镇历史建筑、历史环境和景观要素的详细勘察,在深入挖掘地方文化特色的基础上,按原建设部和国家文物局颁布的《历史文化名城保护规划编制要求》制定。

《四川广元昭化古城修建性详细规划》的目的在于指导昭化古城保护整治工作的开展,统筹安排地段内的各项建设工程,保护古城的风貌特色,为古城人民的生活和特色文化旅游的开展创造一个良好的环境。

9.4.1 规划范围

(1) 规划研究范围:昭化历史文化名镇所涉及的范围。
(2) 修建性详细规划范围:昭化古城区范围约20公顷,如图9.8所示。
(3) 控制性详细规划范围:古城周边、牛头山片区。

9.4.2 规划原则

1. 整体性原则

保护本保护区内以川北乡土聚落为主要特征的历史风貌和古城居住生活形态,整体延续昭化古城的历史文脉。

严格保护古城周边的自然环境,包括山川、林地、江河、田园等生态环境;充分尊重古城的布局结构、传统肌理、街巷格局、历史遗存等人工环境;深入挖掘古城的传统文化、民间工艺、民俗风情等,整体性把握古城的人工、人文、自然环境。

2. 原真性原则

保护本保护区的山水格局、城镇肌理、空间布局、街巷尺度、绿化田园、文物与历史建筑等真实的历史信息,保持昭化古城丰富的历史文化内涵。

3. 可持续发展与永续利用原则

完善功能,整治景观,改善居住环境,运用多种保护和利用方式,使历史建筑及其环境既保持风貌特色又符合现代生活需求,提升本保护区的整体品质。

4. 分类保护的整治与实施原则

依据历史建筑不同的历史、科学和艺术价值、现状不同的完好程度、城镇空间不同的类型和环境特征,采用分类保护的方法,制定相应的保护规定和整治措施,保持历史风貌的多样性并使规划具有可操作性。

5. 传统与现代相协调的设计原则

传统建筑的修复以及新建建筑的设计,应建立在对本地建筑文化深入研究的基础上,在建筑组合关系、结构体系、细部装饰、色彩形式上充分体现地域民族文化真实而独特的魅力。生活与公共服务设施、建筑物内部设施与使用功能等的设计要符合现代生活发展的需要。

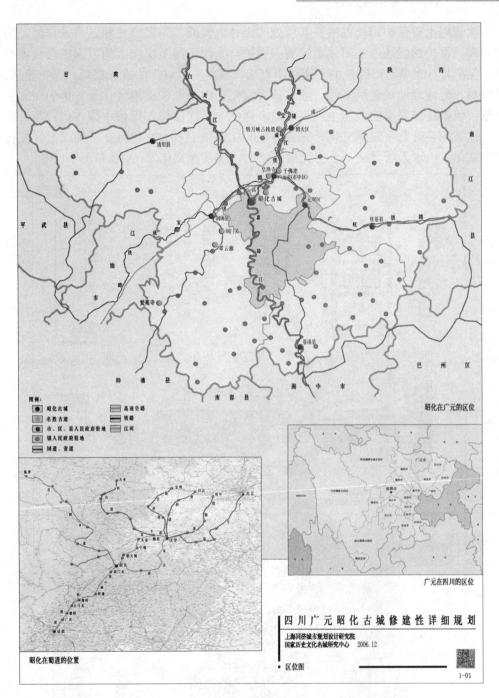

图 9.8 昭化古城区位图

9.4.3 规划目标

规划确定昭化古城是以生活居住、旅游观光、商业服务、文化经营为主要职能，集中体现川北古城乡土文化特色、三国蜀汉发祥之地和古代军政官驿文化为主要内涵的历史文化城区，并确定其城市文化发展定位为"蜀道三国重镇，世外千年古城"。在古城西南方另辟葭萌新城为其发展更新区，完整保护昭化古城(图 9.9)。

本次规划主要保护昭化古城及其所处的山林、河滩、田园风光相结合的自然、历史、人文景观；保护蜿蜒逶迤的昭化古城墙；保护自秦汉三国至汉唐明清以来的历代留存史迹文化；保护具有军事防御特色的"道路不直通，城门不相对"的古城格局；保护随形就势、就地取材，融南北地域建筑文化、陕甘移民文化和巴蜀原住山地文化于一体的川北乡土民居聚落；保护传统农家的生活生产习俗与多样化的民间信仰；保护中国古代种茶、采茶、制茶、饮茶的茶叶之乡源地文化，充分体现昭化古城的五大文化特征：蜀汉发祥文化、古代建制文化、山水人居文化、乡土民俗文化、古代茶源文化(图9.10和图9.11)。

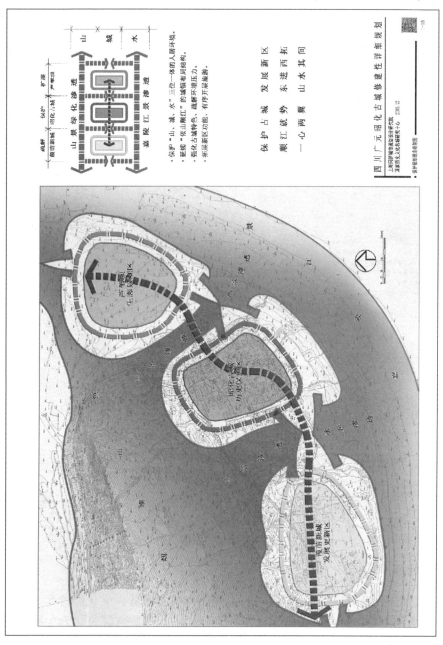

图9.9 昭化古城保护规划理念框架图

图 9.10 昭化古城保护规划总平面图(1)

图 9.11 昭化古城保护规划总平面图(2)

9.4.4 规划内容及框架

本次规划的内容包括以下几个方面。

1. 昭化历史文化名镇保护规划整体层面的调整

(1) 历史文化资源挖掘和历史文化价值评述。
(2) 古城建设用地控制和周边生态环境(图9.12)。
(3) 确定保护对象,划定保护范围,制定保护措施。
(4) 古城空间景观与建筑风貌保护(图9.13和图9.14)。
(5) 用地布局调整与道路交通组织。
(6) 社区人口规划与公共服务设施规划。
(7) 市政基础设施规划。
(8) 保护发展时序与近期建设项目规划。
(9) 旅游发展规划,景观分区与景点游线设计(图9.15)。
(10) 无形文化遗产的挖掘和传承。
(11) 古城保护政策建议与保障措施。

2. 昭化古城修建性详细规划与重点地段整治设计

(1) 古城总平面规划布局与环境整治设计,范围包括古城墙遗址范围内及城墙外邻近地段,总面积约20公顷。
(2) 主要街巷景观整治规划设计,包括相府街、吐费街、太守街、县衙街(图9.16)、东门外街、南门巷、县衙巷的保护与整治修建性详细规划设计。
(3) 重点保护建筑保护修复与再利用设计,包括张家大院、龙门书院、怡心园、益合堂、接官亭、南门巷民居、城隍庙、乐楼、县衙、文庙、贡院、费公祠、武侯祠、丁公祠、葭萌楼、汉寿阁、城墙及城楼等的修复设计,以及望江客栈、汉寿客栈、葭萌客栈、春秋苑等文化旅游服务建筑的更新设计。
(4) 重要节点空间环境整治设计,包括汉寿广场、东门地段、西门地段、北门地段、八卦井地段等。
(5) 牛头山景区入口、姜维井地段、牛王观地段、拜水台地段、天雄关地段等详细规划设计。

3. 昭化新区控制性详细规划

(1) 昭化新区的选址与建设用地范围划定。
(2) 功能结构规划。
(3) 用地性质与道路交通规划。
(4) 人口与生活设施规划。
(5) 建筑高度、密度、容积率与风貌、色彩控制。

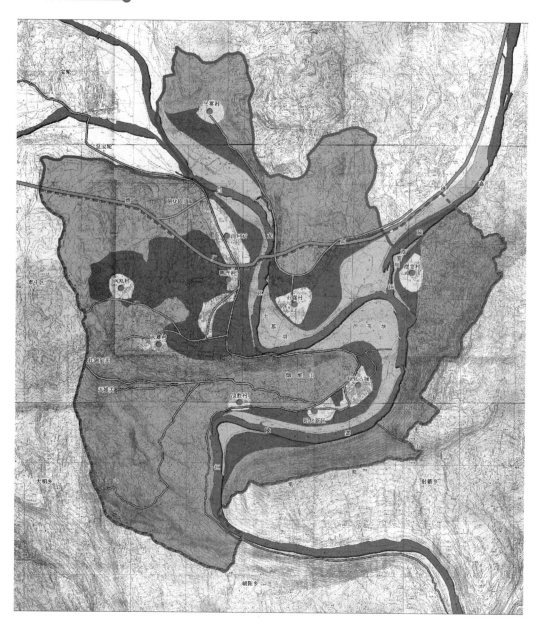

图9.12 昭化古城建设用地控制与生态环境保护规划图

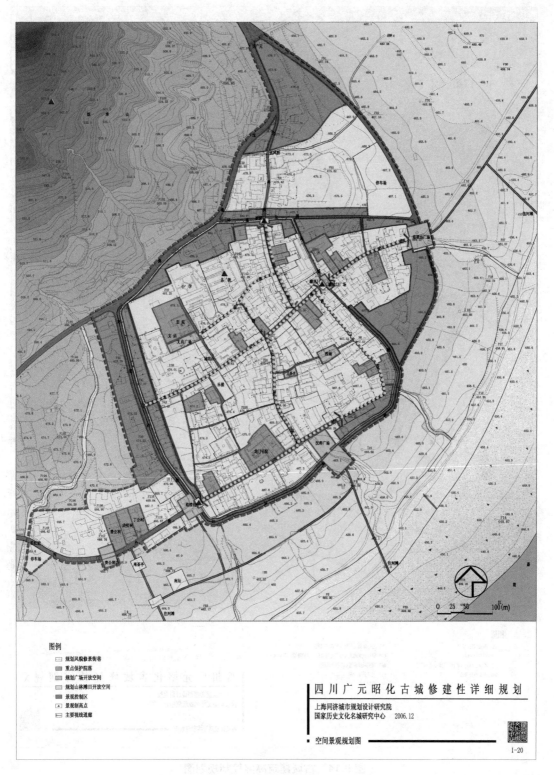

图9.13 空间景观规划图

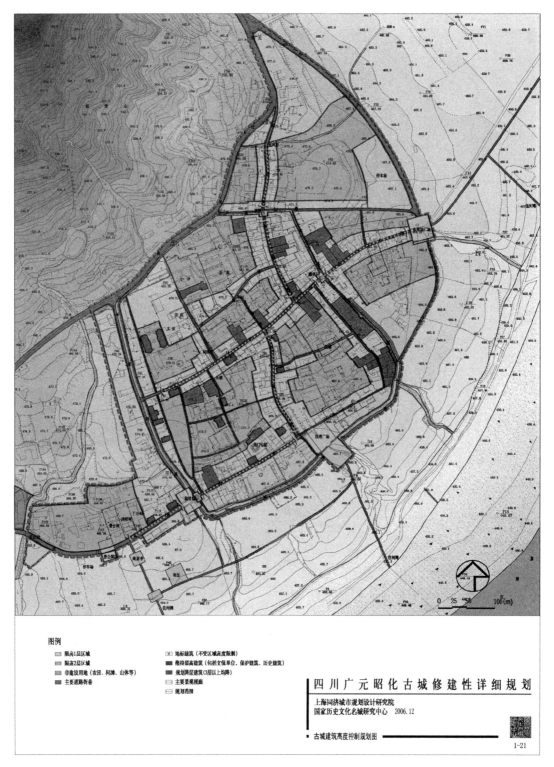

图 9.14 古城建筑高度控制规划图

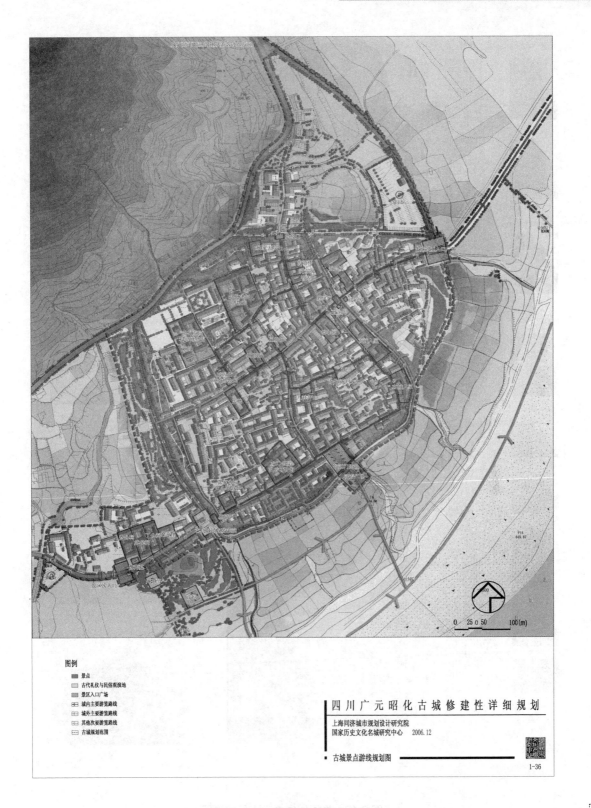

图 9.15 古城景点游线规划图

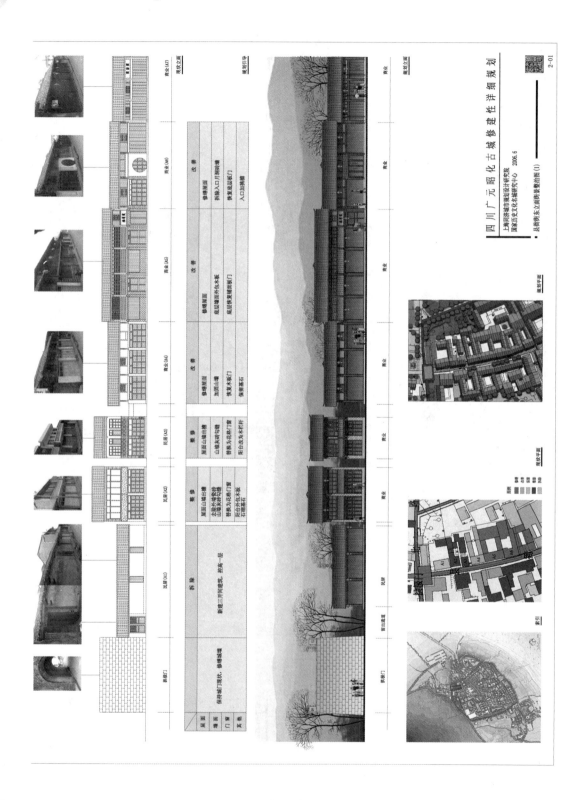

图 9.16 县衙街东立面街景整治图

 知识链接

我国历史文化名城名单

【参考图文】

截止到 2015 年，全国已经拥有历史文化名城 128 座、历史文化名镇名村 528 个，其中平遥和丽江两座名城还被列入《世界遗产名录》，使具有历史文化特色的城市、村镇、历史街区和一批非物质文化遗产得到有效保护。国家每年安排 2 亿元左右的财政专项资金用于历史文化名城保护，许多城市也扩充了机构设置，加大了资金投入。

直 辖 市：北京市、天津市、上海市、重庆市
河　　北：保定市、承德市、正定县、邯郸市、山海关
山　　西：平遥县、大同市、新绛县、代县、祁县、太原市
内 蒙 古：呼和浩特市
黑 龙 江：哈尔滨市、齐齐哈尔市
吉　　林：吉林市、集安市
辽　　宁：沈阳市
江　　苏：南京市、徐州市、淮安市、镇江市、常熟市、苏州市、扬州市、无锡市、南通市、泰州市、常州市、宜兴市
浙　　江：杭州市、绍兴市、宁波市、衢州市、临海市、金华市、嘉兴市、湖州市
福　　建：福州市、泉州市、漳州市、长汀县
江　　西：南昌市、赣州市、景德镇市、瑞金市
安　　徽：亳州市、歙县、寿县、安庆市、绩溪县
山　　东：济南市、曲阜市、青岛市、聊城市、邹城市、淄博市、泰安市、蓬莱市、烟台市、青州市
河　　南：郑州市、洛阳市、开封市、安阳市、南阳市、商丘市、浚县、濮阳市
湖　　北：武汉市、荆州市、襄樊市(今襄阳市)、随州市、钟祥市
湖　　南：长沙市、岳阳市、凤凰县
广　　东：广州市、潮州市、肇庆市、佛山市、梅州市、雷州市、中山市、惠州市
广　　西：桂林市、柳州市、北海市
海　　南：海口市
四　　川：成都市、自贡市、宜宾市、阆中市、乐山市、都江堰市、泸州市、会理县
云　　南：昆明市、大理市、丽江市、建水县、巍山县、会泽县
贵　　州：遵义市、镇远县
西　　藏：拉萨市、日喀则市、江孜县
陕　　西：西安市、延安市、韩城市、榆林市、咸阳市、汉中市
甘　　肃：张掖市、武威市、敦煌市、天水市
青　　海：同仁县
宁　　夏：银川市
新　　疆：喀什市、吐鲁番市、特克斯县、库车县、伊宁市

小 结

本章主要讲述了城市历史文化遗产保护的概况,包括历史文化遗产保护的含义、评价标准、保护方法、保护的原则和意义;世界城市历史文化遗产保护概况,主要介绍了法国、英国、美国、日本等国家的历史遗产保护方法;我国的历史文化遗产保护概况及存在的问题。

本章主要的教学目的是使学生树立起城市历史文化遗产保护的意识,增强遗产保护的信心和技术手段,最终达到提高全民遗产保护的意识的目的。

习 题

1. 简述城市历史文化遗产的内容和分类。
2. 西方有哪些较好的历史文化遗产保护方法?
3. 选取遗产保护的实例,谈谈自己对遗产保护的感受。

第三篇

城乡规划设计

第 10 章

居住区规划设计

教学要求

　　通过本章学习，了解居住区的基本概念及发展历史；熟悉居住区的规模、分级与组织结构，居住区规划的任务、要求与编制；掌握居住区规划设计的内容与方法，能独立完成居住小区规划的方案设计与绘图。

教学目标

能力目标	知识要点	权重
了解居住区的概念及发展	居住区的概念、发展历史	5%
熟悉居住区的组成、规模、分级与组织结构	居住区的组成、规模、分级与组织结构	10%
了解社区的概念	社区的概念	5%
掌握居住区规划设计的成果、任务、原则、目标与要求	居住区规划设计的成果、任务、原则、目标与要求	10%
掌握住宅用地的规划设计	住宅用地的规划设计	10%
掌握公共服务设施用地的规划设计	公共服务设施用地的规划设计	10%
掌握道路用地的规划设计	道路用地的规划设计	10%
掌握绿地用地的规划设计	绿地用地的规划设计	10%
熟悉竖向规划设计	竖向规划设计	10%
熟悉管线综合规划设计	管线综合规划设计	10%
掌握综合技术经济指标的计算	综合技术经济指标的计算	10%

> **章节导读**

《雅典宪章》把城市的功能分为居住、工作、交通、游憩 4 个部分。居住是城市四大功能之首。

10.1 居住区概述

10.1.1 认识居住区

居住是城市居民生活中极为重要的一个方面，同时也是人类生活与生存的基本需要之一，居住区是具有一定规模的居住聚居地，是城市居民居住和日常活动的区域，是城市的有机组成部分，它为居民提供各种空间与生活设施，而且其类型也随着社会的发展，变得更加丰富多彩。

10.1.2 居住区的发展历史

居住区是社会历史的产物，在各个不同的历史阶段，居住区受到社会制度、社会生产、科学技术、生活方式等因素的影响，表现出不同的特点，而且随着时代的发展而发展。我国居住区规划建设的发展进程，历经里坊、街巷、邻里单位、居住小区、综合居住区的发展过程，里坊、街巷等居住区形式形成较早，形成了本民族的特有的居住形式，而居住小区、综合居住区是随着近现代国外先进的居住区理论的传入，逐渐发展起来的。纵观居住区的发展过程，在规划设计中既要弘扬优秀历史文化，吸取国外先进经验，又要开拓思路，追随时代步伐，以不断创造适应时代所需的新型居住区。

1. 我国古代居住区规划组织形式的演变

1）井田制

井田制即将土地划分为形如"井"字的棋盘式地块，其中央为公田，四周为私田和居住聚落，在确立土地所有关系的同时也因此确立了土地所有者的居住形式，如图 10.1 所示。井田制出现在奴隶社会，是最早的居住环境的组织形式。殷周时期"一井"即为"一里"，是秦汉"闾里"的原型，井田制的棋盘式和向心性的划分对我国城市的格局有着深远的影响。

2）闾里、里、坊

"闾里"是秦汉时对居住区的称谓，面积约为 17 公顷。"里"是曹魏邺城的居住单位，面积约为 30 公顷。

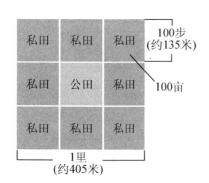

图 10.1 井田制平面图

曹魏邺城平面图如图 10.2 所示。"坊"是唐长安城最为典型的居住单位，唐长安城的人口规模达 100 万人，用地规模为 80 平方千米左右，坊的面积大的为 80 公顷，小的也有 27 公顷左右。这些居住单位均有严格的管理制度，设有坊墙、坊门，每晚实行宵禁，关闭坊门，禁止出入。由此可以看出从"闾里"到"坊"的发展过程中居住单位的面积越来越大，此时的居住区为了保护统治者的安全还非常封闭。

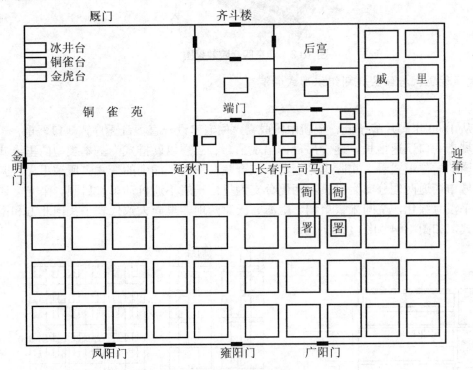

图 10.2 曹魏邺城平面图

3) 街巷

到北宋仁宗时，由于商业和手工业的进一步发展，这种单一居住性里坊制度已不适应社会经济和生活方式的变化，原来的里坊组织形式被商业街和坊巷的形式所代替，宵禁被取消，夜市出现，住宅直接面向街巷，多与商店、作坊混合排列。《清明上河图》描绘的就是这一时期汴梁(今开封)的街巷景象。

4) 胡同、四合院

明清北京城是我国封建社会后期的代表城市，虽在城市总的规划布局、道路分工等方面有了进一步的发展和完善，但由于生产力发展相对缓慢，城市居住区的组织形式没有较大变化。但是这一时期值得一提的就是胡同与四合院，居住区以胡同划分为长条形的地段，间距约为 70 米，中间一般为三进四合院相并联，如图 10.3 所示。

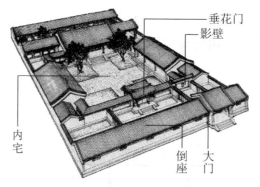

【参考视频】

图 10.3　北京四合院效果图

2. 我国近现代居住区规划组织形式的演变

1) 里弄

我国从 1840 年鸦片战争起，至新中国成立，住宅建设一直混乱无序，缺口严重，一些通商口岸城市人口迅速增长，地价昂贵，出现了二、三层以联排式为基本类型的里弄式住宅，按我国的居住形式看，实际上是街巷、三合院在空间压缩中的变式。所谓里弄，其一般形式即城市街道两侧分支为弄，弄两侧分支为里；一般不通机动车，日照、采光、通风较差，几乎没有绿化，空间呆板单调。上海、天津两地的里弄大致代表了我国北方和南方的里弄形式，如图 10.4 和图 10.5 所示。

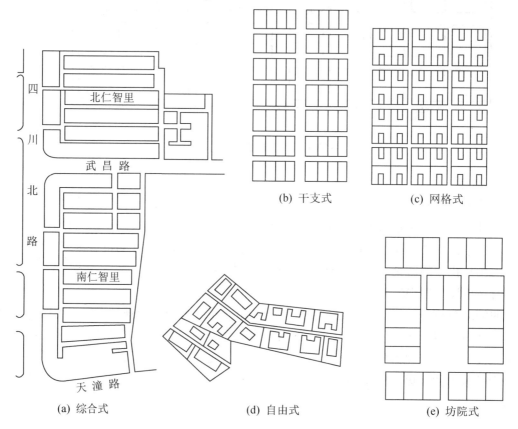

图 10.4　上海、天津里弄平面形式

【参考视频】

图 10.5　上海金谷村里弄

2) 邻里单位

进入 20 世纪以后，针对发达国家，由于现代工业和交通的发展，当时居住区的组织形式渐渐不适应现代生活和交通发展的需要。例如，在面积很小的街坊内很难设置较齐全的公共设施，儿童上学需穿越城市干道，容易造成交通事故等问题，美国人佩里提出了"邻里单位"作为组织居住区的基本形式和构成城市的"细胞"，以改善居住区的组织形式。邻里单位平面图如图 10.6 所示。

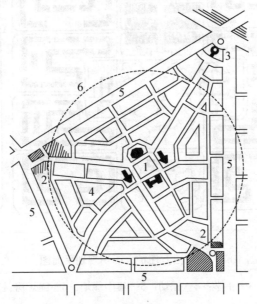

图 10.6　邻里单位平面图

1—邻里中心；2—商业和公寓；3—商店或教堂；4—绿地(占 1/10 的用地)；
5—大街；6—半径 1/2 英里(0.845 千米)

佩里为邻里单位制定了六大原则。

(1) 邻里单位周围为城市道路所包围，城市道路不穿过邻里单位内部。

(2) 邻里单位内部道路系统应限制外部车辆穿越。一般应采用尽端式，以保持内部的安静、安全和低交通量的居住气氛。

(3) 以小学的合理规模为基础控制邻里单位的人口规模，使小学生不必穿越城市道路，一般邻里单位的规模约为 5 000 人，规模小的为 3 000～4 000 人。

(4) 邻里单位的中心建筑是小学校，它与其他的邻里服务设施一起布置在中心公共广场或绿地上。

(5) 邻里单位占地约 160 英亩(合 64.75 公顷)，每英亩 10 户，保证儿童上学距离不超过半英里(0.845 千米)。

(6) 邻里单位内的小学附近设有商店、教堂、图书馆和公共活动中心。

邻里单位理论影响非常深远，在第二次世界大战后这一理论得到了广泛的应用，英国、瑞典的新城建设，英国的哈罗新城和我国的不少居住区如上海曹杨新村，都受到了这一理论的影响，它的 6 条原则直到今天还有着重要的指导意义。

3) 扩大街坊

在邻里单位被广泛采用的同时，苏联等国提出了扩大街坊的组织形式，我国 20 世纪 50 年代的北京百万庄住宅区也属于这种形式，如图 10.7 所示。这种扩大街坊的规划原则与邻里单位十分相似，但在空间布局上邻里单位比起强调轴线构图和周边布置的扩大街坊要自由活泼些。

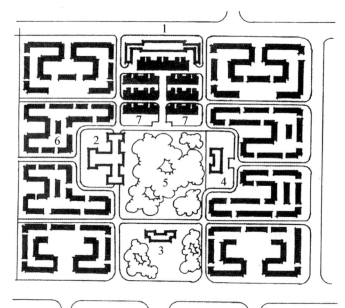

图 10.7 北京百万庄扩大街坊规划平面图

1—办公楼；2—商场；3—小学；4—托幼；5—集中绿地；6—锅炉房；7—联立式住宅

4) 居住小区

随着战后对居住区规划建设实践进一步的总结和提高，在邻里单位和扩大街坊的基础上，又产生了居住小区和新村的组织形式。所谓居住小区是由城市道路或城市道路和自然界线(如河流等)划分，并不为城市交通干道所穿越的完整地段。居住小区内设有一整套居民日常生活需要的公共服务设施和机构，其规模一般以小学的最小规模为其人口规模的下限，以小区公共服务设施的最大的服务半径作为控制用地规模的上限。

苏联早在 1958 年就明确规定居住小区是构成城市的基本单位，对居住小区的规模、居住密度和公共服务设施的项目和内容等都做了详细规定。我国从 20 世纪 50 年代末开始按居住小区的组织形式先后建成了不少居住小区，如上海市曹杨新村居住区、常州红梅新村居住区等，而且至今还在沿用这种组织形式，如图 10.8 所示。

图 10.8 红梅新村规划平面图

1—农贸市场；2—百货副食；3—开闭所；4—管委会；5—公厕；6—防保站；7—老年活动室；
8—幼儿园；9—煤调站；10—小学；11—隔音房；12—居委会；13—汽车库；
14—集中自行车库；15—花架；16—小区绿地；17—庭园绿地

5) 扩大小区、居住综合体、居住综合区

随着现代城市的进一步发展，城市的居住区改建的艰巨性及居住小区规划与建设实践中逐渐暴露出来了很多问题，如小区内自给自足的公共服务设施在经济上的低效益，居民对使用公共服务设施缺乏选择的可能性等，都要求居住区的组织形式应具有更大的灵活性。随后，扩大小区、居住综合体和各种性质的居住综合区的组织形式应运而生。

扩大小区就是在干道的用地内(一般为100～150公顷)不明确划分居住区的一种组织形式。其公共服务设施(主要是商业服务设施)结合公交站点布置在扩大小区的边缘，即相邻的扩大小区之间，这样居民使用公共服务设施可有选择的余地。例如，英国的第三代新城密尔顿·凯恩斯新城对扩大小区做了很好的实践探索，在新城中的费思密德居住区是典型的实例，如图10.9所示。

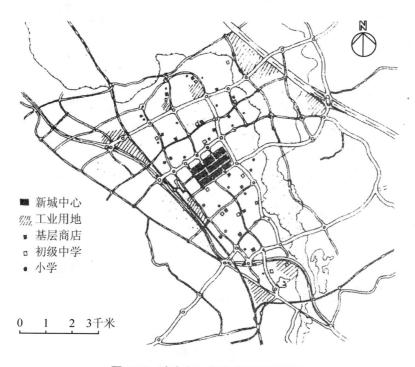

图10.9 密尔顿·凯恩斯新城平面图

居住综合体是指将居住建筑与为居民生活服务的公共服务设施组成一体的综合大楼或建筑组合体。这种组合体最早在现代建筑主义大师柯布西耶设计的马赛公寓中得到体现，如图10.10所示。苏联在20世纪70年代的齐廖穆什卡新生活大楼可住2 000人，大楼内设有远比小区更为齐全的公共服务设施，如图10.11所示。

居住综合区是指居住和工作环境布置在一起的一种居住组织形式，它的类型多样，有居住区与无害工业结合的综合区，有居住与文化、商业服务、行政办公等结合的综合区，居住综合区有利于居民的生活和工作方便，有利于减轻城市交通的压力，也有利于城市建筑群体空间的组合更加丰富多样。例如，唐山家居文化广场商业-居住综合区兼顾居民的就业和居住的双重需要，如图10.12所示。

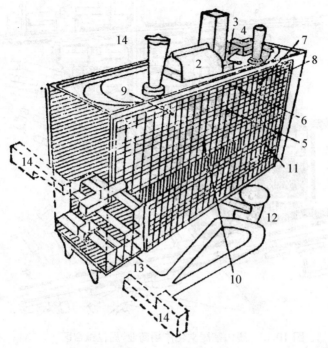

图 10.10 法国马赛公寓

1—走廊；2—健身房；3—室外茶座；4—茶室；5—儿童乐园；6—保健站；
7—幼儿园；8—托儿所；9—商店；10—作坊；11—洗衣房；
12—门房；13—车库；14—标准户

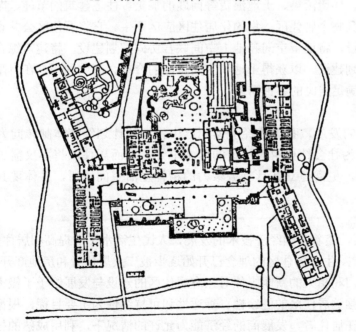

图 10.11 莫斯科齐廖穆什卡新生活大楼

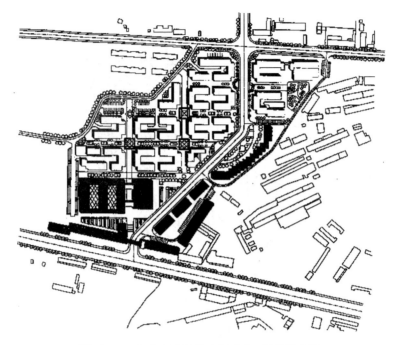

图 10.12　唐山家居文化广场商业-居住综合区

3. 我国居住区未来发展趋势

1) 集约化倾向

随着能源危机、环境污染、土地浪费等问题的加重，住宅建筑的节能、节水、节地、节材已由个体扩大到整个居住区，集约化居住区应运而生。它将居住区公共设施与住宅建筑联合协同规划建设，将地下空间和地上空间联合协同规划建设，将建筑综合体和住区空间环境联合协同规划建设，以获得土地和空间资源的合理、高效利用。在有限的土地与空间内可最大限度地满足居民的各种需求。

2) 社区化倾向

随着经济社会的发展，我国的经济体制已由传统的计划经济体制转向为市场经济体制，居住社区便成为社会结构中最稳定的基本单元。因而居住区将不仅需进一步完善其物质生活支撑系统，更需建立其具有凝聚力的精神生活空间场所，并体现其和谐的社区精神与认同感。

3) 生态化倾向

进入 21 世纪后，随着我国经济技术的发展，人民生活水平的提高和居住条件的改善，生态建筑、生态住宅、生态居住区的理念已开始逐步被广大居住者和房地产开发商所接受，各级政府的主管部门和相关的新闻媒体对生态居住区的建设与发展给予了极大的关注与支持。生态居住区以强调居住区的健康性、舒适性和可持续性为主要目标，根据当地的自然环境和客观实际，在居住者、发展商的经济能力允许的情况下，利用成熟的技术与产品，力求使居住区的生态系统达到最佳状态，并具有可持续发展的能力。

4) 颐养化倾向

人口老龄化是社会发展的必然趋势，这在发达国家是早就出现的问题，在我国也在慢慢出现。我国 60 岁以上的老人已超过 1.7 亿人,老年绝对人口数为世界第一。因此,居住区中必须设计相应的养老设施,甚至应建立起老人的颐养服务系统,如增设老年人公寓、老人俱乐部、老人看护照料中心、老人医疗保健中心及老人室外活动休憩场所等,使其成为老年人安度晚年的乐园。

5) 智能化倾向

目前,全国新建的居住区几乎都不同程度地建设了智能化系统,特别受到青睐的是安防装置与宽带接入网。在直辖市、省会城市及经济较为发达的沿海城市等已建设了不少高水平的智能化系统。随着人们生活水平的提高,智能化居住小区的建设将会逐渐扩展,甚至将智能化小区扩大为社区或城市。

10.1.3 居住区的组成

1. 居住区用地分类构成

居住区规划总用地包括居住区用地与其他用地两大部分。

1) 居住区用地

居住区用地是住宅用地、公建用地、道路用地和公共绿地四大类用地的总称。其中各用地的构成如下。

(1) 住宅用地。指居住建筑基底占有的用地及其前后左右附近必要留出的一些空地,其中包括通向居住建筑入口的小路、宅旁绿地和杂物院等。

(2) 公共服务设施用地。指居住区各类公共建筑和公用设施建筑物基底占有的用地及其周围的专用地,包括专用地中的道路、场地和绿地等。

(3) 道路用地。指区内各级车行道路、广场、停车场、回车场等。不包括宅间步行小路和公建用地内的专用道路。

(4) 公共绿地。指满足规定的日照要求,适于安排游憩活动场地的居民共享的集中绿地,包括居住区公园、居住小区的小游园、组团绿地及其他具有一定规模的块状、带状公共绿地。

2) 其他用地

其他用地为规划用地范围内除居住区用地以外的各种用地,包括非直接为本区居民配的道路用地、其他单位用地、保留用地及不可建设的土地等。

四大类居住用地之间既相对独立又相互联结,是一个有机整体,每类用地按合理的比例统一平衡,其中住宅用地一般占居住区用地的 50%以上,是居住区比重最大的用地,四大类用地之间的比例关系见表 10-1。

表 10-1 居住区用地平衡指标(100%)

用地构成	居住区	小区	组团
住宅用地(R01)	50%~60%	55%~65%	70%~80%
公建用地(R02)	15%~25%	12%~22%	6%~12%
道路用地(R03)	10%~18%	9%~17%	7%~15%
公共绿地(R04)	7.5%~18%	5%~15%	3%~6%
居住区用地(R)	100%	100%	100%

2. 居住区环境的构成要素

居住区环境的构成要素包括自然、人工、社会3个方面，如图10.13所示。

(1) 自然要素包括地形、地质、水文、气象和植物等。

(2) 人工要素包括住宅、公共服务设施、市政公用设施、交通设施、游憩设施等。

(3) 社会要素包括社会制度、社会组织、社会风尚、社会网络、居民素质、地方文化传统等。

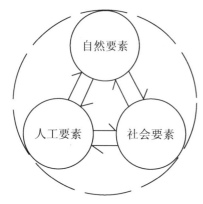

图 10.13 居住区组成要素结构

10.1.4 居住区的规模、分级与组织结构

1. 居住区的规模

居住区的规模同城市规模一样，包括人口规模和用地规模两个方面，一般以人口规模作为主要标志。居住区作为城市的一个组成单元，往往需要形成一个适当的规模，而这个规模往往是由以下因素决定的。

1) 公共设施的经济性和合理的服务半径

居住区在规划设计中往往需要一些公共设施(商业服务、文化、医疗、教育等设施)为居住区居民提供服务，而这些设施的经济性和合理的服务半径，是影响居住区人口规模的重要因素。

所谓合理的服务半径，是指居民到达居住区级公共服务设施的最大步行距离，一般为800～1 000米，在地形起伏的地区可适当减少。合理的服务半径是影响居住区用地规模的重要因素。

2) 城市道路交通方面的影响

现代城市交通发展往往需要城市干道之间有合理的间距，以保证城市交通的安全、快速和畅通。因而城市干道所包围的用地往往是决定居住区用地规模的一个重要条件。城市干道的合理间距一般为600～1 000米，城市干道间用地一般为36～100公顷。

除了以上两方面因素影响以外，居住区规模还受到居民行政管理体制方面、住宅的层数等方面的影响。

2. 居住区的分级

一般情况下，按照居住区的户数和规模可将居住区划分为三级：居住区、居住小区、居住组团。

1) 居住区

居住区泛指不同人口规模的居住生活聚居地和特指城市干道或自然分界线所围合，并与居住人口规模相对应，配建有一套较完整的、能满足该区居民物质与文化生活所需的公共服务设施的居住生活聚居地。人口规模一般是3万～5万人，户数为10 000～16 000户，用地规模为150～200公顷。

2) 居住小区

居住小区一般称小区,是指被城市道路或自然分界线所围合,并与居住人口规模相对应,配建有一套能满足该区居民基本的物质与文化生活所需的公共服务设施的居住生活聚居地。人口规模一般为 10 000~15 000 人,户数为 3 000~5 000 户。

3) 居住组团

居住组团一般称组团,指被小区道路分隔,并与居住人口规模(1 000~3 000 人)相对应,配建居民所需的基层公共服务设施的居住生活聚居地。

3. 居住区规划结构的基本形式

居住区规划模式是按照规划组织结构分级来划分居住区,其规划组织结构较清晰;居住区、小区、组团的规模比较均衡;几个组团组成一个小区,几个小区组成一个居住区,并设有各级中心,即为三级结构,依此类推,还有二级结构形式。经过多年实践总结,主要有以下类型。

(1) 居住区—居住小区—居住组团(三级结构),如图 10.14(a)所示。

(2) 居住区—居住组团(二级结构),如图 10.14(b)所示。

(3) 居住区—居住小区(二级结构),如图 10.14(c)所示。

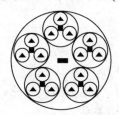
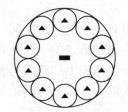
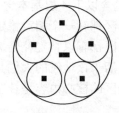

■ 居住区级公共服务设施
● 居住小区级公共服务设施　■ 居住区级公共服务设施　■ 居住区级公共服务设施
▲ 居住组团级公共服务设施　▲ 居住组团级公共服务设施　● 居住小区级公共服务设施

(a) 居住区—居住小区—居住组团　　(b) 居住区—居住组团　　(c) 居住区—居住小区

图 10.14　居住区规划结构形式图

图 10.15 和图 10.16 为国内外一些居住区的规划结构实例。

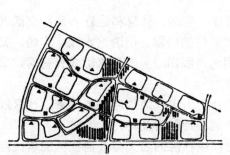
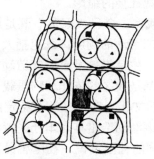
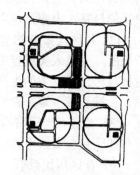

(a) 上海康健新村居住区,为居住区—住宅组团二级结构　　(b) 上海曲阳新村居住区,为三级结构　　(c) 北京五路居住区,为居住区—居住小区二级结构

图 10.15　国内居住区规划结构实例

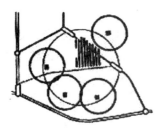 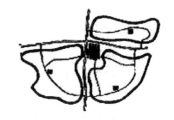

(a) 立陶宛拉兹季那依居住区，人口 4.5 万，由 4 个居住小区组成　　(b) 英国哈罗的一个居住区，由 3 个居住小区组成

图 10.16　国外居住区规划结构实例

10.1.5　社区简介

社区是社会发展，特别是社会经济发展的必然产物。随着社会主义市场经济体制的逐步完善，社区在社会管理中的地位将不断增强。社区是满足居民需求的第一社会空间，是物质文明和精神文明建设的重要载体，是维护社会稳定的防线。

1. 社区的含义

社区包含以下 4 层基本含义。
(1) 社区都有一个相对稳定、相对独立的地理空间。
(2) 社区都有以特定社会关系为纽带形成的一定数量的人口。
(3) 生活于该地域的人们具有一种地缘上的归属感和心理、文化上的认同感。
(4) 社区的核心内容是社区中人们的各种社会活动及其互动关系。

2. 社区的特征

(1) 社区是社会的缩影。社区是一个社会实体，它不仅包括一定数量和质量的人口，而且包括由这些人所构成的社会群体和社会组织；不仅包括人们的经济生活，而且包括政治、文化生活；不仅包括经济关系，而且包括血缘、地缘等其他社会关系；不仅包括一定的地域，而且包括人们赖以进行社会活动的生产资料和生活资料。总之，它包括了社会有机体的最基本内容，是宏观社会的缩影。

(2) 社区是聚落的承载体。今日"聚落"既是居住、生活、休息和进行各种社交活动的场所，又是人类进行生产劳动的场所；既包括人类居住的房屋、街道、水域、广场，又包括与居住地有关的生产、生活设施及至生产劳动用地。我国城乡的聚落形式有村落、集镇、县城和城市等，它们都是社区的依托和物质载体。

(3) 社区有自己特有的文化。在社区这个特定的社会历史及地理环境条件下，社区成员在社区社会实践中共同逐渐创造出具有本社区特色的精神财富及其物质形态。

(4) 社区居民具有共同的社区意识。社区居民习惯以社区的名义与其他社区的居民沟通，并在自己的社区内互动。同时社区居民形成一种社区防卫系统，居民产生明确的"归属感"及"社区情结"。

(5) 社区是不断变迁的。如同其他社会现象一样，社区也是人类活动的产物，是随着社会的发展而发展的。社区是从农业的出现,人们开始定居并形成村落开始的。农村社区是人类社会最早出现的社区形式,后来,在农村社区的基础上又出现了城市社区。数千年来,无论是农村社区还是城市社区,其内部结构、社会性质等都发生了一系列变化。社区的发展变化是社会诸因素综合作用的结果,其中生产力发展是推动社区发展的最终决定性因素。

3. 社区规划与住宅区规划的区别

社区规划与住宅区规划的区别见表 10-2。

表 10-2 社区规划与住宅区规划的区别

类 型	项 目	
	住宅区规划	社区规划
地域界定	以城市道路或自然界限界定	与行政管理范围相关
工作方法	自上而下	自下而上
居民参与度	参与度很小或不参与	以居民参与为重点
工作核心	物质环境设施	成员的互动和社区意识
规划目标	物质环境的完善	社区与人的健康发展

10.2 居住区规划设计的成果、任务、原则、目标与要求

10.2.1 居住区规划设计的成果

【参考案例】

(1) 居住区详细规划总平面图。图中应标明用地方位和比例、所有建筑和构筑物的屋顶平面图、建筑层数、建筑使用性质、主要道路的中心线、道路转弯半径、停车位(地下车库和建筑底层架空部位应用虚线表示其范围)、室外广场、铺地的基本形式等。绿化部分应区别乔木、灌木、草地与花卉等。

(2) 规划结构分析图。应全面明确地表达规划的基本构思、用地功能关系和社区构成等,以及规划基地及周边的功能关系、交通联系和空间关系等。

(3) 道路交通分析图。应明确表现出各道路的等级、车行和步行活动的主要线路,以及各类停车场、广场的位置和规模等。

(4) 绿化景观系统分析图。应明确表现出各类绿地景观的范围、功能结构和空间形态等。

(5) 工程规划设计图。竖向规划设计图包括道路竖向、室内外地坪标高、建筑定位、室外挡土工程、地面排水及土石方量平衡等。管线综合工程规划设计图包括给水、供热、污水、雨水、燃气、电力电信等基本管线的布置。

(6) 住宅单体平面图、立面图、剖面图。图中应注明各房间的功能和开间进深轴线尺寸,并应注明主要技术经济指标。不同类型住宅均应进行设计。

(7) 各等级的道路横断面图及主要街景立面图。

(8) 整体鸟瞰图或透视图及景观节点图。

(9) 居住小区规划设计说明、规划设计指标。

(10) 基本指标：总用地面积(公顷)、居住总人口(人)、总户数(户)、人口密度(人/平方千米)、停车位(个/百户)、住宅平均层数(层)、住宅建筑总面积(平方米)、公共建筑面积(平方米)、容积率、建筑密度和绿地率等。

(11) 用地平衡表。主要包括四大类用地的面积及所占比例。

10.2.2 居住区规划设计的任务

【参考案例】

居住区规划设计的任务一般有以下几个方面。

(1) 选择和确定用地位置、范围(包括改建范围)。

(2) 确定规模，即确定人口数量(或户数)和用地大小。

(3) 拟定居住建筑类型、数量、层数、布置方式。

(4) 拟定公共服务设施(包括允许设置的生产性建筑)的内容、规模、数量、标准、分布和布置方式。

(5) 拟定各级道路的宽度、断面形式、布置方式，对外出入口位置，泊车量和停泊方式。

(6) 拟定绿地、活动、休憩等室外场地的数量、分布和布置方式。

(7) 拟定有关市政工程设施的规划方案。

(8) 拟定各项技术经济指标和造价估算。

10.2.3 居住区规划设计的原则

【参考案例】

1. 社区发展原则

1) 适宜居住

居住区选址首先要具有良好的生态环境，适宜人的居住。住宅建筑功能质量完善、设备先进、智能化程度较高，有着完善的节能措施；有较好的绿化水平、良好的小气候、多样化的活动场地。应能利用各种自然资源，并对各种废弃物进行循环再利用，使之适宜居住、健康舒适、可持续发展。

2) 识别与归属

中国很多城市的面貌千篇一律，城市街道、居住区可识别性较差，生活在其中的居民很难得到较强的归属感和认同感，居住同一社区的居民较长时间没有达到相互的熟识与了解，社会交往极其匮乏，因此，在社区内建立一个可识别的系统，增强居住区的个性，提供社区内居民的相互交往的场所是社区规划的一个原则。

【参考视频】

2. 生态优化原则

尊重和保护自然与人文环境，合理地开发和利用土地资源，节地、节能、节材，建设人与环境有机融合的可持续发展的居住区。

通过积极应用新技术、开发新产品，充分合理地利用和营造居住区的生态与自然环境。以保护与营造生态为原则，综合规划交通与停车系统、供水排水系统、供热照明和取暖系统、垃圾收集处理系统，改善居住区及其周围的小气候，充分利用自然通风与采光，节约能源，减少污染，营造生态。

3. 整体性与多样性原则

居住区在城市的物质空间塑造中具有极为重要的地位。不同规模、丰富多样的居住区形式，不仅对居住区本身，而且对城市的特征和城市多样性的形成是非常重要的。在规划设计中，应该将居住区放到城市的层面去考虑它的组织结构、布局结构和空间结构的整体性，从营造生活环境的角度考虑满足居民各种需求的多样性。

4. 以人为本原则

在居住区规划设计中，应贯彻以人为本的原则，将不同阶层社区居民的需要作为规划设计的根本出发点，在人们可以自由选择自己的居住环境的同时，又能满足不同阶层居民的需求。

10.2.4 居住区规划设计的目标与要求

作为城市居民最主要的生活空间，居住区规划与环境设计必须从居民日常生活最基本的要求出发，充分体现"以人为本"的人性化设计，其基本要求可以用"舒适、便利、卫生、安全、美观"这5个词来体现。

1. 舒适

舒适是居民对居住区规划设计最基本的要求，也是首要满足的内容，规划设计应以满足居民的舒适性需求出发，合理组织各功能用地之间的结构关系、布局关系、空间关系，达到布局合理，配套齐全；需要从人性化关怀的角度出发，注重居住区微观环境创造和精细化设计，做到居住环境优美，舒适宜人。

2. 便利

便利主要指各种设施的设置与规划设计是否满足居民的便利度需求，如各类公共设施是否完善，道路交通系统的可达性与安全性如何，停车场地是否充足，住宅与公建、绿地、活动场所等联系是否便捷等。

3. 卫生

卫生程度是现代文明的具体体现，是居民对居住环境的基本生理需求。规划设计应充分考虑居民卫生文明程度的不断提高，为居住区提供空气新鲜洁净、日照充足、通风良好、相关设施完善、无环境污染的卫生环境创造条件。

4. 安全

规划设计应充分考虑居民日常出行的安全和非常情况下的安全疏散和救助要求，如日常社会治安防护，交通安全防护，老幼及残疾人出行安全防护，火灾、震灾、战争等救助防护等。对居住区安全防护设计要建立法律、法规意识，严格遵循相关规范的规定，保证居民的居住安全。

5. 美观

规划设计应与城市的历史、文化与地域特色相结合；要体现城市总体设计对居住环境特色和建筑风格的要求；要满足居民对居住环境美感日益提高的要求。

10.3 居住区的规划设计分类

10.3.1 住宅用地规划设计

【参考案例】

住宅用地在居住区用地中占地比重最大，一般占到 50%～60%，对居住生活质量、居住区，甚至城市面貌、住宅产业发展有着直接的重要影响。住宅用地规划设计需要综合考虑各方面因素的影响，考虑的因素主要包括住宅选型、住宅合理的间距与朝向、居住区噪声防治、住宅群体组合方式等因素。

1. 住宅选型

【参考资料】

住宅选型应综合考虑国家现行住宅标准、地区特点、家庭人口结构、住宅建筑层数、"四节"(节水、节能、节地、节材)、经济等要求，合理确定住宅的类型与户型。

1) 住宅内部的功能组成及各类空间

(1) 住宅内部的功能组成如图 10.17 所示。

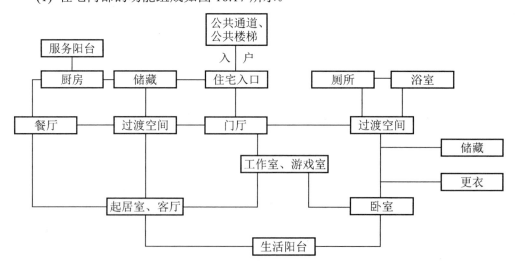

图 10.17　住宅内部的功能组成

(2) 住宅内部的各类空间具体如下。

① 起居室和书房。起居室是家庭团聚、会客、娱乐消遣的地方，其空间性质属

于"闹"区。一般讲，起居室是一个家庭中最主要的一个房间，也是最大的一个房间，因此，起居室的面积在满足家具布置要求的同时(电视机与沙发的距离最好大于 3 米)，还要考虑一定的活动面积。一般起居室面积在 18~30 平方米。起居室可独立设置，也可与餐室、书房结合布置，在居住水平较低的情况下，也可设在卧室内，但卧室面积不小于 12 平方米。书房又称家庭工作室，是作为阅读、书写、研究和工作的空间。功能上要求创造静态空间，以幽雅、宁静为原则。同时要提供主人书写、阅读、创作、研究、书刊资料贮存及会客交流的条件。面积可视情况设置。

② 卧室。卧室是家庭休息的场所，其数量和大小主要由一个家庭成员的数量及家具的尺寸决定。卧室的面积一般不宜过大，尽量保持其和谐温馨的氛围，其空间性质属于"静"区，一般分为主卧室和次卧室(有些面积较大的住宅还有客房、保姆室等)。卧室设计主要考虑家具布置和必要的活动空间。主卧室的家具主要有双人床(有时需考虑婴儿床)、衣柜、床头柜、梳妆台、沙发、电视柜等，次卧室主要有单人床、衣柜等，对于兼做学习用的卧室，还需放置书架、书桌等。卧室的家具布置主要考虑床的位置，一般讲一个房间应保证有两个方向可布置下床，因此，主卧室的面积不宜小于 12 平方米，次卧室的面积不宜小于 8 平方米。

③ 餐厅、厨房。餐厅是家庭成员吃饭的地方，其主要家具为餐桌椅、酒柜等。餐厅可合在客厅内，也可合在厨房内。独立设置的餐厅，一般其面积不宜小于 6 平方米。

厨房是供居住者进行炊事活动的空间。传统厨房的设备主要是炉灶、洗池和案台。这些固定设备的布置一般有单排、双排、L 形和 U 形几种布置方式。现代家庭除了上述设备外，还有许多家用电器，如冰箱、消毒柜、电烤箱和微波炉等。

餐厅与厨房可相互结合进行布置，两者之间的距离不可过远。

④ 卫生间。卫生间是供居住者进行便溺、洗浴、盥洗及洗衣 4 种功能的活动空间，主要设置大便器、洗脸盆和浴盆(或简易淋浴)等卫生设备。卫生间要有良好的通风设计，最好采用窗直接通风，如条件限制不能直接通风，也应设计排风口或用排风扇组织排风。卫生间内与设备连接的有给水管、排水管，还有热水管，需进行管网综合设计，使管线走向短捷合理，并应适当隐蔽，以免影响美观。卫生间的楼地面宜比其他房间低 20~60 毫米，并宜设置地漏。

⑤ 楼梯间、电梯间、走廊。这是住宅内的交通空间，它除了满足人们日常的行走、搬运工作外，还要满足特殊情况下如搬家、抬担架、紧急疏散等方面的要求，因此住宅对楼梯间、电梯间、走廊的尺寸都有一定的要求。

2) 住宅的类型与户型

(1) 单元式住宅的类型如下。

① 梯间式。是由楼梯平台直接进入分户门，一般每梯可安排 2~4 户，如图 10.18 所示。这种形式平面布置紧凑，公共交通面积少，户间干扰少，但安排户数受限制，多户时朝向通风难于保证。

一梯两户：每套有两个朝向，便于组织穿堂通风，套门干扰少，较宜组织户内交通，单元面宽较窄，拼接灵活，目前我国采用较广泛。

一梯三户：每套均能有好朝向，但中间一套常是单朝向，通风较难组织。

一梯四户：楼梯使用率高，每套有可能争取到好朝向，一般将少室户布置在中间，多室户布置在两侧。

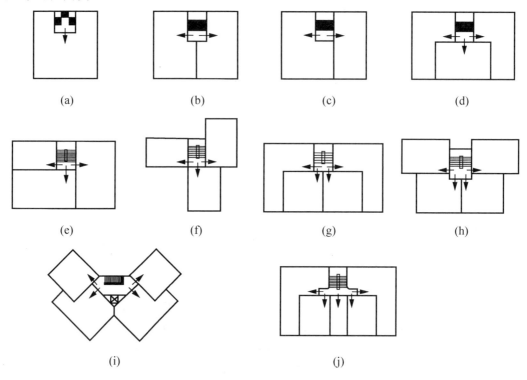

图 10.18　梯间式住宅

② 走廊式。是以楼梯通向各层廊道，由廊道进入各户。每层住户依公共走廊长度的增加而增多，此类住宅楼梯利用率高，户间联系方便，但相互之间有些干扰，如图 10.19 所示。

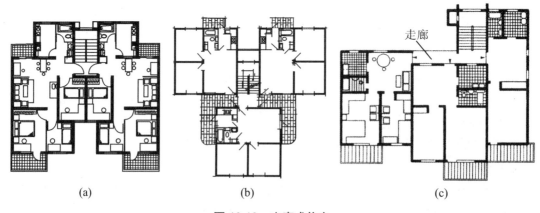

图 10.19　走廊式住宅

走廊式住宅根据其公共走廊的位置和长短有长外廊、长内廊和短内廊住宅之分。若廊道居中，两侧均设置住房的称内廊式。廊道一侧直接采光，另一侧设住房的称外廊式。内廊式布局比外廊式布局面积紧凑，外墙面积少，内部联系线路短，节省交通面积，对保温隔热较为有利，但部分房间朝向不好，通风不够直接。在同一建筑中根据实际要求也可同时采用内廊式和外廊式两种空间组合方式，因而兼有两者的优点并避免了其缺点。

③ 集中式(点式)。是数户围绕一个楼梯布置的类型，如图 10.20 所示。该类型四面临空，皆可采光、通风，分户灵活，每户有可能获得两个朝向而有转角通风，外形处理也较为自由，可丰富建筑群的艺术效果，建筑占地少，便于在小块用地上插建。但节能、经济性比条式住宅差。每层联系的户型可多可少，一般在高层住宅中采用较多。

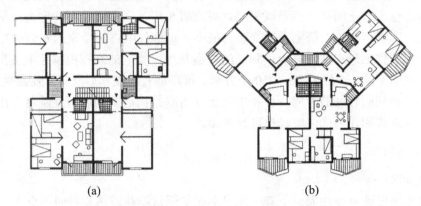

图 10.20　集中式(点式)住宅

④ 天井式。是在单元的中部或边部开挖天井，来解决部分房间的采光、通风的类型，但天井内的音响、视线、烟气、清洁难以保证，如图 10.21 所示。

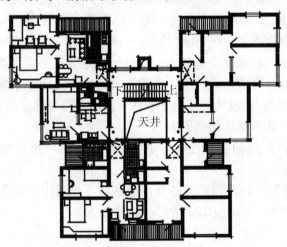

图 10.21　天井式住宅

(2) 单元式住宅的户型如下。

① 过道式。通过室内过道或前室联系各房间，其特点是组合关系简单，房间干扰小，但过道占有一定的面积，利用率不高。

② 穿套式。通过房间的穿套来连接，其特点是利用房间内的活动空间兼做交通联系用，节约了交通面积，但增加了房间之间的干扰。

③ 过道与穿套结合式。综合了过道式和穿套式两种形式的特点，又克服了部分缺点。

④ 复式。这种住宅是将部分用房在同一空间内沿垂直方向重叠在一起，往往采用吊楼或阁楼的形式，将家具尺度与空间利用结合起来，节约了空间体积。

⑤ 跃层。是指一户人家占用两层或部分两层的空间，并通过专用楼梯联系。

⑥ 套内空间灵活分隔的形式。是指在不改变建筑结构构件和外围护构件的情况下，住户可以根据自己的意愿重组套内空间，以适应不同的使用需求和不断变化的生活方式。

(3) 低层花园式住宅有独立式、并列式和联立式3种类型，层数为1~3层。独立式花园住宅拥有较大的基地，住宅四周可直接通风和采光，可布置车库；并列式住宅为两栋住宅并列建造，住宅有三面可直接通风采光，可布置车库；联立式花园住宅为一栋栋住宅相互连接建造，即城市住宅，每宅占地规模为最小，每栋住宅占的面宽为6.5~13.5米不等。

每种类型的住宅每户都占有一块独立的住宅基地。基地的规模根据住宅类型、住宅标准和住宅形式的不同，一般为50~250平方米。每户都有前院和后院。前院为生活性花园，通常面向景观和朝向较好的方向，并和生活步行道联系；后院为服务性院落，出口与通车道路连接，独立式和并列式住宅每户可设车库。

2. 住宅的间距

1) 日照间距

日照间距是保证每套住宅至少有一间居室在冬至日能获得满窗日照不少于1小时的住宅之间的距离，托儿所、幼儿园和老年人、残疾人专用住宅的主要居室、医院、疗养院至少半数病房应获得冬至日满窗日照不少于3小时。

(1) 日照间距考虑因素。住宅的建筑间距分正面间距和侧面间距两大类，其中日照间距泛指建筑的正面间距。日照间距需要考虑的主要因素包括两方面：地理纬度和城市规模。

我国地域广大，南北纬差距在50度以上，一般情况下，纬度高的地区正午太阳高度角较小，为保证日照要求，日照间距也较大；纬度低的地区正午太阳高度角较大，日照间距较小就可满足日照要求。在实际设计中，一般通过控制日照间距系数来确定房屋间距，即以日照间距(L)和前排房屋高度(H)的比值来表达。我国大部分地区的系数值为1.0~1.8。南方地区的系数值较小，北方地区的则偏大。

大城市人口集中，用地的紧张程度与小城市相比要大，所以建筑物的日照间距要求较低。

(2) 日照间距的计算。日照间距的计算，通常以冬至日中午正南方向太阳能照射到房屋底层窗台的高度为依据，如图10.22所示。计算公式为

$$L=(H-H_1)\cotan\alpha$$

令 $a=\cotan\alpha$，则

$$L=(H-H_1)a$$

式中：L——两排建筑的日照间距；

H——前排建筑背阳侧檐口至地面的高度；

H_1——后排建筑底层窗台至地面的高度；

α——太阳高度角；

a——日照间距系数。

在建筑设计中，可以将建筑顶部设计为坡顶形式或做退台处理，可以扩大空间利用或减少建筑日照间距，提高用地利用率。除此以外，住宅群体争取日照的措施可采用建筑的不同组合方式，采用不同的朝向，以及利用地形、绿化等手段，如图10.23～图10.25所示。

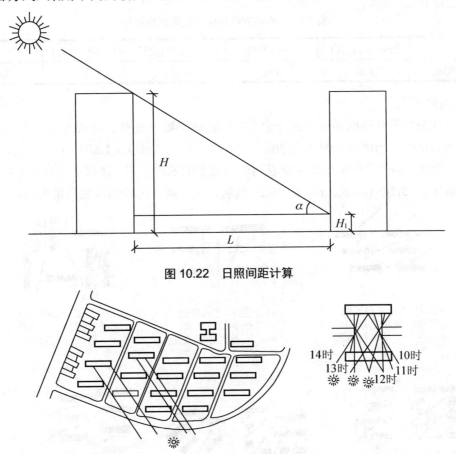

图10.22 日照间距计算

图10.23 住宅错落布置，可利用山墙间隙提高日照水平

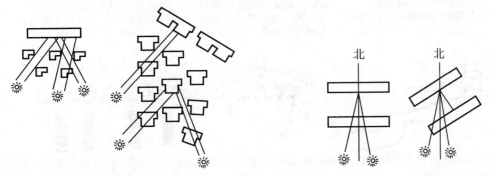

图10.24 利用点式住宅以增加日照效果，可适当缩小间距　　图10.25 利用建筑不同的朝向可缩短日照间距

当住宅正面偏离正南方向时，其日照间距以标准日照间距进行折减计算。公式为

$$L' = bL$$

式中：L'——不同方位住宅日照间距(米)；
　　　L——正南向住宅标准日照间距(米)；
　　　b——不同方位日照间距折减系数，见表 10-3。

表 10-3　不同方位日照间距折减换算表

方位	0~15 度(含)	15~30 度(含)	30~45 度(含)	45~60 度(含)	>60 度
折减值	1.0L	0.9L	0.8L	0.9L	0.95L

2) 通风间距

为使建筑物有合理的通风间距，通常采用使建筑物与夏季主导风向成一定角度的布局形式。实验证明，当风向入射角为 30 度~60 度、间距选择(1：1.5H)~(1：1.3H)时，通风效果比较理想。为了节约用地而又能获得较为理想的通风效果，建议呈并列布置的建筑群，间距宜取(1：1.5H)~(1：1.3H)。图 10.26 为居住区提高通风和防风效果常用的一些措施。

(a) 住宅错列布置增大迎风面，利用山墙间距，将气流导入住宅群内部

(b) 低层住宅或公建布置在多层住宅群之间，可改善通风效果

(c) 住宅疏密相间布置，密处风速加大，改善了群体内部通风

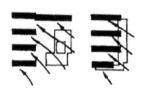
(d) 高低层住宅间隔布置，或将低层住宅或低层公建布置在迎风面一侧，以利进风

(e) 住宅组群豁口迎向主导风向，有利通风，如防寒则在通风面上少设豁口

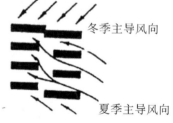
(f) 住宅组群南侧错落布置，导入夏季主导风，北侧板式布置抵挡冬季主导风

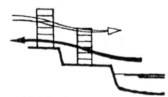
(g) 利用水面和陆地温差加强通风

(h) 利用局部风候改善通风

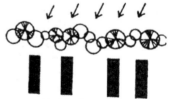
(i) 利用绿化起导风或防风作用

图 10.26　住宅群体通风和防风措施

3) 消防间距

除应满足日照、通风间距外，住宅的间距还应满足防火的需要。我国现行的建筑设计防火规范对民用建筑的防火间距要求见表 10-4。

表 10-4　民用建筑的防火间距　　　　　　　　　　单位：米

耐火等级	耐火等级		
	一、二级	三级	四级
一、二级	6	7	9
三级	7	8	10
四级	9	10	12

注：1. 两座建筑相邻较高的一面的外墙为防火墙时，其防火间距不限。
　　2. 相邻的两座建筑，较低一座的耐火等级不低于二级、屋顶不设天窗、屋顶承重构件的耐火极限不低于 1 小时，且相邻的较低一面外墙为防火墙时，其防火间距可适当减少，但不应小于 3.5 小时。
　　3. 相邻的两座建筑，较低一座的耐火等级不低于二级，当相邻的较高一面外墙的开口部位设有防火门窗或防火卷帘和水幕时，其防火间距可适当减少，但不应小于 3.5 小时。
　　4. 两座建筑相邻两面的外墙为非燃烧体如无外露的燃烧体屋檐，当每面外墙上的门窗洞口面积之和不超过该外墙面积的 5%，且门窗口不正对开设时，其防火间距可按本表减少 25%。
　　5. 耐火等级低于四级的原有建筑，其防火间距可按四级确定。

3. 住宅的朝向

住宅的朝向与日照时间、太阳辐射强度、常年主导风向及地形等因素有关，一般情况下，住宅的朝向主要考虑以下因素：冬季能有适量并具有一定质量的阳光射入室内；炎热季节应尽量减少太阳直射室内和居室外墙面；夏季有良好通风，冬季避免冷风吹袭；充分利用地形，有效利用土地。一般南向是最受人们欢迎的建筑朝向。从建筑的受热情况看，南向在夏季太阳照射的时间虽然比冬季长，但因夏季太阳高度角大，从南向窗户照射到室内的深度较小，时间较短，相反，冬季时南向的日照时间比夏季短，深度比夏季大，这就有利于夏季避免日晒而冬季利用日照。从室内日照、通风等卫生要求考虑，一般希望建筑物朝南或朝南稍偏。根据地区纬度和主导风向的不同，适当调整建筑物的朝向，常能改善房屋的日照和通风条件。例如，在上海部分地区，在房屋间距不变的情况下，采用南偏东或偏西 15 度的朝向，房屋底层房间冬至日的日照时间会比正南朝向延长 1 小时左右，结合该地区夏季多东南风，从日照、通风条件分析，以南偏东 15 度左右的朝向为好。在设计时要特别注意避免西晒问题，若因场地条件限制，建筑布置必须朝西时，要适当设置遮阳设施或种植植物，如图 10.27 所示。

4. 居住区噪声防治

噪声对人的危害是多方面的，它不仅干扰人的生活、工作、休息，而且还会损害人的身体，引发神经系统和心血管方面的疾病。因此，噪声防治已经成为居住区规划时必须考虑的一个重要问题，居住区内的噪声来源主要有 3 个方面：道路交通噪声、临近工业区的噪声、人群活动的噪声。防治居住区内的噪声的主要方法如图 10.28 所示。

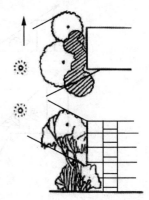

图 10.27　绿化防止西晒

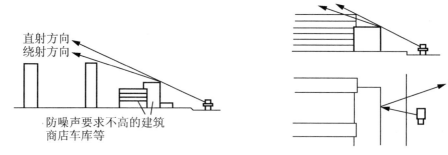

(a) 利用临街建筑防止噪声

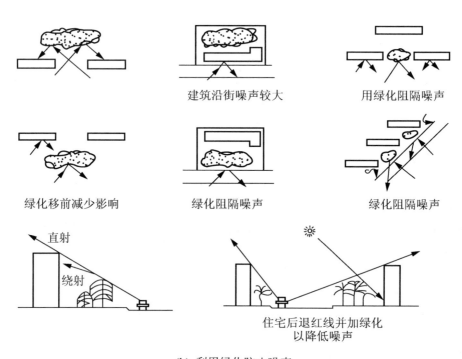

(b) 利用绿化防止噪声

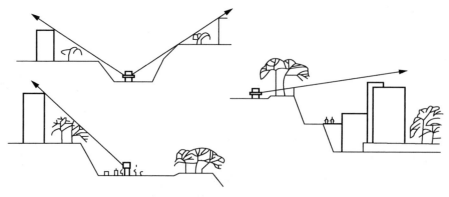

(c) 利用地形防止噪声

图 10.28　住宅群体噪声防治措施

5. 住宅群体组合

1) 住宅群体组合的基本要求

住宅群体组合应保证住宅群体在功能、经济、美观 3 方面各自的要求，又使三者互相协调统一。

功能方面：满足日照、通风、密度、朝向、间距等要求，使居住环境方便、安全、安静，便于居民联系交往，便于管理。

经济方面：选定合适的技术经济指标，合理地节约用地，充分利用空间，方便施工。

美观方面：运用美学原理，创造和谐、优美、明朗、亲切、大方及富有个性的居住生活环境。

2) 住宅群体平面的组合方式

住宅群体平面的组合方式有行列布置、周边布置、点群式布置和混合布置等方式，如图 10.29 所示。

(a) "行列式"与线型空间　　(b) "周边式"与集中型空间　　(c) "点群式"与松散型空间

图 10.29　住宅群体平面的组合方式

(1) 行列布置。是建筑按一定朝向和合理间距成排布置的形式。这种布置形式能使绝大多数居室获得良好的日照和通风，是各地广泛采用的一种方式。但如果处理不好，会造成单调、呆板的感觉，容易产生穿越交通的干扰。

(2) 周边布置。是建筑沿街坊或院落周边布置的形式。这种布置形式的优点是能够形成较封闭的院落空间，便于组织院落中的绿化休憩场地；对于寒冷或严寒地区，可阻挡风沙及减少院内积雪；有利于节约用地，提高居住建筑面积密度。其缺点是有一部分建筑朝向较差，施工较为复杂。

(3) 点群式布置。建筑结合地形，在照顾日照、通风等要求的前提下，成组自由灵活地布置。

(4) 混合布置。为以上两种形式的结合形式，最常见的往往以行列式为主，以少量住宅或公共建筑沿道路或院落周边布置，以形成开敞式院落。

以上 4 种方式是住宅群体布置的一些常见形式，还有一些形式可以根据具体情况因地制宜地进行布置。

3) 住宅群体空间的组合形式

(1) 成组成团。是由一定数量和规模的住宅成组成团地组合，构成居住区和居住小区的基本组合单元,其规模受建筑层数、公建配置方式、自然地形、现状条件及新村管理等因素的影响,一般为 1 000~2 000 人,较大的可达 3 000 人左右,住宅组团可由同一类型、同一层数或不同类型、不同层数的住宅组合而成,住宅组团可按绿化、公共建筑、道路、河流、地形等划分,如图 10.30 所示。

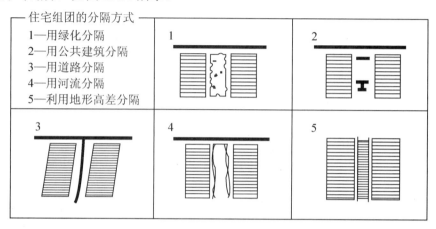

图 10.30　住宅组团的分隔方式

(2) 成街成坊。成街的组合方式就是以住宅沿街成组成段的组合方式,而成坊的组合方式就是住宅以街坊作为整体的一种布置方式,如图 10.31 和图 10.32 所示。成街的组合方式一般用于城市和居住区主要道路的沿线和带型地段的规划。成坊的组合方式一般用于规模不太大的街坊或保留房屋较多的旧居住地段的改建。

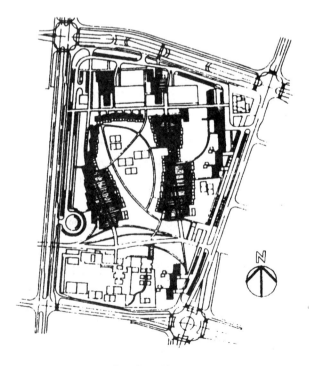

图 10.31　成街布置(德国瑞希居住小区)

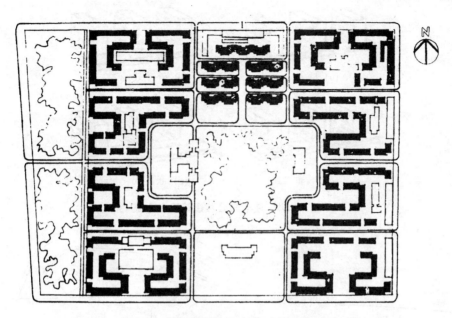

图 10.32 成坊布置(北京百万庄居住小区)

(3) 整体式组合方式。是将住宅(或结合公共建筑)用连廊、高架平台等连成一体的组合方式,如图 10.33 所示。

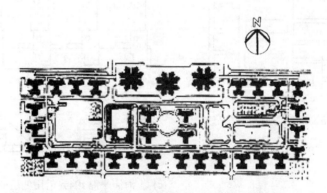

图 10.33 整体式组合布置(深圳滨河居住小区)

6. 居住区的节地措施

1) 住宅群体的节地措施

(1) 住宅底层布置公共服务设施。公共服务设施布置在住宅底层可减少居住区公共建筑的用地。适宜布置在住宅底层的公共服务设施主要是一些对住户干扰不大且本身对用房和用地无特殊要求的公共服务设施,如小百货商店、居委会等。

(2) 合理利用住宅间用地。可利用南北向住宅沿街山墙一侧的用地布置低层公共服务设施,如图 10.34 所示。还在住宅间距内插建低层公共建筑,如居委会、医疗站、青少年活动室、老年退休职工活动室等,如图 10.35 所示。

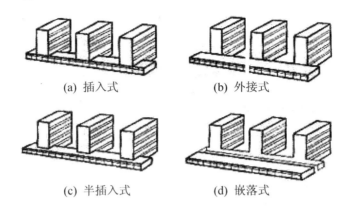

(a) 插入式　　(b) 外接式

(c) 半插入式　　(d) 嵌落式

图 10.34　住宅与公共建筑组合方式

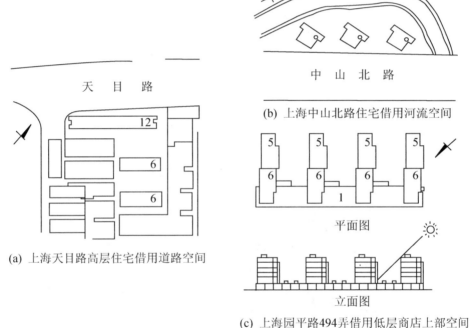

(a) 上海天目路高层住宅借用道路空间

(b) 上海中山北路住宅借用河流空间

(c) 上海园平路494弄借用低层商店上部空间

图 10.35　住宅用地空间的借用

注：数字表示建筑层数。

(3) 少量住宅东西向布置，如图 10.36 所示。
(4) 高低层住宅混合布置，如图 10.37 所示。
(5) 利用高架平台、过街楼或利用地下空间，如图 10.38 所示。
2) 住宅单体的节地措施
(1) 加大住宅进深，缩小每户面宽。
(2) 降低住宅层高，既可降低建筑造价，又因总高度的降低而缩小日照间距。
(3) 采用复式或夹层住宅。
(4) 提高住宅层数。
(5) 采用北向退台式住宅或坡屋顶住宅，以缩小住宅的日照间距。

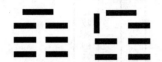
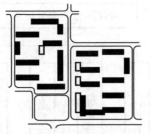
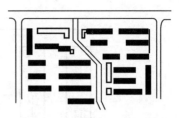

(a) 同样数量的房屋，如把其中一幢东西向布置，则可留出较大的院落　　(b) 北京垂杨柳小区住宅组　　(c) 北京新源里小区住宅组

图 10.36　少量住宅东西向布置

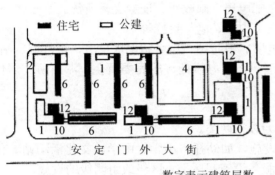

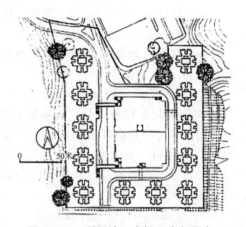

图 10.37　北京青年湖小区住宅组　　　　　图 10.38　利用地下空间和高架平台

注：北京青年湖小区采用多层(4、5、6层)和高层(10、12层)住宅混合布置的方式，其中高层占住宅总面积的16.7%左右，高层住宅的布置借用道路、中小学操场和院落等空间，使小区居住建筑面积密度达 18 000 平方米/公顷，比北京龙潭小区(均为 5 层)的居住建筑密度高 1 倍左右，龙潭小区的居住建筑面积密度为 9 070 平方米/公顷，青年湖小区住宅平均为 6.5 层。

注：香港南丰新村中心部分为大型 4 层地下停车场；而顶上平台则布置花园、儿童游戏场、篮球场和羽毛球场。

10.3.2　公共服务设施用地规划设计

1. 公共服务设施的分类与内容

1) 按使用性质划分

公共服务设施(也称配套公建)按使用性质划分，可分为 8 类，如图 10.39 所示。
(1) 教育类。包括托儿所、幼儿园、小学、中学等。
(2) 医疗卫生类。包括医院、诊所、卫生站。
(3) 文化体育类。包括影剧院、俱乐部、图书馆、游泳池、体育场、青少年活动站、老年人活动室、会所等。
(4) 商业服务类。包括食品、菜场、服装、棉布、鞋帽、家具、五金、交电、服务站、自行车存放处等。

【参考案例】

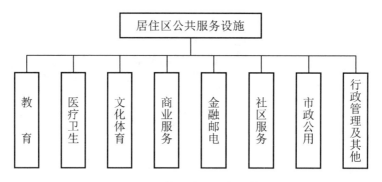

图 10.39 居住区公共服务设施分类

(5) 金融邮电类。包括银行、储蓄所、邮电局、邮政所、证券交易所等。

(6) 社区服务类。包括居委会、社区服务中心、老年设施等。

(7) 市政公用类。包括公共厕所、变电所、消防站、垃圾站、水泵房、煤气调压站等。

(8) 行政管理及其他类。包括商业管理、街道办事处、居民委员会、派出所、居住区内的工业、手工业等。

2) 按使用频率划分

按使用频率划分,公共服务设施可分为以下两类。

(1) 居民每日或经常使用的公共服务设施,如幼托、小学、中学、文化活动站、住区会所、邮政所、卫生站、小商店等,这些服务设施都属于小区级或组团级的设施。

(2) 居民必要的非经常使用的公共服务设施,如商场、文化活动中心、美容店、洗染店、书店等。

3) 按营利与非营利性质划分

公共服务设施还可以分为营利性公共服务设施和非营利性公共服务设施。

(1) 营利性公共服务设施有超市、菜市场、综合百货、饭馆等。

(2) 非营利性公共服务设施有托儿所、幼儿园、中小学、门诊所、卫生站、医院、社区活动中心、物业管理公司、街道办事处等。

2. 公共服务设施的分级

居住区内的公共建筑根据其规模大小、服务范围、经营管理及居民的使用要求一般分为三级(居住区级—居住小区级—居住组团级)或者二级(居住区级—居住小区级、居住区级—居住组团级),如图 10.40 所示。每级公共服务设施的服务半径又有所不同,具体范围见表 10-5。

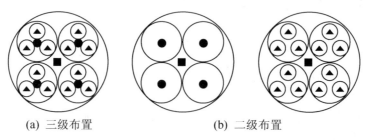

(a) 三级布置   (b) 二级布置

■ 居住区级   ● 居住小区级   ▲ 居住组团级

图 10.40 居住区公共服务设施分级示意

表 10-5　各级公共服务设施服务半径

序号	公共服务设施等级	服务半径/米
1	居住区级	800~1 000
2	居住小区级	400~5000
3	居住组团级	150~2000

3. 公共服务设施的定额指标

居住区公共服务设施的数量、用地与建筑面积的计算以"千人指标"为主，同时对照"公共服务设施应占住宅建筑面积的比重"；对于新建居住区商业服务设施的建筑面积规划控制标准，可采用"千户指标"。

千人指标，即每千居民拥有的各项公共服务设施的建筑面积和用地面积。千人指标是以每千居民为单位根据公共建筑的不同性质而采用不同的计算单位来计算建筑面积和用地面积，见表 10-6。

千户指标，即每千户家庭拥有的各项公共服务设施网点的建筑面积。

表 10-6　公共服务设施控制指标　　　　　　　　　　单位：平方米/千人

类别		居住规模					
		居住区		小区		组团	
		建筑面积	用地面积	建筑面积	用地面积	建筑面积	用地面积
	总指标	1 605~2 700	2 065~4 680	1 176~2 102	1 282~3 334	363~854	502~1 070
其中	教育	600~1 200	1 000~2 400	600~1 200	1 000~2 400	160~400	300~500
	医疗卫生	60~80	100~190	20~80	40~190	6~20	12~40
	文体	100~200	200~600	20~30	40~60	18~24	40~60
	商业服务	700~910	600~940	450~570	100~600	150~370	100~400
	金融邮电	20~30	25~50	16~22	22~34	—	—
	市政公用	40~130	70~300	30~120	50~80	9~10	20~30
	行政管理	85~150	70~200	40~80	30~100	20~30	30~40
	其他	—	—	—	—	—	—

注：1. 居住区级指标含小区和组团级指标，小区级含组团级指标。
　　2. 公共服务设施总用地的控制指标应符合表 10-1 的规定。
　　3. 总指标未含其他类，使用时应根据规划设计要求确定本类面积指标。
　　4. 小区医疗卫生类未含门诊所。
　　5. 市政公用类未含锅炉房，在采暖地区应自行确定。

4. 公共服务设施的布置要求

(1) 居住区配套公建的配建水平，必须与居住人口规模相对应，公共服务设施的布点还必须与居住区规划结构相适应。所谓配建水平是指居住(小)区中与人口规模对应，并与居住(小)区同步规划、同时投入使用的服务设施的多少。

(2) 居住区配套公建应与住宅同步规划、同步建设、同时投入使用。

(3) 各级服务设施应有合理的服务半径。所谓服务半径是指各项公共服务设施所服务的空间距离或时间距离。居住区级≤1 000 米，居住小区级≤500 米，居住组团级≤200 米。

一般情况下,确定各级服务设施的服务半径的因素主要有两个方面:居民的使用频率和设施的规模效益。

(4) 商业服务、金融邮电、文体等有关项目宜集中布置,形成各级居民生活活动中心。

(5) 在便于使用、综合经营、互不干扰、节约用地的前提下,宜将有关项目相对集中布置形成综合楼或综合体。

(6) 应结合职工上下班流向、公共交通站点布置公共服务设施,方便居民使用。

(7) 根据不同项目的使用特征和居住区的规划布局形式,采用分散和集中相结合的方式,合理布局,充分发挥设施效益,有利于经营管理,方便使用与减少干扰。

5. 居住区、居住小区公共中心布置方式示例

居住区、居住小区公共中心布置方式示例如图 10.41 所示。

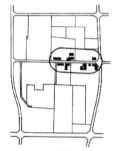

(a) 北京三里河居住区公共中心沿街两侧分布

(b) 日本大阪南港居住区公共中心沿道路一侧布置

(c) 上海曲阳新村居住区公共中心采用混合式布置

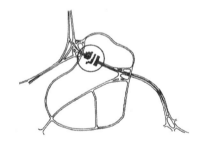

(d) 立陶宛拉兹季那依居住区公共中心成片布置

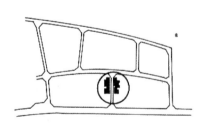

(e) 常州花园新村居住小区公共中心布置在小区主要出入口

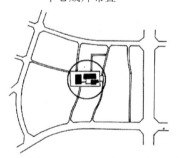

(f) 上海曲阳新村居住区西南小区公共中心布置在小区中心地段

图 10.41 居住区、居住小区公共中心布置实例

6. 公共服务设施的规划布局

1) 教育类设施的规划布局

居住区教育设施包括中学(居住区级)、小学、幼儿园(居住小区级)和托儿所(组团级)。

(1) 幼儿园和托儿所的布局如图 10.42 所示。

① 幼儿园和托儿所一般宜独立布置在靠近绿地、环境安静、接送方便,并能避免儿童跨越车道的地段上,规划设计应保证活动室有良好的朝向。

② 在建筑密度较高、幼儿园和托儿所机构规模不大时可以附设在住宅底层或连接体内,但必须注意减少对住宅的干扰,入口要与住宅出入口分开布置,并保证必要的室外活动场地。

③ 幼儿园和托儿所可联合或分开设置。

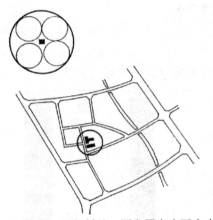 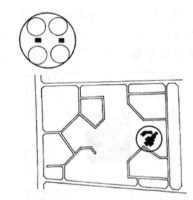

(a) 无锡沁园新村幼儿园布置在小区中央　　(b) 深圳莲花居住区 2 号小区幼托布置在组团之间

图 10.42　幼儿园和托儿所布局实例

(2) 学校(中、小学)的布局。学校的布置应保证学生就近上学,小学生上学不应穿越铁路干线、厂矿生产区、城市干道和市中心等人多车杂地段。学校布置要避开噪声干扰大的地方,同时减少学校本身对居民的影响,图 10.43 和图 10.44 是居住区中小学布置的一些常见位置。

 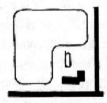  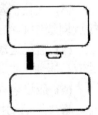

(a) 临近道路布置在　　(b) 布置在拐角处　　(c) 布置在中央单　　(d) 布置在小区之间
　　凹入地段上　　　　　　　　　　　　　　　独地段上　　　　　供两个小区使用

图 10.43　小学布置位置示意

2) 商业服务类设施的规划布局

商业服务设施的项目设置与规模确定,应与其服务的人数相对应,即"分级配套"。商业服务设施的布局在满足其服务半径的同时,宜相对集中布置,形成生活活动中心。

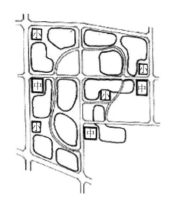 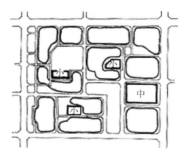 

(a) 上海凉城新村居住区中小学布置　(b) 深圳园岭居住区中小学布置　(c) 日本大阪南港居住区中小学布置

图 10.44　中小学布置位置实例

居住区的商业服务中心宜设置在居住区入口处，居住小区级服务中心便于居民途经使用，可布置在小区中心地段或小区主要出入口处，其建筑可设于住宅底层，或在独立地段设置。图 10.45 所示为居住区商业服务设施的常见布置位置。

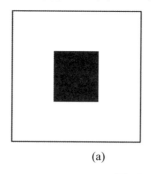  

(a)　　　　　　　　　　(b)　　　　　　　　　　(c)

图 10.45　居住区商业服务设施布局位置

3) 文化体育类设施的规划布局

(1) 居住区的文化体育设施可根据分区原则进行配置。

(2) 文化活动中心可设小型图书馆、影视厅、游戏厅、老年人活动场地、青少年活动室等，宜结合或靠近同级中心绿地安排，相对集中布置，形成生活活动中心。

(3) 文化活动站可设书报阅览、书画、文娱、健身、音乐欣赏等内容，宜结合或接近同级中心绿地安排，对立性组团也应设置文化活动站。

(4) 居民运动场、馆宜设置 60～100 米直跑道或 200 米的环形跑道及简单运动设施，并应与居住区的步行与绿化系统紧密联系或结合，其道路与绿地应有良好的可达性。

(5) 应设老人和儿童活动场地及其他简单运动设施等居民健身设施，宜结合绿地安排。青少年活动场地应避免对居民正常生活活动的影响；老年人活动场地应相对集中。

10.3.3　道路用地及交通规划设计

1. 居住区的交通类型与选择方式

1) 居住区的交通类型

按交通方式划分，交通有步行交通、非机动车交通和机动车交通等类型，包括步行、自行车、私人小汽车、出租汽车、公共汽车、地铁及轻轨交通等具体方式。

2) 居住区交通选择方式

我国城市居民的出行方式仍以步行和自行车为主，约各占 30%，有的城市自行车占到 30%～70%。随着快速城市化和城市面积的扩展出行距离不断延长，自行车类型的交通出行方式将会减少。随着我国小汽车工业的迅速发展，居民家庭收入逐步改善，人们对出行便捷和舒适度要求的增强，进入家庭的私人小汽车比例会有很大提高。

一般步行出行较合适的距离为 300～500 米。骑自行车出行的舒适距离为 2～3 千米，不宜大于 5 千米。

2. 居住区道路类型、分级和规划的设计要求

1) 居住区道路的类型

居住区内的道路有步行道和车行道两种。

(1) 在人车分行的居住区(或居住小区)交通组织体系中，车行交通与步行交通互不干扰，车行道与步行道各自形成独立完整的道路系统。

(2) 在人车混行的居住区(或居住小区)交通组织体系中，车行道(含人行道)几乎负担居住区(居住小区)内外联系的所有交通功能。步行道作为各类用地与户外活动场地的内部道路及局部联系道路，更多地具有休闲功能。

2) 居住区道路的分级

根据居住区规模大小，并综合交通方式、交通工具、交通流量及市政管线敷设等因素，可以将居住区内的道路进行分级处理，使之有序衔接，有效运转，并能节约用地。居住区道路网组成如图 10.46 所示。

(a)

图 10.46 居住区道路网组成示例

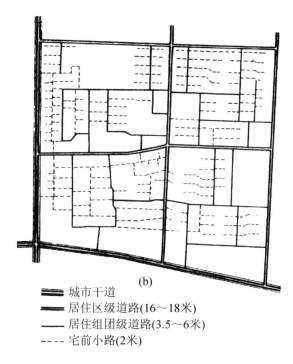

(b)

≡≡≡ 城市干道
━━ 居住区级道路(16～18米)
━━ 居住组团级道路(3.5～6米)
---- 宅前小路(2米)

图 10.46 居住区道路网组成示例(续)

(1) 第一级：居住区级道路，是居住区的主要道路，用以解决居住区内外交通的联系，道路红线宽度一般为 20～30 米。车行道宽度不应小于 9 米，如需通行公共交通时，应增至 10～14 米，人行道宽度为 2～4 米不等，如图 10.47 所示。

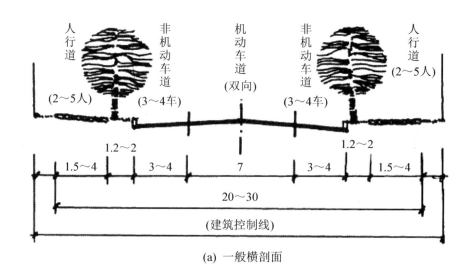

(a) 一般横剖面

图 10.47 居住区级道路(单位：米)

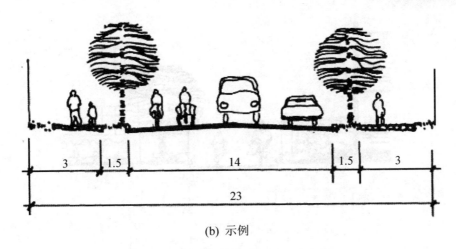

(b) 示例

图10.47 居住区级道路(单位：米)(续)

注：横坡 $i=1\%\sim2\%$。

(2) 第二级：居住小区级道路，是居住区的次要道路，用以解决居住区内部的交通联系。道路红线宽度一般为10～14米，车行道宽度为6～8米，人行道宽1.5～2米，如图10.48所示。

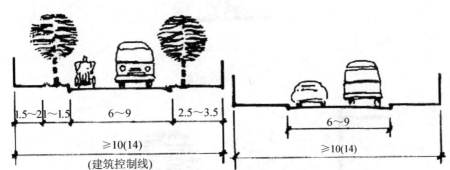

图10.48 居住小区级道路(单位：米)

(3) 第三级：住宅组团级道路，是居住区内的支路，用以解决住宅组群的内外交通联系，车行道宽度一般为4～6米，如图10.49所示。

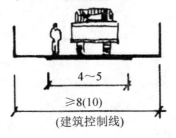

(a) 一般横剖面

图10.49 住宅组团级道路(单位：米)

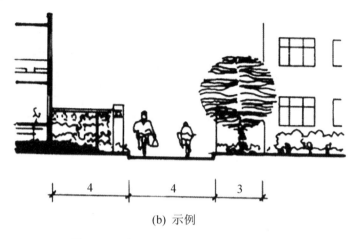

(b) 示例

图 10.49 住宅组团级道路(单位：米)(续)

注：横坡 $i=1\%\sim2\%$。

(4) 第四级：宅前小路，通向各户或各单元门前的小路，一般宽度不小于 2.6 米，如图 10.50 所示。

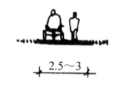

(a) 一般横剖面

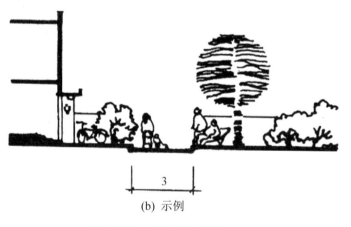

(b) 示例

图 10.50 宅间小路(单位：米)

注：横坡 $i=1\%\sim2\%$。

3) 居住区道路规划的设计要求

(1) 居住区内主要道路至少应有两个方向与周围道路相连，其出入口之间的间距不应小于 1.5 米。

(2) 小区内主要道路应有两个对外联系的通路出入口。

(3) 当居住区的主要道路(指高于居住小区级的道路或道路红线宽度大于 10 米的道路)

与城市道路相交时，其交角不宜小于 75 度。

(4) 居住区内应该设置为残疾人通行服务的无障碍通道，通行轮椅的坡道宽度不应小于 2.5 米，纵坡不应大于 2.5%。

(5) 尽端路的长度不宜超过 120 米，在尽端处应设 12 米×12 米的回车场地。

(6) 地面坡度大于 8%时应辅以梯步，并在梯步旁设自行车推行车道。

(7) 机动车道、非机动车道和步行路的纵坡应满足相应的道路纵坡要求。对机动车与非机动车混行道路的纵坡宜按非机动车道的纵坡要求控制。

(8) 沿街建筑物长度超过 160 米时应设宽度和高度均不小于 4 米的消防车通道，建筑物长度超过 80 米时应在建筑物底层设人行通道，以满足消防规范的有关要求。

3. 居住区的交通组织与路网布局

1) 居住区的道路组织形式

(1) 人车分行。是指人、车交通相互分离，形成各自独立存在的路网组织系统，是适应居住区内大量居民使用小汽车后的一种路网组织形式。人车分行的路网系统于 20 世纪 20 年代在美国首先提出，并在纽约郊区的雷德朋居住区中实施。人车分行道路交通组织的目的在于保证居住区内部安静与安全，使区内各项生活功能正常舒适地进行，避免大量私人机动车交通对居住环境的干扰。

人车分行的路网系统中机动车道路一般采用"周边环路＋尽端路"的路网形式。

(2) 人车混行与局部分行。人车混行的路网系统是指机动车交通和人行交通共同使用同一套路网。这种交通组织方式多存在在私人小汽车不多的国家和地区，既方便又经济，是一种常见而又传统的居住区交通组织方式。

人车局部分行的路网系统是指在人车混行的道路系统基础上另设一套联系居住区内各级公共服务中心及中小学的专用步行道路，车行道与步行道交叉处不采用立交。

(3) 人车共存。这种道路系统更加强调人性化的环境设计，认为人车不应是对立的，而应是共存的，将交通空间与生活空间作为一个整体，使各种类型的道路使用者都能公平地使用道路进行活动。

2) 居住区道路网的基本形式

居住区道路网的基本形式包括环通式、尽端式、半环式、内环式、风车式和混合式，如图 10.51 所示。

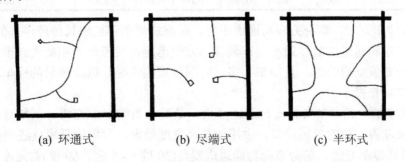

(a) 环通式　　　　(b) 尽端式　　　　(c) 半环式

图 10.51　道路网基本形式

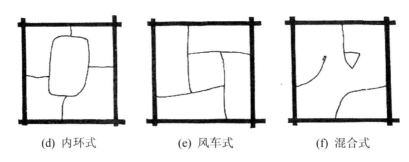

(d) 内环式　　　(e) 风车式　　　(f) 混合式

图 10.51　道路网基本形式(续)

4. 居住区内静态交通组织

居住区内静态交通组织是指各类交通工具的存放方式，一般应以方便、经济、安全为原则，采用集中与分散相结合的布置方式。

1) 机动车停车方式

按车身纵向与通道的夹角关系，机动车停车方式有平行式、垂直式和倾斜式 3 种，如图 10.52 所示。停车段基本尺度见表 10-7。

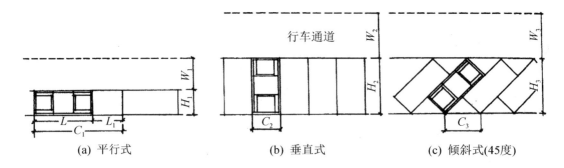

(a) 平行式　　　(b) 垂直式　　　(c) 倾斜式(45度)

图 10.52　汽车停车方式

表 10-7　停车段基本尺度参考表

车型	平行式				垂直式			倾斜式(45度)		
	W_1	H_1	L_1	C_1	W_2	H_2	C_2	W_3	H_3	C_3
小客车	3.50	2.50	2.70	8.00	6.00	5.30	2.50	4.50	5.50	3.50
载重卡车	4.50	3.20	4.00	11.00	8.00	7.50	3.20	5.80	7.50	4.50
大客车	5.00	3.50	5.00	16.00	10.00	11.00	3.50	7.00	10.00	5.00

(1) 平行停车方式。车身方向与通道平行，是路边停车带或狭长地段停车的常用形式。其特点是停车带和通道的宽度最小，车辆驶出方便迅速，但停车面积最大。平行停车方式用于车行道较宽或交通较少，且停车不多、时间较短的情况，以及狭长的停车场地或作集中驶出的停车场布置。

(2) 垂直停车方式。车身方向与通道垂直，是最常用的停车方式。其特点是通道宽度较宽，单位长度内停放的车辆最多，占用停车道宽度最大，但用地紧凑且进出便利。

(3) 倾斜式停车方式。车身方向与通道成锐角(30 度、45 度、60 度)斜向停放，也是常用的停车方式。其特点是停车道宽度随车长和停放角度有所不同，车辆出入方便，且出入时占用车行道宽度较小。倾斜式停车方式有利于迅速停置与疏散。

2) 停车场地内部交通组织

停车场地内水平交通组织应协调停车位与车行通道的关系(图 10.53)。常见的形式有：一侧通道，一侧停车；中间通道，两侧停车；两侧通道，中间停车；环形通道，四周停车等。

行车通道可为单车道或双车道，双车道比较合理，但利用面积大。

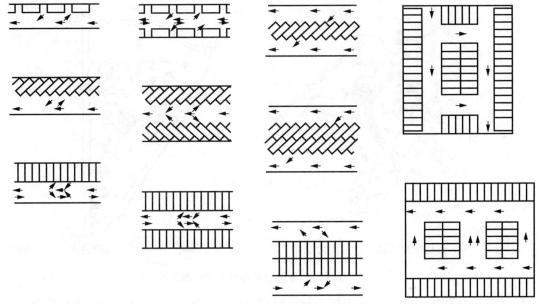

(a) 一侧通道，一侧停车　(b) 中间通道，两侧停车　(c) 两侧通道，中间停车　(d) 环形通道，四周停车

图 10.53　停车场行车通道与停车位的关系

10.3.4　居住区绿地规划设计

1. 居住区绿地的功能

(1) 植物造景。乔、灌木及地被植物的合理搭配，能有效地美化环境，并通过树群、树丛、孤植树等种植的手法，来创造植物造景的效果。

(2) 组织空间。通过植物来围合及分割空间，并和建筑、小品、场地等一起来组织空间。

(3) 遮阳及降温。植物种植在路旁、庭院、房屋两侧，可在炎热季节起到遮阳、降低太阳辐射的作用，并具有蒸腾作用，通过水分蒸发降低空气温度。

(4) 防尘。地面因绿化覆盖，黄土不裸露，可以防止尘土飞扬。

(5) 防风。迎着冬季的主导风向，种植密集的乔木灌木林，能够防止寒风侵袭。

(6) 隔声降噪。为减少交通、人流对居住环境的噪声影响，可通过适当的绿地设计起到隔声降噪的效果。

(7) 防灾。绿地的空间可作为城市救灾时的备用地。

2. 居住区绿地的组成与标准

1) 居住区绿地系统的组成

(1) 公共绿地。居住区内的公共绿地应根据居民生活的需要和居住区的规划结构分类分级。公共绿地通常包括社区公园、居住区公园(居住区级)、儿童公园(居住区级或小区级)、小区游园(小区级)、儿童游戏和休憩场地(组团级)。如图 10.54 所示为居住区公共绿地系统组成实例。

(a) 曹杨新村居住区公共绿地组成　　(b) 天津王顶堤居住区设计竞赛方案公共绿地组成

图 10.54　居住区公共绿地系统组成实例

(2) 公共建筑和公用设施附属绿地。指居住区内的医院、学校、幼托机构等用地内的绿化。

(3) 宅旁和庭院绿地。指住宅四旁绿地。

(4) 街道绿地。指居住区内各种道路的行道树、分隔绿带等绿地。

2) 居住区绿地标准

城市居住区规划设计规范规定，居住区内公共绿地的总指标，应根据居住区人口规模分别达到组团绿地不小于每人 0.5 平方米、小区绿地(含组团绿地)不小于每人 1 平方米，居住区绿地(含小区与组团绿地)不小于每人 1.5 平方米的标准，并根据居住区规划布局形式统一安排，灵活使用。

其他带状、块状公共绿地应同时满足宽度不小于 8 米、面积不小于 300 平方米的环境要求。

绿地率要求新区不低于 30%，旧区改建不低于 25%。

3. 绿地基本布置形式

绿地布置形式较多，一般可概括为三种基本形式，即规则式、自由式及规则与自然结合的混合式等。

1) 规则式

规则式布置形式布置形状较规则严整，多以轴线组织景物，布置对称均衡，园路多用直线或几何规则线型，各构成因素均采用规则几何型和图案型，如图 10.55 所示。

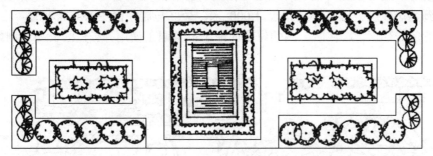

图 10.55　规则式绿地

2) 自由式

自由式布置形式以效仿自然景观见长，各种构成因素多采用曲折自然形式，不求对称规整，但求自然生动。这种自由式布局适用于地形变化较大的用地，而且还可运用我国传统造园手法取得较好的艺术效果，如图 10.56 所示。

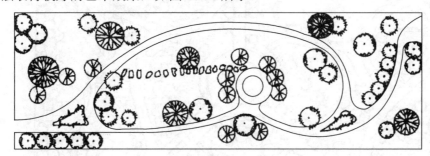

图 10.56　自由式绿地

3) 混合式

混合式是规则与自由式相结合的形式，运用规则式和自由式相结合的布局手法，既能和四周环境相协调，又能在整体上产生韵律和节奏，对地形和位置的适应比较灵活，如图 10.57 所示。

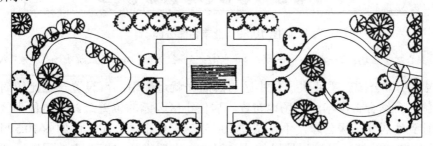

图 10.57　混合式绿地

4. 居住区各类绿地规划的基本要求

1) 公共绿地的规划布置

(1) 居住区公园。主要供本区居民就近使用，面积不宜太大。居住区公园的内容除供应居民游憩外，还可设置一些文体活动方面的内容，如画廊、球场、阅览室、露天放映场等。步行到达居住区公园，不宜超过 1 000 米，最好与居住区中心结合布置。在一些独立的工矿企业的居住区，居住区公园的位置应便于单身职工使用。居住区公园示例如图10.58所示。

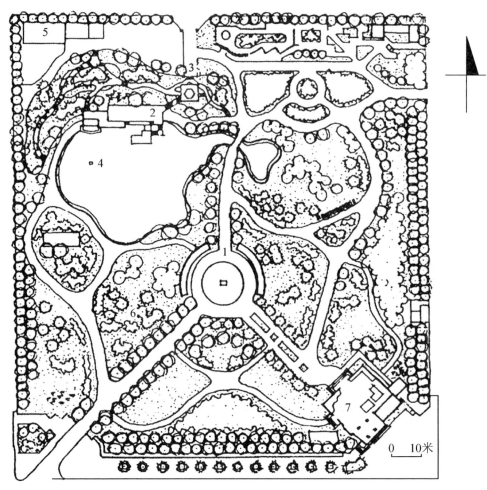

图 10.58 北京古城公园

1—中心雕塑广场；2—水榭；3—亭；4—水池；5—盆景园；6—儿童游戏场；7—主入口

(2) 居住小区公园。主要供居住小区内的居民就近便用，可设置一些比较简单的游憩和文体设施，可结合青少年活动场地布置。居住小区公园的位置最好与居住小区中心结合布置，步行到达居住小区公园，不宜超过 500 米。居住小区公园示例如图10.59所示。

(3) 小块公共绿地。最接近居民的公共绿地，主要供住宅组群内的居民，特别是老年人和幼儿活动和休息的场所。小块公共绿地一般结合住宅组群布置，面积在 1 000 平方米左右，离住宅入口的最大步行距离在 100 米左右。绿地内以种植乔木为主，适当点缀一些观赏性灌木和花卉，此外还可设置部分场地或硬地及桌、凳等供居民活动和休息。小块公共绿地示例如图10.60所示。

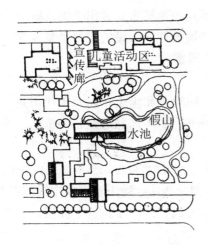 

(a) 常州清潭小区小游园　　　　　(b) 无锡沁园新村小游园

图 10.59　居住小区公园实例

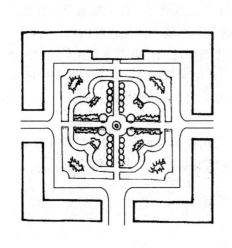 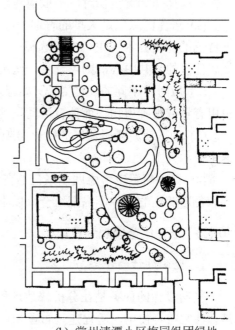

(a) 天津德才里组团绿地　　　　　(b) 常州清潭小区梅园组团绿地

图 10.60　居住组团绿地实例

2) 公共建筑和公用附属绿地的规划布置

居住区内的专用绿地占有很大比重，它们的规划布置除了满足公共建筑本身的功能要求外，还应考虑与周围环境的关系、绿化树种、环境感受、环境措施等因素，使之成为整个居住区绿化系统的有机组成部分。

3) 宅旁和庭院绿地的规划布置

宅旁庭院绿地在进行规划布置时应结合住宅的类型及平面特点、建筑组合形式和宅前道路等因素进行布置，创造宅旁的庭院绿地景观，区分公共与私人空间领域。同时应体现住宅标准化与环境多样化的统一，依据不同的建筑布局做出宅旁及庭院的绿化模范设计。植物的配置应符合地区的土壤及气候条件、居民的爱好及景观变化的要求。同时也应尽力创造特色，使居民有一种归属感。

4) 街道绿地的规划布置

街道绿化的功能主要是遮阳、通风、防噪声和尘土，以及美化街景等。街道绿地可以分为分车绿带、防护绿带、广场绿地、街头休息绿地、停车场绿地、滨河路绿地、林荫路绿地等。

在道路两旁进行绿化设计时，要充分了解街道的人、车流量，道路的宽度和结构，道旁的地质和土壤情况，电杆灯柱、架空线路、地下管道及电缆埋设物等情况，然后根据这些特点来选择绿化树种、配植方式、株行距、树干高度、绿带宽度及苗木大小等。

5. 居住区植物配置和树种选择

在选择和配置植物时，一般应考虑以下几点。

(1) 居住区绿化是大量的普遍的绿化，因此宜选择易管、易长、少虫害和具有地方特色的优良乔木为主，也可选择一些有经济价值的植物。在一些重点绿化地段，如居住区的公共中心，则可选种一些观赏性的乔灌木或少量花卉等植物。

(2) 应考虑不同的功能需要，如行道树宜用遮阳好的落叶乔木，儿童游戏场地则忌用有毒或带刺植物，而体育活动场地应避免采用大量扬花、落果、落花的树木。

(3) 为了使新建居住区的绿化面貌较快形成，可选用速生和慢长的树木，其中以速生树木为主。

(4) 树种配置应考虑四季景色的变化，可采用乔木与灌木、常绿与落叶及不同树姿和色彩变化的树种，搭配组合，以丰富居住区面貌。

10.3.5 居住区竖向规划设计

1. 竖向设计的任务与内容

竖向设计的任务是在分析修建地段地形条件的基础上，对原地形进行利用和改造，使它符合使用，适宜建筑布置和排水，以达到功能合理、技术可行、造价经济、景观优美的要求。竖向设计的具体内容为研究地形的利用与改造，考虑地面排水组织，确定建筑、道路、场地、绿地及其他设施的地面设计标高，并计算土方工程量。

2. 竖向设计的原则

(1) 满足各项用地的使用要求(修建、活动、交通、休憩等)。
(2) 保证场地良好的排水。
(3) 充分利用地形，减少土方工程量。
(4) 考虑建筑群体空间景观设计的要求。
(5) 便利施工，符合工程技术经济要求。

3. 竖向设计的表示方法

竖向设计的表示方法主要有两种，分别是设计标高法和设计等高线法，如图10.61所示。

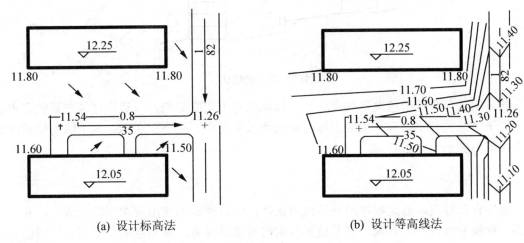

(a) 设计标高法　　　　　　　　(b) 设计等高线法

图 10.61　设计标高法与设计等高线法示例(单位：米)

(1) 设计标高法。在设计基地上标出足够的设计标高点，并辅以箭头表示地面坡向和排水方向，一般用于平地、地形平缓坡度小的地段，或保留自然地形为主和对室外场地要求不高的情况。用设计标高法表达的竖向设计图，地面设计标高应清楚明了。设计的运作是根据规划总平面图、地形图、周界条件及竖向规划设计要求，来确定区内各项用地控制点标高和建(构)筑物标高，并以箭头表示区内各项用地的排水方向，故又名高程箭头法。

(2) 设计等高线法。用设计标高和等高线分别表示建筑、道路、场地、绿地的设计标高和地形。此法便于土方量计算和选择建筑场地的设计标高，容易表达设计地形和原地形的关系和检查设计标高的正误，适合在地形起伏的丘陵地段应用。

4. 地面设计

根据用地性质、功能，结合自然地形，规划地面形式分为平坡式、台阶式和混合式。

(1) 平坡式。指把用地处理成一个或几个坡向的平整面，坡度和标高均无大的变化，用地的自然坡度小于5%，如图10.62所示。

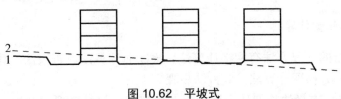

图 10.62　平坡式

(2) 台阶式。是由几个标高差较大的平整面连接而成，连接处设挡土墙及护坡，用地的自然坡度大于8%，如图10.63所示。

(3) 混合式。采用以上两种方式即为混合式。

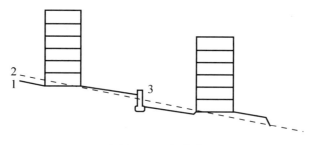

图 10.63 台阶式

建设用地分台应考虑地形坡度、坡向和风向等因素的影响,以适应建筑布置的要求。高度大于 2 米的挡土墙和护坡的上缘与建筑间水平距离不应小于 3 米,其下缘与建筑间的水平距离不应小于 2 米。

5. 标高设计

确定设计标高,必须根据用地的地质条件,结合建筑的使用要求和基础情况,并考虑道路、管线的敷设技术要求,以及地面排水的要求等因素,并尽量减少土石方工程量和基础工程量。确定各标高应注意避免室外雨水流入室内,引导室外雨水顺利排除,保证建筑物之间交通运输有良好的联系。

一般要求场地的地坪标高应高于城市道路路面,排水管需设置在防洪警戒线以上 0.5 米,基础设计应注意在最高地下水位以上或最低地下水位以下,室内外高差一般取 0.3~0.9 米,最小值为 0.15 米。

6. 排水设计

在设计标高中应考虑不同场地的坡度要求,以便为场地排水组织提供条件。排水设计是指根据场地地形特点和设计标高,划分排水区域,并进行场地的排水组织。排水方式可以分为以下两种。

(1) 暗管排水。多用于面积较大、建筑物和构筑物比较集中、运输线路及地下管线较多、地势平坦的场地。

(2) 明沟排水。多用于建筑物和构筑物较分散、高差变化较多等场地。明沟纵坡一般为 0.3%~0.5%。明沟断面宽 400~600 毫米,高 500~1 000 毫米。明沟边距离建筑物基础不应小于 3 米,距围墙不小于 1.5 米,距道路边护脚不小于 0.5 米。

7. 土石方工程量计算

土石方工程量的计算方法有网格计算法、横断面计算法、查表法、计算图法等,下面主要介绍最常用的方格网计算法,其方法步骤如下。

(1) 划分方格。方格边长取决于地形复杂情况和计算精度要求。地形平坦地段多采用 20~40 米,地形起伏变化较大的地段方格边长多采用 20 米。

(2) 标明设计标高和自然标高。在方格网各角点标明相应的设计标高和自然标高,前者标于方格角点的右上角,后者标于右下角。

(3) 计算施工高程。施工高程等于设计标高减去自然标高。正值表示填方,负值表示挖方，并将其数值分别标在相应方格角点左上角。

(4) 做出零线。将零点连在一起，做出零线。零线即为挖填分界线，表示不挖也不填。

(5) 计算土石方量。根据每一方格挖、填情况，计算出挖、填方量，分别标入相应的方格内。

(6) 汇总工程量。将每个方格的土方工程量分别按挖、填方量相加后算出挖、填方工程量，然后乘以松散系数，才得到实际的挖、填方工程量。

为减少工程投资，在可能的情况下应尽量考虑土石方平衡。计算好场地的挖方和填方量并使两者接近平衡，使土石方工程总量达到最小。

10.3.6 居住区管线综合规划设计

1. 工程管线的种类

工程管线种类多而复杂，根据不同性能和用途、输送方式、敷设方式、弯曲程度等有不同的分类。

1) 按工程管线性能和用途分类

(1) 给水管道：包括工业用水、生活用水、消防给水等管道。

(2) 排水沟管：包括工业污水(废水)、生活污水、雨水、降低地下水等管道和明沟。

【参考案例】

(3) 电力线路：包括高压输电、高低压配电、生产用电、电车用电等线路。

(4) 电信线路：包括市内电话、长途电话、有线广播、有线电视等线路。

(5) 热力管道：包括蒸汽、热水等管道。

(6) 可燃或助燃气体管道：包括煤气、乙炔、氧气等管道。

(7) 空气管道：包括新鲜空气、压缩空气等管道。

(8) 灰渣管道：包括排泥、排灰-排渣、排尾矿等管道。

(9) 城市垃圾输送管道。

(10) 液体燃料管道：包括石油、酒精等管道。

2) 按工程管线输送方式分类

(1) 压力管线：指管道内流体介质由外部施加力使其流动的工程管线。这类管线通过一定的加压设备，将流体介质由管道系统输送给终端用户。给水、煤气、灰渣管道为压力输送。

(2) 重力流管线：指管道内流动着的介质由重力作用沿其设置的方向流动的工程管线。这类管线有时还需要中途提升设备将流体介质引向终端。污水、雨水管道为重力自流输送。

3) 按工程管线敷设方式分类

(1) 架空线：指通过地面支撑设施在空中布线的工程管线，如架空电力线、架空电话线等。

(2) 地铺管线：指在地面铺设明沟或盖板明沟的工程管线，如雨水沟渠、地面各种轨道等。

(3) 地埋管线：指在地面以下有一定覆土深度的工程管线，根据覆土深度不同，地下管线又可分为深埋和浅埋两类。

划分深埋主要取决于：①有水的管道和含水分的管道在寒冷的情况下是否怕冰冻；②土壤冰冻的深度。所谓深埋，是指管道的覆土深度大于 1.5 米。例如，我国北方的土壤冰冻线较深，给水、排水、煤气(这里指的是含有水分的湿煤气)等管道属于深埋一类；热力管道、电信管道、电力电缆等不受冰冻的影响，可埋设较浅，属于浅埋一类。由于土壤冰冻深度随着各地气候的不同而变化，如我国南方冬季土壤不冰冻，或者冰冻深度只有十几厘米，给水管道的最小覆土深度就可小于 1.5 米，所以深埋和浅埋不能作为地下管线的固定的分类方法。

4) 按工程管线弯曲程度分类

(1) 可弯曲管线：指通过某些加工措施易将其弯曲的工程管线，如电信电缆、电力电缆、自来水管道等。

(2) 不易弯曲管线：指通过加工措施不易将其弯曲的工程管线或强行弯曲会损坏的工程管线，如电力管道、电信管道、污水管道等。

工程管线的分类方法很多，通常根据工程管线的不同用途和性能来划分。各种分类方法反映了管线的特性，是进行工程管线综合时管线避让的依据之一。

按性能和用途划分的管线种类并不是在居住区规划设计中都能用到的，常用的居住区管线主要有 6 种：给水管线、排水管线、电力管线、电信管线、热力管线、燃气管线。

2. 管线工程的综合要求与技术规范

(1) 规划中，各种管线的位置都要采用统一的城市坐标系统及标高系统，管线进出口应与城市管线的坐标一致。如果存在几个坐标系统和标高系统，则必须加以换算，取得统一。

(2) 管线综合布置与总平面布置、竖向设计和绿化布置应统一进行。应使管线之间、管线与建(构)筑物之间在平面及竖向上相互协调，紧凑合理，有利景观。管线与绿化树种间的最小水平净距见表 10-8。

表 10-8 管线与绿化树种间的最小水平净距   单位：米

管线名称	最小水平净距	
	乔木(至中心)	灌木
给水管线、闸井	1.5	不限
污水管、雨水管、探井	1.0	不限
煤气管、探井	1.5	1.5
电力电缆、电信电缆、电信管道	1.5	1.0
热力管	1.5	1.5
地上杆柱(中心)	2.0	不限
消防龙头	2.0	1.2
道路侧石边缘	1.0	0.5

(3) 管线敷设方式应根据管线内介质的性质、地形、生产安全、交通运输、施工检修

等因素，经技术经济比较后择优确定。一般宜采用地下敷设的方式。地下管线的走向，宜沿道路或主体建筑平行布置，并力求线型顺直、短捷和适当集中，尽量减少转弯，并应使管线之间及管线与道路之间尽量减少交叉。

(4) 应根据各类管线的不同特性和设置要求综合布置。各类管线相互间的水平距离应符合表 10-9 的要求；垂直距离应符合表 10-10 的要求；各种管线与建筑物和构筑物之间的最小水平间距应符合表 10-11 的要求；地下工程管线最小覆土深度应符合表 10-12 的要求。

表 10-9　各类地下管线之间最小水平净距　　　　单位：米

管线名称		给水管	排水管	燃气管			热力管	电力电缆	电信电缆	电信管道
				低压	中压	高压				
排水管		1.5	1.5							
燃气管	低压	0.5	1.0							
	中压	1.0	1.5							
	高压	1.5	2.0							
热力管		1.5	1.5	1.0	1.5	2.0				
电力电缆		0.5	0.5	0.5	1.0	1.5	2.0			
电信电缆		1.0	1.0	0.5	1.0	1.5	1.0	0.5		
电信管道		1.0	1.0	1.0	1.0	2.0	1.0	1.2	0.2	

注：1. 表 10-9 中给水管与排水管之间的净距适用于管径小于或等于 200 毫米的情况，当管径大于 200 毫米时，给水管与排水管的净距应大于或等于 3.0 米。

2. 大于或等于 10 千伏的电力电缆与其他任何电力电缆之间的净距应大于或等于 0.25 米，如加套管，净距可减至 0.1 米；小于 10 千伏的电力电缆之间的净距应大于或等于 0.1 米。

3. 低压燃气管的压力为小于或等于 0.002 兆帕，中压为 0.005~0.3 兆帕，高压为 0.3~0.8 兆帕。

表 10-10　各类地下管线之间最小垂直净距　　　　单位：米

管线名称	给水管	排水管	燃气管	热力管	电力电缆	电信电缆	电信管道
给水管	0.15						
排水管	0.40	0.15					
燃气管	0.15	0.15	0.15				
热力管	0.15	0.15	0.15	0.15			
电力电缆	0.15	0.50	0.50	0.50	0.50		
电信电缆	0.20	0.50	0.50	0.15	0.50	0.25	0.25
电信管道	0.10	0.15	0.15	0.15	0.50	0.25	0.25
明沟沟底	0.50	0.50	0.50	0.50	0.50	0.50	0.50
涵洞基底	0.15	0.15	0.15	0.15	0.50	0.20	0.25
铁路轨底	1.00	1.20	1.00	1.20	1.00	1.00	1.00

注：在不利的地形或地质条件、施工条件等地区，也可用稍宽一些的间距。管线埋深和交叉时的相互垂直净距，应考虑如下因素：①保证管线受到荷载而不受损伤；②保证管体不冻坏或管内液体不冻凝；③便于与城市干线连接；④符合有关的技术规范的坡度要求；⑤符合竖向规划要求；⑥有利于避让需保留的地下管线及人防通道；⑦符合管线交叉时垂直净距的技术要求。

表 10-11 各类管线与建筑物、构筑物之间的最小水平间距 单位：米

管线名称		建筑物基础	地上柱杆(中心)			铁路中心	城市道路侧石边缘	公路边缘
			通信照明<10千伏	通信照明≤35千伏	通信照明>35千伏			
给水管		3.00	0.50	3.00		5.00	1.50	1.00
排水管		2.50	0.50	1.50		5.00	1.50	1.00
燃气管	低压	1.50	1.00	1.00	5.00	3.75	1.50	1.00
	中压	2.00				3.75	1.50	1.00
	高压	4.00				5.00	2.50	1.00
热力管		直埋 2.50	1.00	2.00	3.00	3.75	1.50	1.00
		地沟 0.50						
电力电缆		0.60	0.60	0.60	0.60	3.75	1.50	1.00
电信电缆		0.60	0.50	0.60	0.60	3.75	1.50	1.00
电信管道		1.50	1.00	1.00	1.00	3.75	1.50	1.00

注：1. 表 10-11 中给水管与城市道路侧石边缘的水平间距 1.00 米适用于管径小于或等于 200 毫米，当管径大于 200 毫米时应大于或等于 1.50 米。

2. 表中给水管与围墙或篱笆的水平间距 1.50 米适用于管径小于或等于 200 毫米，当管径大于 200 毫米时应大于或等于 2.50 米。

3. 排水管与建筑物基础的水平间距，当埋深浅于建筑物基础时应大于或等于 2.50 米。

4. 表中热力管与建筑物基础的最小水平间距，对于管沟敷设的热力管道 0.50 米，对于直埋闭式热力管道管径小于或等于 250 毫米时为 2.5 米，管径大于或等于 300 毫米时为 3.0 米，对于直埋开式热力管道为 5.0 米。

表 10-12 地下工程管线最小覆土深度值 单位：米

管线名称		最小覆土深度		备注
		人行道下	车行道下	
电力管线	直埋	0.60	0.70	10 千伏以上电缆应不小于 1.0 米
	管沟	0.40	0.50	敷设在不受荷载的空地下时，数据可适当减少
电信管线	直埋	0.70	0.80	
	管沟	0.40	0.70	敷设在不受荷载的空地下时，数据可适当减少
热力管线	直埋	0.60	0.70	
	管沟	0.20	0.20	
燃气管线		0.60	0.80	冰冻线以下
给水管线		0.60	0.70	根据冰冻情况、外部荷载、管材强度等因素确定
雨水管线		0.60	0.70	冰冻线以下
污水管线		0.60	0.70	

(5) 管线埋设顺序如下。

① 各种管线按照离建筑物的水平顺序，由近及远宜为电力管线或电信管线、燃气管线、热力管、给水管、雨水管、污水管。

② 按照各类管线的垂直顺序，由浅入深宜为电信管线、热力管、小于 10 千伏的电力电缆、大于 10 千伏的电力电缆、燃气管、给水管、雨水管、污水管。

(6) 当管道内的介质具有毒性和可燃、易燃、易爆性质时，严禁穿越与其无关的建筑

物、构筑物、生产装置及贮罐区等。

(7) 管线内的布置应与道路或建筑红线平行。同一管线不宜自道路一侧转到另一侧。

(8) 必须在满足生产、安全、检修的条件下节约用地。当技术经济比较合理时，应共架、共沟、架空布置。相关技术规范见表10-13～表10-15。

表10-13 架空管线之间及其与建(构)筑物之间的最小水平间距　　　　单位：米

名称		建筑物 (凸出部分)	道路 (路缘石)	铁路 (轨道中心)	热力管线
电力管线	10千伏边导线	2.0	0.5	杆高加3.0	2.0
	35千伏边导线	3.0	0.5	杆高加3.0	4.0
	110千伏边导线	4.0	0.5	杆高加3.0	4.0
电信管线		2.0	0.5	4/3杆高	1.5
热力管线		1.0	1.5	3.0	—

表10-14 管架与建(构)筑物之间的最小水平间距　　　　单位：米

建筑物、构筑物名称	最小水平间距
建筑物有门窗的墙壁外缘或凸出部分外缘	3.0
建筑物无门窗的墙壁外缘或凸出部分外缘	1.5
铁路(中心线)	3.75
道路	1.0
人行道外缘	0.5
厂区围墙(中心线)	1.0
照明及通信杆柱(中心)	1.0

表10-15 架空管线之间及其与建(构)筑物之间交叉的最小垂直间距　　　　单位：米

名称		建筑物 (顶端)	道路 (地面)	铁路 (轨顶)	电信线		热力管线
					电力线有 防雷装置	电力线无 防雷装置	
电力管线	10千伏及以下	3.0	7.0	7.5	2.0	4.0	2.0
	35～110千伏	4.0	7.0	7.5	3.0	5.0	3.0
电信管线		1.5	4.5	7.0	0.6	0.6	1.0
热力管线		0.6	4.5	6.0	1.0	1.0	0.25

(9) 在山区，管线敷设应充分利用地形，并应避免山洪、泥石流及其他不良地质的危害。

(10) 当规划区分期建设时，干线布置应全面规划，近期集中，近远期结合。近期管线穿越远期用地时，不得影响远期用地的使用。

(11) 管线综合布置时，干管应布置在用户较多的一侧，或管线分类布置在道路两侧。

(12) 综合布置地下管线产生矛盾时，应按下列避让原则处理：①压力管让自流管；②管径小的让管径大的；③易弯曲的让不易弯曲的；④临时性的让永久性的；⑤工程量小的让工程量大的；⑥新建的让现有的；⑦检修次数少的、方便的，让检修次数多的、不方便的。

(13) 充分利用现状管线。改建、扩建工程中的管线综合布置，不应妨碍管线的正常使用。当管线间距不能满足规划规定时,在采取有效措施后,可适当减小。

(14) 工程管线与建筑物、构筑物之间及工程管线之间水平距离应符合有关规范的规定。当受道路宽度、断面及现状工程管线位置等因素限制,难以满足要求时,宜采用专项管沟敷设及规划建设某些类别工程管线统一敷设的综合管沟等。

(15) 管线共沟敷设应符合下列规定。

① 热力管不应与电力、通信电缆和压力管道共沟。

② 排水管道应布置在沟底。当沟内有腐蚀性介质管道时,排水管道应位于其上面。

③ 腐蚀性介质管道的标高应低于沟内其他管线。

④ 火灾危险性属于甲、乙、丙类的液体,液化石油气,可燃气体,毒性气体和液体及腐蚀性介质管道不应共沟敷设,并严禁与消防水管共沟敷设。

⑤ 凡有困难产生相互影响的管线,不应共沟敷设。

(16) 敷设主管道干线的综合管沟应在车行道下,其覆土深度必须根据道路施工和行车荷载的要求、综合管沟的结构强度及当地的冰冻深度等确定。敷设支管的综合管沟应在人行道下,其埋设深度可较浅。

3. 居住区工程管线的综合规划成果

(1) 工程管线综合详细规划平面图。图纸比例通常采用 1∶1 000,确定管线在平面上的具体位置,道路中心线交叉点,管线的起讫点、转折点的坐标数据。

(2) 管线交叉点的详细标高图。确定管线的竖向位置,如图 10.64 和图 10.65 所示。

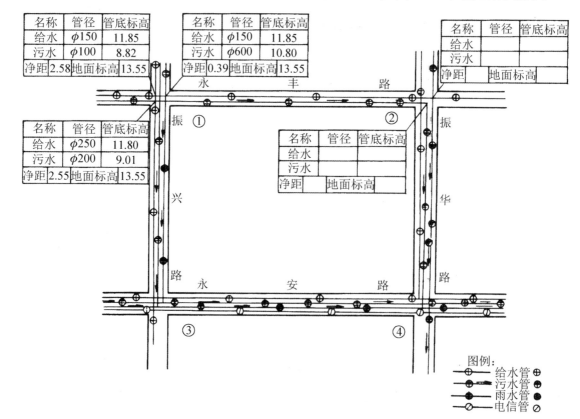

图 10.64 管线交叉点标高

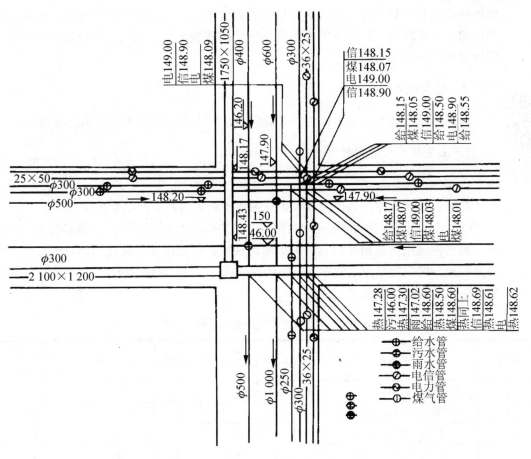

图 10.65 交叉点管线标高

(3) 道路标准横断面管线布置图，如图 10.66 所示。

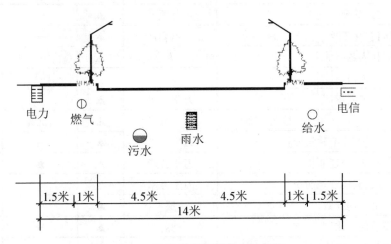

图 10.66 道路横断面管线布置示例

(4) 工程管线综合详细规划说明。包括所综合的各专业工程详细规划的基本布局、工程管线的布置、国家和当地城市对工程管线综合的技术规范和规定、本工程管线综合详细规划的原则和规划要点，以及必须叙述的有关事宜；对管线综合详细规划中所发现的目前还不能解决，但又不影响当前建设的问题提出处理意见，并提出对下阶段工程管线设计应注意的问题等。

10.3.7 综合技术经济指标

【参考案例】

居住区综合技术经济指标由两部分组成，即土地平衡及主要技术经济指标。

1. 主要技术经济指标

1) 规模指标

同城市规模一样，居住区规模也是由用地和人口两方面因素确定的。

(1) 用地规模指标。居住区规划用地的总规模包括居住区用地规模和其他用地规模，而居住区用地规模又包括四大类用地规模：住宅用地、公建用地、道路用地和公共绿地。这四类用地之间存有一定的比例关系，表10-16中的1~7项为居住区规划中常见的居住区用地平衡表。

表 10-16 综合技术经济指标系列一览表

序号	项目	计量单位	数值	所占比重	人均面积/(平方米/人)
1	居住区规划总用地	公顷	▲	—	—
2	1. 居住区用地(R)	公顷	▲	100%	▲
3	① 住宅用地(R01)	公顷	▲	▲	▲
4	② 公建用地(R02)	公顷	▲	▲	▲
5	③ 道路用地(R03)	公顷	▲	▲	▲
6	④ 公共绿地(R04)	公顷	▲	▲	▲
7	2. 其他用地(E)	公顷	▲	—	—
8	居住户(套)数	户(套)	▲	—	—
9	居住人数	人	▲	—	—
10	户均人口	人/户	△	—	—
11	总建筑面积	万平方米	▲	—	—
12	1. 居住区用地内建筑总面积	万平方米	▲	100%	▲
13	① 住宅建筑面积	万平方米	▲	▲	▲
14	② 公建面积	万平方米	▲	▲	▲
15	2. 其他建筑面积	万平方米	△	—	—
16	住宅平均层数	层	▲	—	—
17	高层住宅比例	%	▲	—	—
18	中高层住宅比例	%	▲	—	—
19	人口毛密度	人/公顷	▲	—	—
20	人口净密度	人/公顷	△	—	—

续表

序号	项目	计量单位	数值	所占比重	人均面积/(平方米/人)
21	住宅建筑套密度(毛)	套/公顷	△	—	—
22	住宅建筑套密度(净)	套/公顷	△	—	—
23	住宅面积毛密度	万平方米/公顷	▲	—	—
24	住宅面积净密度	万平方米/公顷	▲	—	—
25	住宅容积率	—	▲	—	—
26	居住区建筑面积(毛)密度	万平方米/公顷	△	—	—
27	容积率	—	△	—	—
28	住宅建筑净密度	%	▲	—	—
29	总建筑密度	%	△	—	—
30	绿地率	%	▲	—	—
31	拆建比	—	△	—	—
32	土地开发费	万元/公顷	△	—	—
33	住宅单方综合造价	元/公顷	△	—	—

注：▲必要指标；△选用指标。

(2) 人口及配套设施规模指标。表 10-16 中 8～15 项主要包括居住户(套)数、居住人数、户均人口、总建筑面积(居住区用地内建筑面积和其他建筑面积)，反映人口、住宅和配套公共服务设施之间的相互关系。

2) 层数、密度指标

表 10-16 中 16～25 项是层数、密度指标等，主要反映土地利用效率和技术经济效益。

住宅平均层数，即住宅总建筑面积与住宅基底总面积的比值。

高层住宅比例(10 层以上)，即高层住宅总建筑面积与住宅总建筑面积的比率(%)。

中高层住宅比例(7～9 层)，即中高层住宅总建筑面积与住宅总建筑面积的比率(%)。

人口毛(净)密度，即每公顷居住区用地上(住宅用地上)容纳的规划人口数量。

人口毛密度，即规划总人口与居住区用地面积的比值。

人口净密度，即规划总人口与住宅用地面积的比值。

住宅建筑套毛(净)密度，即每公顷居住区用地上(住宅用地上)拥有的住宅建筑套数。

住宅建筑套毛密度，即住宅总套数与居住区用地面积的比值。

住宅建筑套净密度，即住宅总套数与住宅用地面积的比值。

住宅建筑面积毛密度，即住宅总建筑面积与居住区用地面积的比值。

住宅建筑面积净密度，即住宅总建筑面积与住宅用地面积的比值。

居住区建筑面积毛密度(容积率)，即每公顷居住区用地上拥有的各类建筑的总建筑面积。

居住区建筑面积毛密度(容积率)，等于居住区总建筑面积与居住区用地面积的比值。

3) 环境质量指标

表 10-16 中 26～32 项包括停车率、地面停车率、住宅建筑净密度、总建筑密度、绿地率等，反映居住区整体环境的优劣。

停车率，即居住区内居民汽车的停车位数量与居住总户数的比率。

地面停车率，即居住区内居民停车的地面停车位数量与居住总户数的比率。

住宅建筑净密度，即住宅建筑基底总面积与住宅用地面积的比率。

总建筑密度，即居住区用地内各类建筑的基底总面积与居住区用地面积的比率。

绿地率，即居住区用地范围内各类绿地的总和占居住区用地的比率。

各类绿地包括公共绿地，宅旁绿地，公建专用绿地，道路红线内绿地，满足绿化覆土要求且方便居民出入的地下、半地下建筑屋顶绿地，但不包括其他屋顶、晒台的人工绿地。

2. 计算口径

1) 居住区用地范围的确定

(1) 当规划总用地周界为城市道路、居住区(级)道路、小区路或自然分界线时，用地范围划至道路中心线或自然分界线。

(2) 当规划总用地与其他用地相邻，用地范围划至双方用地的交界处。

2) 住宅用地范围的确定

(1) 以居住区内部道路红线为界，宅前宅后小路属住宅用地。

(2) 住宅邻公共绿地，没有道路或其他明确界线时，通常在住宅的长边，以住宅高度的 1/2 计算，在住宅的两侧，一般按 3～6 米计算。

3) 公共服务设施用地范围的确定

(1) 明确划定建筑基地界线的公共服务设施，如幼托、学校等均按基地界线划定。

(2) 未明确划定建筑基地界线的公共设施，如菜场、饮食店，可按建筑物基底占用土地及建筑物所需利用的土地划定界线。

4) 道路用地范围的确定

(1) 按与居住人口规模相对应的同级道路及其以下各级道路计算面积，外围道路不计入。

(2) 居住区(级)道路，按红线宽度计算。

(3) 小区路、组团路按路面宽度计算。当小区路设有人行便道时，人行便道计入道路用地面积。

(4) 居民汽车停放场地计入道路用地面积。

(5) 宅间小路不计入道路用地面积。

5) 公共绿地范围的确定

公共绿地指规划中确定的居住区公园、小区游园、住宅组团绿地，不包括满足日照要求的住宅间距之内的绿地、公共服务设施所属绿地和非居住区范围内的绿地。

10.3.8 居住区规划设计实例

1. 上海市曹杨新村居住区

【参考案例】

【参考案例】

【参考案例】

曹杨新村位于上海市区西北部，中山环路外围。它是上海最早兴建的工人村之一，用地面积为 123 公顷，人口规模 2 万户，1952 年开始建设，逐年发展成一个完整的居住区，如图 10.67 所示。

整个居住区分为8个村，每村由几个3~5公顷的小街坊组成，村内设有商店和菜场，幼托、小学与中学均匀分布在区内，设在街坊外的独立地段上。

居住区中心配置了完善的公共服务设施，由居住区边缘步行到区中心的时间为7~8分钟。

居住区的道路网，配合地形，自由灵活地布置。区内道路共分五级：居住区主要道路、次要道路、街坊内车行道、人行道和宅前小路。

住宅类型大部分是两层住宅，住宅群布置考虑了上海地区的朝向要求，结合弯曲的道路、自然的水面和绿地，形成有变化的行列式布局。

区内设公园一座，整个住宅建筑群内设0.1~0.2公顷的小绿地，它们和公共绿地组成了居住区的绿地系统。

曹杨新村从20世纪70年代起，已经对局部住宅进行改建，并增建了4~6层住宅及公共服务设施。

图10.67　上海市曹杨新村居住区平面图

1—银行；2—文化馆；3—商店；4—食堂；5—电影院；6—卫生站；7—医院；8—菜场；9—服务站；10—中学；11—小学；12—幼托；13—公园；14—墓园；15—苗圃；16—污水管理处；17—铁路

2. 北京恩济里居住区

恩济里小区位于北京西郊恩济庄，距市中心区约 10 千米。小区基地狭长，南北方向 470 米，东西方向 210 米，用地面积 9.98 公顷，如图 10.68 所示。

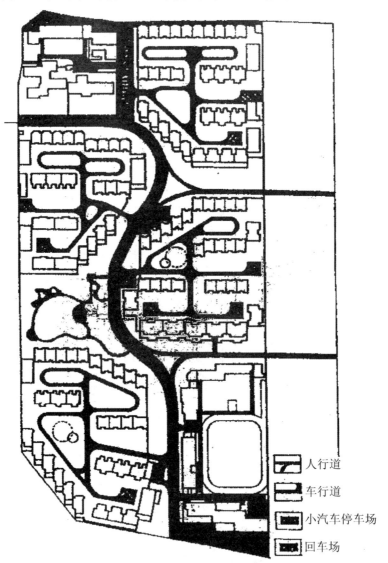

图 10.68 恩济里小区平面图

小区的用地及建筑布局突出以人为本的原则，满足居民对日照、通风、生活、交往、安全等多方面的需求。为了让居民出行便利，主干道结合用地狭长的特点布置了南北向曲线型车行干道，避免外部车辆穿过小区。小区内道路分为 3 级，主要车行道宽 7 米，进入住宅组团的尽端路宽 4 米，宅前道路宽 2.5 米。

小区内设 4 个 400 户左右的住宅组团，沿车行干道两侧布置，由 5 或 6 幢住宅围合成院落。每个住宅组团有一个主要入口，还有半地下自行车库设在组团入口，车库顶高出地面形成平台，设计为公共绿地的一部分。

公共设施的分布考虑居民出行流向，主要商业网点设在小区西南角，靠近小区主要人流，方便居民购物。

北端另设辅助商业网点，服务半径均不超过 200 米。

小学与托幼分别布置在东南端和西北隅，减少对居住的干扰。

3. 天津川府新村居住区

川府新村(图 10.69)是我国首批城市试点小区之一，小区由 4 个各具特色的住宅组团组成，分别以田、园、易、貌命名。住宅组团布置采用里弄与庭院相结合的形式。由于各组团的住宅采用不同的类型，如田川里采用大面积灵活隔断的平面，园川里为台阶式花园住宅，易川里是大进深住宅，而貌川里则采用麻花形及高架平台连廊等形式，使各住宅组团更有个性，小区面貌更丰富多彩。小区公建采用两级布置，设计力求多样。

图 10.69　天津川府新村平面图

1—小区公园；2—小学；3—幼托；4—商业服务；5—居民活动中心；
6—居委会；7—锅炉房；8—公交车站

4. 南阳建业桃花岛规划设计说明

1) 项目概况

该项目位于南阳白河南区，东北邻中原路，规划用地面积 25 760.55 平方米，建设用地面积 22 696.59 平方米，代征城市道路用地 3 063.96 平方米。

2) 设计立意

本项目是以"绿色家园"为指导思想，以"桃花岛"为立意进行设计的多层住宅区。通过对小区内部中心及宅间水景的精心设计和布局，营造出一种回归田园、生态健康的滨水居住环境。

3) 规划布局

该项目规划的主体结构为由北侧主入口向南延伸形成的水系景观网络及由此衍生出的小岛式分区。

住宅围绕水系布置并被水系分隔成独立的部分，沿中原路布置二层的商铺及会所，将住宅与喧闹的城市道路隔开。小区的会所内外兼顾，商业柱廊与主入口有机结合，形成小区舒展大方、层次丰富的入口景观。

4) 道路交通

小区内设曲折的外环路解决机动车交通，通而不畅，避免车速过快；小区采取地面停车及地上停车库的方式，复式住宅设有私家车库或宅前停车，外环路结合景观适当扩大，布置地面停车位。中心水系以主入口喷泉广场为起点，结合小桥、湖心岛形成步行休闲区。

5) 景观绿化

(1) 中心景观区。以入口圆形喷泉广场为起点，小区的中心水系向南延伸，形成了以水景为主要景观元素的中心景观区。明澈的水面，白沙与卵石形成的蜿蜒的滨水步道，小巧的亭廊，青郁的翠竹与玲珑的湖石，可以使住户充分感受滨水生活的气息。

(2) 边界景观节点。在营造小区景观中心的同时，注重小区边界的设计。小区规模较小，通过外环道路的曲折多变，有收有放，相应地布置景观点，以白色围墙为背景，形成一幅幅如画的景观，缓和了小区与边界的过渡。小区北侧的主入口巧妙地将小区入口、商业会所、景观融为一体，通过入口可遥望小区内的中心景观带，使小区与城市景观互相借用、渗透，从而达到小区与城市的有机融合、和谐共生。

(3) 宅前景观。大多数建筑前面的庭院临水，通过南侧的水面保证了庭院的私密性，首层各家设置了亲水平台，拥有最近距离的私家亲水空间，并与中心景观隔水相望，相映成趣。

6) 建筑设计

将沿街商业、会所与小区入口通过不同形式的柱廊有机地结合起来，为人们提供舒适的可遮阳避雨的户外购物休闲空间，为这一地区注入活力。

小区入口富于层次变化，通过景窗式的设计，使小区内部的景观与小区外部的街道相互渗透。

建筑风格朴实、大方，红色的装饰砖充满温馨，精心的细部处理显示了建筑的品位。

7) 经济技术指标

小区规划用地面积为 25 760.55 平方米；建设用地面积为 22 696.59 平方米；总建筑面积为 17 819.2 平方米；居住建筑面积为 15 209.2 平方米；公共建筑面积为 1 987 平方米；

居住总人数为 196 人(共 56 户)；人口密度为 76 人/公顷；公共绿地面积为 2 900 平方米；人均公共绿地面积为 14.7 平方米/人；容积率为 0.785；绿化覆盖率为 31.5%；停车位为 57 个。

5. 费思密德居住区

费思密德居住区位于密尔顿·凯恩斯新城中心区的南侧，街坊四周由城市干道围合，用地面积约 100 万平方米，有住宅 1 650～1 700 套，居民约 1 万人，如图 10.69 所示。

住宅区规划布局从建立完善的道路交通系统出发，组成五横三纵的车行道路骨架，并由此将新村划分为约 20 个的地块。整个住宅区四周各设有一个出入口与城市干道相接，并一律采用"丁"字形交叉口，以防机动车流穿行住宅区而影响居民的安静和安全。私人小汽车可直达住宅的底层；区内车行路采用两块板横断面形式，中部设有较宽的绿化分隔带，交叉口处均用圆形花坛作交通岛组织环形交通，既美化了环境，又便于交通管理和安全。

每个布置住宅的地块尺寸为长为 180 米，宽为 130 米，约可布置住宅 103 套。住宅沿车行道四周呈周边式布置，形成较大的院落半公共空间。整个居住区以此为基本单位，结合地块划分和周围环境重复布置，并在统一中又有适当的变化。

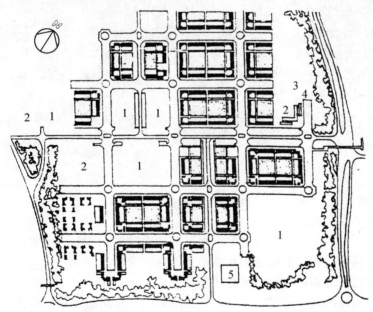

图 10.70 费思密德居住区规划平面图
1—住宅保留用地；2—学校用地；3—游戏场；4—亭子；5—电话分局

知识链接

居住区规划设计实例赏析

B 社区修建性详细规划设计图纸，详情请见右侧二维码。

小　结

居住是人们生活之必需，居住区规划设计涉及工程技术、城市艺术、经济、社会学等多方面的问题，本章主要介绍了居住区的基本概念、发展历史，居住区规划设计的成果、任务、原则、目标及要求，以及居住区规划设计的一般方法。这一章中需要掌握的知识很多，但关键是将一些理论知识灵活运用到居住区规划设计中，以下是一些必须掌握的基本知识点。

(1) 居住区规划总用地包括居住区用地与其他用地两大部分，居住区用地是住宅用地、公建用地、道路用地和公共绿地4类用地的总称。

(2) 按照居住区的户数和规模可将居住区划分为三级：居住区、居住小区、居住组团。

(3) 居住区主要按照规划组织结构分级来划分，其规划组织结构较清晰；居住区、小区、组团的规模比较均衡，其组织结构主要有居住区—居住小区—居住组团(三级结构)，居住区—居住组团(二级结构)，居住区—居住小区(二级结构)。

(4) 住宅群体平面组合方式主要有4种：行列布置、周边布置、点群式布置、混合布置；住宅群体空间组合形式主要有成组成团、成街成坊、整体式组合。

(5) 公共服务设施(也称配套公建)按使用性质分为8类：教育类、医疗卫生类、文化体育类、商业服务类、金融邮电类、社会服务类、市政公用类、行政管理及其他。

(6) 居住区内的道路一般分为4级：居住区级道路、居住小区级道路、住宅组团级道路、宅前小路。

(7) 居住区绿地布置形式较多，一般可概括为三种基本形式：规则式、自然式、规则与自然结合的混合式。

习　题

1. 简要论述居住区的规划组织结构并画出其结构示意图。
2. 简要介绍居住区规划设计的成果与任务。
3. 简述居住区道路的基本类型及其特点，画出其道路横断面图并标出各部分尺寸。
4. 绿地的基本布置形式有哪些？画出各种形式的示意图。
5. 重庆地区某居住区，前排房屋檐口标高为20米，后排房屋底层窗台标高为1.5米，日照间距系数取 0.8~0.11。试求：①该房屋的日照间距；②该房屋朝向为南偏东20度的日照间距。
6. 停车场的停车方式有哪些？画出其平面示意图。
7. 简述社区规划与传统居住区规划的区别。
8. 简要论述居住区及其理论的发展过程。

参 考 文 献

[1] 李德华. 城市规划原理[M]. 3版. 北京：中国建筑工业出版社，2001.
[2] 吴志强，李德华. 城市规划原理[M]. 4版. 北京：中国建筑工业出版社，2010.
[3] 董鉴泓. 中国城市建设史[M]. 北京：中国建筑工业出版社，2004.
[4] 沈玉麟. 外国城市建设史[M]. 北京：中国建筑工业出版社，1989.
[5] 全国城市规划执业制度管理委员会. 城市规划原理[M]. 北京：中国计划出版社，2009.
[6] 全国城市规划执业制度管理委员会. 城市规划实务[M]. 北京：中国计划出版社，2009.
[7] 惠劼. 城市规划原理[M]. 北京：中国建筑工业出版社，2009.
[8] 惠劼，甘靖中. 城市规划实务[M]. 北京：中国建筑工业出版社，2009.
[9] 崔功豪，王兴平. 当代区域规划导论[M]. 南京：东南大学出版社，2006.
[10] 毛汉英，方创琳. 我国新一轮国土规划编制的基本构想[J]. 地理研究，2002，3.
[11] 田莉. 论我国城市规划管理的权限转变：对城市规划管理体制现状与改革的思索[J]. 城市规划，2001，12.
[12] 王东升. 浅谈城市规划管理机构[J]. 黑龙江科技信息，2009，23.
[13] 周一星. 城市地理学[M]. 北京：商务印书馆，1992.
[14] [法] 让·保罗·拉卡兹. 城市规划与方法[M]. 高煜，译. 北京：商务印书馆，1996.
[15] [美] 约翰·利维. 现代城市规划[M]. 孙景秋，等译. 北京：中国人民大学出版社，2003.
[16] 阮仪三. 城市建设与规划基础理论[M]. 天津：天津科学技术出版社，1992.
[17] 武进. 中国城市形态：结构、特征及其演变[M]. 南京：江苏科学技术出版社，1990.
[18] 阮仪三，王景慧，王林. 历史文化名城保护理论与规划[M]. 上海：同济大学出版社，1999.
[19] 《建筑设计资料集》编委会. 建筑设计资料集[M]. 2版. 北京：中国建筑工业出版社，1994.
[20] 周俭. 城市住宅区规划原理[M]. 上海：同济大学出版社，1995.
[21] 朱家瑾，等. 居住区规划设计[M]. 北京：中国建筑工业出版社，1993.
[22] 同济大学建筑城规学院. 城市规划资料集：城市居住区规划[M]. 北京：中国建筑工业出版社，2005.
[23] 裴杭，等. 城镇规划原理与设计[M]. 北京：中国建筑工业出版社，1992.